Cría Equina Inteligente

Una guía completa para criar caballos con éxito

Jeanette Gower

Derechos de autor

Dedico este libro a Peter Gower y a mis padres, quienes, lamentablemente, nunca llegaron a saber que iba a publicarlo.

***

Nota: A efectos de claridad y fluidez, y debido a la naturaleza del idioma español, en este libro se emplea el género masculino como forma genérica.

Foto de portada de Janice de Gennaro

Potra de raza Australian Stock Horse, Chalani Regatta.

PLATYPUS
PUBLISHING

ISBN - Tapa blanda: 9798243189989

Primera edición publicada en Australia.

Contents

Agradecimientos

Me gustaría expresar mi agradecimiento a las numerosas personas que me han ayudado con esta publicación, a los profesionales del sector que han leído mis manuscritos para comprobar su exactitud, editarlos y darme su opinión. Han sido brutalmente honestos, con comentarios sumamente útiles y aportes de gran valor, los cuales procuré incluir en este libro. Los menciono por orden alfabético, ya que todos han contribuido de forma valiosa: Andrew McLean, Bev Schutz, la Dra. Kerry Mack, la Dra. Mel Simmonds, Frances Killmier, Janelle Groeneveld, Jenni Phillips, Karen Thrun, Katherine Szalay Evans, Kelsey Stafford, Kimberley McCallum, Lynda Rodgers, Merrie Elliott, Peter Haydon, Theresa Thomson-Jack, Amy Curran, diseñadora de la portada y mi primo Tim Ide, por sus labor artística. A mis lectores de Substack, sus comentarios y entusiasmo han sido una motivación enorme para seguir adelante.

No puedo dejar de mencionar a las personas que proporcionaron las hermosas fotografías en color que adornan estas páginas. Sin ellas, Cría equina inteligente no sería el hermoso libro que es, y sería mucho más costoso para ustedes, los lectores. Creo firmemente que un caballo debe demostrar su valía antes de entrar en un programa de cría, y las fotos reflejan tanto esta convicción como nuestro patrimonio australiano.

Por último, a mi familia por su apoyo, ánimo y paciencia mientras desaparecía durante horas adentrándome en este túnel del tiempo de la escritura: Kim, Andy, Ashton, Xander y Jason, quien siempre estaba preguntando "¿cómo va tu libro?". *Abajo: Xander Ide (8 años) con su potro, Chalani Wizard.*

Los 10 mandamientos de la cría

– Sheila Varian (Varian Arabians)

1. Cría según tu ideal de caballo. No te dejes influir por las opiniones de otros. Si has hecho bien tu trabajo, con el tiempo los demás apreciarán lo que has logrado.

2. Reconoce qué estás criando y mantente fiel a tu interpretación del estándar racial.

3. Cría buscando un equilibrio entre tipo, aptitud funcional, temperamento y facilidad de adiestramiento.

4. Nunca lo olvides: sin buenas patas, no hay caballo.

5. Busca siempre un caballo con buen temperamento y belleza. Ninguno funciona sin el otro. Sin embargo, si tuviera que elegir solo uno, me quedo con el buen temperamento.

6. Deja que tus caballos te marquen el camino. La nueva generación no tiene por qué repetir el fenotipo de la anterior, pero cada camada debe ser consistente en calidad general.

7. Cría con una visión de futuro. Mira hacia adelante. Es posible que te esperen nuevas y maravillosas sorpresas. Reconócelas cuando se produzcan.

8. No es difícil mejorar la producción de una yegua de baja calidad en una generación. Ni siquiera es difícil mejorar la producción de una yegua promedio en una generación. Lo verdaderamente desafiante es mejorar, generación tras generación, la producción de una yegua excepcional. Eso exige técnica, conocimiento, instinto y visión.

9. No tengas miedo de apreciar las cualidades de los caballos de otros. La cría es una competencia contigo mismo, no con los demás.

10. Antes de enfocarte en los defectos de tu caballo, evalúa primero sus virtudes. Todos los caballos tienen ambos. Te corresponde a ti determinar cuánto pesan sus cualidades positivas antes de concentrarte en los aspectos negativos.

Prólogo

No se me ocurre nadie en este país más calificado que Jeanette Gower para escribir un libro sensato, redactado en un lenguaje claro y comprensible para todos, que abarque cada uno de los aspectos relacionados con la cría de caballos.

En este año 2023, la cantidad de información que se difunde sobre la cría, el manejo y la educación de los caballos es realmente asombrosa. Los criadores novatos pueden sentirse completamente confundidos, al igual que los veteranos como yo, al intentar asimilar y procesar toda esa información y lidiar al mismo tiempo con la tecnología. Este exceso de información abarca desde nociones teóricas poco realistas de personas con experiencia práctica limitada, hasta escritos presentados en un lenguaje complicado que pocos pueden comprender. Como era de esperar, Jeanette ha escrito un libro inmensamente práctico y redactado de forma maravillosamente sencilla.

Conocí a Jeanette Gower en 1967, cuando vino a Willomurra siendo aún una estudiante de secundaria. Han pasado más de 50 años desde entonces. Es imposible explicar a quienes no vivieron aquella época lo atrasados que estábamos en materia de caballos, y cuán escasa era la información disponible. Cualquier "conocimiento" sobre caballos se basaba vagamente en antiguos métodos ingleses. Aunque algunos jinetes europeos especializados en doma clásica, que habían emigrado a este país después de la Segunda Guerra Mundial estaban haciendo algunos avances, en aquella época, su influencia no era ampliamente aceptada. En Australia del Sur contábamos también con Tom Roberts, un hombre definitivamente adelantado a su tiempo en su comprensión de los caballos. Equiparable al impacto que Tom Dorrance tuvo en los jinetes y entrenadores de Estados Unidos. Maurice Wright estaba dando pasos adelante con demostraciones del "método Jeffery", pero en general no era fácil encontrar respuestas. Una lectura detenida de la revista Hoofs and Horns de aquellos años mostrará exactamente lo que quiero decir.

En gran medida, muchos de nosotros éramos ignorantes de nuestra propia ignorancia.

Para algunos, fue necesaria la llegada en 1967 de la familia Lougher y sus caballos Clover Leaf, altamente entrenados, para mostrarnos lo que se podía lograr, tanto respecto a nosotros mismos como a nuestros caballos. La floreciente industria del caballo cuarto de milla también atrajo a otros estadounidenses a este país, algunos de los cuales tenían mucho que ofrecer, mientras que otros, definitivamente no. Un número cada vez mayor de australianos comenzó a buscar respuestas y experiencias en el extranjero. Aunque siempre había habido expertos australianos que sabían trabajar muy bien con sus caballos, no estaban interesados en difundir sus conocimientos; de hecho, en la mayoría de los casos carecían del lenguaje necesario para explicar lo que hacían, y es incluso dudoso que ellos mismos conocieran la lógica detrás de sus métodos. Simplemente sabían que lo que hacían funcionaba. Sin duda, fue necesaria la llegada de los estadounidenses, maestros en el arte de la promoción y la comunicación, para proporcionar un lenguaje que explicara los porqués y los cómo de la equitación, especialmente en lo relativo al aspecto del desempeño.

Una vez que nos dimos cuenta de que estábamos muy por detrás, se abrieron las compuertas y no perdimos tiempo en buscar conocimientos dondequiera que pudieran encontrarse. Debo decir que fue una época increíblemente emocionante y muchos de nosotros sentimos que estábamos a punto de descubrir algo GRANDE, lo cual era cierto! Jeanette estaba al frente de esta búsqueda de conocimientos, una búsqueda que lleva casi 60 años y que no da señales de remitir.

Desde mis primeras interacciones con una muy joven Jeanette, era evidente que había nacido con una mente objetiva y analítica. Esto, sumado a sus habilidades de comunicación, se potenció aún más gracias a la formación que recibió a lo largo de su vida. A partir de su propia experiencia como joven criadora con recursos limitados, sin tierra propia, cuando cada dólar tenía que hacer el trabajo de tres, comprendió que, por muy agradable que sea tener instalaciones de primera categoría, se puede sobrevivir con lo básico, pero para ello es necesario trabajar más duro, ser más inteligente y tener caballos realmente cooperativos.

¿Por qué creo que Jeanette Gower está altamente calificada para escribir este libro? Porque ha estado ahí y lo ha hecho todo. Ha recorrido los caminos más duros, sosteniéndose casi seis décadas de una forma que nadie, en esta industria actual obsesionada con la imagen, las modas y la autopromoción, podría siquiera intentar replicar. A partir de dos yeguas de ascendencia poco conocida, en las que solo ella veía algún mérito, Jeanette, mediante un uso cuidadoso e inteligente de los linajes, manteniendo a sus caballos en el ojo público y teniendo la fortaleza de mantenerse firme durante los altibajos de la industria y enfrentar reveses enormes que habrían hecho abandonar a personas más frágiles, ha desarrollado con éxito una línea de Australian Stock Horses respetada en todo el país.

Jeanette es una auténtica profesional, en la forma en que aplica sus conocimientos, en su gestión empresarial y en su inquebrantable integridad. En una industria en la que cada vez hay más sentimentalismo y discursos excesivamente melosos sobre los caballos, nunca he oído a Jeanette referirse a los potros como "bebés peludos" o llamar a los padrillos "chicos" y a las yeguas "chicas", y mucho menos referirse a sí misma como "mamá de caballos" (Dios no lo quiera!). Ella entiende que un caballo es un caballo y debe ser tratado como tal. Tiene un inmenso respeto por todos ellos y su profesionalismo es total.

Jeanette nos presenta una serie de puntos excelentes sobre los que reflexionar. Aunque el tiempo y el espacio no me permiten abordarlos todos, creo que debo mencionar uno de ellos en particular: su énfasis en criar priorizando el temperamento como consideración principal (Capítulo 11). Un buen temperamento es esencial en cualquier programa de cría de caballos, pero hay que tener en cuenta que un caballo debe ser útil en algún sentido. La docilidad debe equilibrarse con una conformación funcional y una mente entrenable con, al menos, un poco de "ganas de trabajar". Si una línea nunca se pone a prueba de alguna manera, desde una perspectiva de uso real, puede producirse una cierta tendencia al "adormecimiento mental". Lamentablemente, esto ya está ocurriendo en algunos ámbitos. No todo el mundo quiere criar atletas rápidos y altamente reactivos con una ética de trabajo excesiva, pero un criador debe preservar en su plantel al menos la capacidad de ser útil.

Tuve un momento de revelación al respecto en 1975, en Texas. El gran Matlock Rose nos presentó un potro verdaderamente magnífico para que lo evaluáramos. Quedamos muy impresionados. Pero Matlock no. Él expresó su disgusto: "Es muy guapo, ¿no? Pero este hijo de perra inútil no quiere hacer nada!". Sus palabras quedaron grabadas en mí.

Así que tenemos a esta mujer pragmática que ha trabajado duro, que entiende que un caballo es un caballo y que se puede criar y desarrollar con éxito sin la intromisión constante de "expertos", si se aplican los principios del sentido común y las buenas prácticas básicas del manejo animal. Ella sabe que, por lo general, hay más de una forma de lograr el resultado deseado, dependiendo de la situación individual de cada uno. Sobran razones por las que considero que Jeanette Gower está excepcionalmente calificada para presentar este libro. Debería ser de lectura obligatoria tanto para quienes ya se dedican a este negocio como para quienes planean aventurarse en el maravilloso, creativo, fascinante y, a veces, devastador mundo de la cría de caballos.

Merrie Elliott, maestra criadora de caballos cuarto de milla, mentora y amiga.

Bob n Stuff QH, montado por Kristy Banks, uno de los muchos caballos de alto rendimiento criados por Merrie Elliott. Kristy quedó paralizada de la cintura para abajo como consecuencia de un accidente en la pista de carreras. En esta fotografía se puede ver su pierna sujeta con una correa. Ella y Bob ganaron el High Point Qld Barrel Horse durante tres años consecutivos. Foto de Jenny Solomon.

Ética de trabajo y determinación, Jokers Little Ace QH, regresando a casa. Otro caballo criado por Merrie Elliott. La amazona es su propietaria, Amy Stemp. Foto de Jenny Solomon.

Introducción

Desde que tengo uso de razón he sentido una fascinación profunda por los caballos, los dibujaba, soñaba con ellos y vivía completamente absorta en su mundo. Crecí en una ciudad y en una familia que no tenía nada que ver con el mundo de los caballos. Mi madre siempre decía que, como no conseguía que leyera, pedía prestados libros sobre caballos en la biblioteca. Leí todos los libros disponibles (y créeme, los leí todos porque en aquella época había muy pocos en las bibliotecas), incluidos clásicos como Veterinary Notes for Horse Owners (Notas Veterinarias para Propietarios de Caballos) y Points of the Horse (Puntos del caballo), de Hayes. Conocía todas las razas que se habían descrito en algún texto y leí todas las páginas de la Enciclopedia Británica en las que se mencionaba la palabra "caballo". Incluso estudiaba minuciosamente las páginas de carreras. No tenía amigos aficionados a los caballos, ni recursos, ni acceso a cursos, y por supuesto, internet aún no existía.

Te suena esto?

Pedía dinero en todos mis cumpleaños y Navidades para asistir a clases ecuestres montando caballos prestados. Me desempeñé como moza de cuadra en la Royal durante varios años, trabajando junto a jinetes reconocidos; groomée en torneos de polo en Adelaide durante algunos años, me uní al Club Hípico y al único club de doma clásica local de la región. Todos los viernes por la noche escuchaba con admiración a Tom Roberts en su propia casa (cuando aún montaba a caballo y antes de que escribiera sus libros "Horse Control"), fascinado por sus películas en Super-8 sobre la reeducación de caballos problemáticos. Trabajé en estancias y criaderos, incluido el prestigioso Willomurra, donde adquirí experiencia práctica con potros, yeguas y padrillos.

Todo esto sucedió mucho antes de tener un caballo propio.

Así que cuando envié una yegua prestada a un padrillo para criar mi primer potro, a los 15 años, financiándolo con mis propios ahorros, lo hice con una comprensión ya formada del sector equino y de la responsabilidad que entrañaba. Algo debo haber hecho bien, pues esa línea de sangre continúa presente en el criadero hasta el día de hoy.

La potranca que nació, hija de Paradis, una yegua de polo experimentada proveniente de la estación Cordillo Downs, fue el primer caballo que tuve. Aquel nacimiento consolidó en mí un profundo deseo de convertirme en criadora de caballos. Realicé toda la investigación que estuvo a mi alcance y tenía muy claro que deseaba criar un caballo con buena conformación y auténtico talento. Buscaba un padrillo anglo o pura sangre. Como no tenía edad para conducir y en mi familia no contábamos con tráiler, llevé a la yegua montada hasta el lugar donde se encontraba el padrillo. La dejé allí hasta que salió del celo y luego la llevé de regreso de la misma manera. Quedó preñada. El servicio costó la suma —que en aquel entonces me pareció astronómica— de 10 dólares. Años después, ese padrillo fue castrado y pude seguir su exitosa trayectoria como caballo de montar. Tuve la oportunidad de continuar arrendando a la yegua durante varios años más, y de ella nacieron otros ocho potros. Aquello confirmó algo que ya presentía: mi vocación estaba en criar líneas de sangre orientadas al polo.

Paradis conmigo montándola, en el patio trasero, y en el polo, con su dueño, Stan Grosser, en las instalaciones del Adelaide Polo Club, primera yegua fundadora de Chalani, alrededor del año 1965.

Al mirar atrás, comprendo cuánto aprendí de aquel único cruce. Despertó en mí un profundo interés por comprender la genética aplicada a la cría equina, un campo que por entonces apenas comenzaba a desarrollarse. Envié cartas —sí, cartas por correo tradicional— a bibliotecas y a investigadores de distintos países preguntando qué color de potrillo podría esperar, sorprendida de que muchos criadores no pudieran responderme. También domé a esta potranca yo misma, aplicando técnicas que había aprendido en entrenamiento canino y en las enseñanzas de Tom Roberts, pese a que varias personas insistieron en que no debía hacerlo por mi cuenta.

Chalani Cat Ballou, segunda yegua base de Chalani, presentada aquí como yearling (caballo joven de entre 1 y 2 años), alrededor de 1972. - Foto de Peter Gower.

A los 19 años ya me habían invitado a dictar una conferencia en la SA Light Horse Breeders Association (Asociación de Criadores de Caballos Ligeros de Australia del Sur) sobre genética aplicada a la cría equina, y a comienzos de mis veinte empecé a impartir clases de Estudios Equinos en institutos públicos de Educación Técnica Superior (TAFE). Durante ese tiempo, arrendé varios caballos, compré y domé algunos potros de dos años sin amansar durante mis vacaciones escolares, y vendí cada uno de ellos para pagar el siguiente. Trabajé duro y formulé todas las preguntas que pude. Había una cantidad abrumadora de creencias erróneas circulando... pero esa es otra historia.

Por eso tengo poca tolerancia hacia quienes se lanzan a criar sin un interés genuino en formarse, más allá de lo que encuentran en Facebook... y también hacia quienes los alientan con comentarios de "qué tierno/hermoso/precioso!". Esa actitud evidencia desconocimiento o conformismo con la mediocridad. Y nada de eso beneficia a los caballos.

Hoy en día, son pocos los que crían con verdadera pericia y conciencia del oficio, porque es demasiado fácil hacerlo sin mayor rigor. Claro que pueden querer profundamente a su caballo, pero el afecto no convierte a un animal en reproductor apto, ni otorga a su propietario la preparación necesaria para iniciarse en la cría. Los criadores perezosos, mal informados o dedicados a la producción masiva no escuchan razones ni aceptan ayuda. Buscan atajos. Y no tienen lugar en la cría responsable.

Después de casarme con mi marido Peter, continuamos con el criadero y convocamos a la primera reunión de la Australian Stock Horse Society en nuestro estado, siendo apenas el segundo estado en hacerlo. Recorrimos Australia fotografiando y registrando ejemplares, asistimos a congresos y exposiciones como ponentes y expositores, y visitamos studs de vanguardia en todo el país. Presenciamos demostraciones del método Jeffery, a cargo de Maurice Wright, basado en las enseñanzas del extraordinario adiestrador Kel Jeffery.

Juntos nos dedicamos a entrenar cuartos de milla de sprint y, entre ellos, a nuestro ejemplar de cría propia más destacado, Chalani Paper Tiger, quien obtuvo el segundo puesto en el All-Australian Futurity de 1980 (preparado en Canberra por Bill Hughes). Recorrí el estado clasificando y juzgando Australian Stock Horses (ASH), mientras Peter integraba la junta directiva de la sociedad durante la extensa planificación de la ceremonia inaugural de los Juegos Olímpicos de Sídney 2000. Conocí a personas extraordinarias y viví experiencias memorables en una época vibrante para la industria.

Poco después llegó a nuestras vidas el excepcional padrillo de polo Rannock, una de esas adquisiciones que ocurren una sola vez en la vida y que terminó por consolidar la reputación de nuestro criadero. Se dice que a lo largo de la vida solo se tiene un gran caballo... así que fuimos afortunados de encontrar el nuestro temprano en la historia de nuestro criadero. Y cuando reconoces que tienes entre manos un ejemplar verdaderamente extraordinario, también reconoces la responsabilidad de honrarlo y no desperdiciar la oportunidad.

Convertirse en un criador de caballos exitoso y responsable no es tarea para almas débiles. Hay jornadas interminables, noches en vela durante la vigilia de partos, pérdidas de animales, lesiones que requieren atención inmediata, sequías, incendios, inundaciones y todo tipo de decepciones que superar mientras se intenta preservar el equilibrio familiar y la vida personal. El éxito es un camino arduo. Solo se transita a fuerza de preguntas y desgaste con trabajo duro antes de llegar a comprenderlo realmente. La pregunta es: tienes la pasión necesaria para recorrer ese largo camino que te espera?

Se dice que "ser pobre es tener un caballo", entonces... por qué tener veinte o más? Tal vez ya hayas criado uno o dos potros y empieces a tomar conciencia de lo costoso y desafiante que resulta. Quizás tu familia se ha dedicado a la cría durante años y ahora te toca asumir parte de esa responsabilidad. Cómo podrías dar entonces el siguiente paso?

Rannock, Australian Stock Horse incluido en el "Wall of Fame" y padrillo fundador de Chalani, alrededor de 1976. Foto de Peter Gower.

Y, sin embargo, basta que nazca ese potrillo especial para que todo vuelva a tener sentido. La yegua relinchando suavemente a su recién nacido mientras este mama es una escena que nunca deja de conmover, por más veces que la hayamos vivido. Pero sin alguien que te acompañe, te sostenga y te guíe en la dirección correcta hacia la excelencia, el camino puede volverse largo y extenuante.

En este libro cuestiono creencias arraigadas desde hace mucho tiempo y busco generar una toma de conciencia. Sé lo que es empezar desde cero. Todos los principiantes necesitan un punto de partida. Pero no podemos permitir que los caballos sufran por errores evitables propios de la inexperiencia. Quien recién se inicia en el mundo equino no debería estar criando caballos. La cría responsable exige una comprensión mucho más profunda de múltiples dimensiones que la simple propiedad de un caballo.

Al recorrer estas páginas, encontrarás apoyo para seguir tus sueños y aprender a tomar decisiones con mayor seguridad, ahorrar tiempo, hacerlo mejor y construir una verdadera asociación con el gran amor de tu vida: los caballos. En algunos pasajes he sido deliberadamente provocadora, desafiándote a pensar con mayor profundidad; en otros, he entrelazado fragmentos de mi propia historia. Si eres un criador experimentado, quizá sientas que los primeros capítulos no están dirigidos a ti, pero te invito a transitarlos igualmente: sin duda, encontrarás en ellos algo valioso. Cada capítulo puede leerse de forma independiente, así que puedes ir directo a los temas que más te interesen o volver a leerlos con una mirada más profunda.

Te deseo todo el éxito en tu aventura como criador de caballos.

Jeanette Gower

1

Cría exitosa de caballos

Atrévete a soñar

Observas a un potro recién nacido intentar ponerse de pie, mientras su madre lo alienta con suaves relinchos. Sonríes con placer al contemplar sus líneas finas, la calidad que emana de su mirada inocente, el porte orgulloso que ya se revela en sus primeros pasos. Este potro es ese ejemplar especial que tanto esperabas, y te embarga el asombro ante la grandeza de este momento. Te sientes en paz sabiendo que has diseñado este cruce con el mejor padrillo de su especialidad y con una yegua que has criado dentro de tus propias líneas durante varias generaciones. El futuro de este potrillo es prometedor, porque podrás ofrecerle la mejor oportunidad para desarrollarse y cumplir aquello para lo que fue concebido.

Te produce un gozo inconmensurable seguir maravillándote de la madre naturaleza y sus dones en el ocaso de tu carrera. Saber que la pasión por la cría permanece intacta. Esto —estás seguro— es, en esencia, de lo que trata la cría de caballos.

Ahora imagínate a ti en el futuro. Toma un bloc de notas y piensa dónde estarás dentro de 50 años (o 30 años, dependiendo de tu edad). Visualízate y tómate entre 10 y 15 minutos para escribir las respuestas a estas 12 preguntas. Sé específico: por ejemplo, la respuesta a tus "arrepentimientos" podría ser "Ojalá hubiera ido al Campeonato Mundial", o "Debí haber visitado los famosos studs irlandeses", o "Debí haber criado un potro de con x padrillo cuando tuve la oportunidad".

- Cómo evalúas tu vida como criador de caballos?
- Qué has logrado?
- Qué huella has dejado en el mundo ecuestre?
- Cuáles consideras que han sido tus éxitos?
- Cuál es tu reputación en el ámbito ecuestre?
- Qué riesgos has asumido?
- De qué te arrepientes?
- Cuántos caballos tienes en este momento?

- Qué haces con ellos?
- Estás tomando decisiones más sabias?
- Te sientes pleno?
- Estás viviendo la vida con la que soñabas vivir?

Ahora, basándote en tus respuestas, invierte tus notas y reflexiones. Ahora eres nuevamente un renacuajo: estás comenzando, o volviendo a empezar. Toma notas en la página siguiente. Por ejemplo, si tu respuesta a una de las preguntas anteriores fue "Ojalá hubiera tenido más tiempo...", entonces utiliza este libro para encontrar más tiempo. No tardes 50 años en hacerlo. Una vez más, sé específico.

Si omitiste tomar notas, te sugiero volver atrás antes de continuar y hacerlo ahora. Guárdalas. Te ayudarán a ordenar y definir tus pensamientos, y retomaremos este ejercicio al final del libro. Por ejemplo, uno de mis objetivos fue adquirir conocimientos financieros para poder obtener ingresos pasivos que me permitieran mantener a mis caballos, mientras vivía yo de mi salario. Lo logré leyendo todo lo que pude sobre el éxito financiero, aportando para mi jubilación, uniéndome a un club de inversores e invirtiendo dinero en propiedades y acciones.

Es fundamental visualizar y comprender con claridad a dónde quieres llegar. La imagen romántica que he descrito antes no es realista para la mayoría. Los criaderos van y vienen. La gran mayoría apenas sobrevive unos 15 años. Como criador, necesitas tener muy claro el porqué. Mi experiencia me ha demostrado que esto debe hacerse por amor, no por dinero. Cuanto más rápido quieras tener éxito, o cuanto más grande quieras ser, mayor será el riesgo, y más altas las probabilidades de fracasar o verte obligado a reducir tu escala.

- Por qué quieres hacer esto? Cuán profundo es tu nivel de pasión? No tendrás éxito si eres indeciso o te preguntas constantemente por qué. Res resiliente?
- Qué tanto sabes sobre caballos? Cuál es tu experiencia y formación en el mundo ecuestre? Te anticipo que es muy difícil tener éxito sin experiencia previa, ya sea montando, compitiendo, trabajando en carreras o en manejo de caballos.
- Estás emocionalmente preparado para los desafíos que te esperan? Estás listo para afrontar lo que pueda sucederle a los animales que amas y para las desgracias de la adversidad, la decepción y la muerte?
- Cuál es tu situación financiera? Puedes permitirte criar 1, 2 o 10 caballos? Cómo vas a financiar tu criadero? Estás preparado para hacer el papeleo que conlleva tener un emprendimiento de este tipo? Tienes campo propio? Qué tamaño quieres que tenga tu emprendimiento?
- Estás dispuesto a aprender durante el resto de tu vida? Quieres hacerlo de manera inteligente para no cometer errores comunes y poder disfrutar del proceso? Si no estás dispuesto a estudiar ni a adquirir experiencia práctica, te verás forzado a aprender en la escuela de la vida a los golpes... y créeme, esa escuela es dura!
- Estás dispuesto a seguir la trayectoria de los caballos que críes a lo largo de toda su vida? A lo largo de los años he criado cerca de 300 potrillos, y solo he perdido el rastro de unos 20 tras dejar el stud. Seguir a tus productos te permite saber si

estás criando correctamente, si tus clientes están satisfechos y, además, te brinda una herramienta invaluable de promoción.

- Tienes el TIEMPO necesario para poner esto en práctica? El tiempo y el agotamiento serán tus peores enemigos si dejas que te controlen. Eres una persona capaz de establecer una rutina, ser flexible y cumplirla? Culpas a los demás cuando estás agotado?
- Cómo cuidas de ti mismo? Necesitas cuidarte y estar en plena forma si quieres cuidar adecuadamente de tus caballos.
- Tu familia te apoya? Dependiendo de tu respuesta, cuánta ayuda, económica o de otro tipo, puedes esperar de ellos? Al fin y al cabo, es tu sueño, no el de ellos.
- Cuáles son tus valores? Eres digno de confianza? Tienes integridad? Eres fiable? Eres responsable, disciplinado, constante? Aceptas la responsabilidad de tus actos y la rendición de cuentas? Cómo recibes las críticas?

Estas no son preguntas al pasar. Por el contrario, todas estas cualidades son indispensables para tener éxito en la cría equina.

> *"Puedes motivarte; puedes asistir a un seminario, como hacen muchos, y entusiasmarte durante unos días. Pero la motivación se desvanece, la disciplina no".* – Andrew Barnett

Chalani Aurora HSH, yegua pilar del criadero, descendiente de Paradis, alrededor de 2014. Foto de Kim Ide.

Rannock - Nuestro padre fundador de caballos de raza Australiana.

Puedes leer la historia completa de Rannock aquí: https://mybook.to/Gowerbooks

(Sólo disponible en inglés)

2

Qué es el éxito?

El éxito es una escalera, no un ascensor.

El éxito significa cosas diferentes para cada persona. Entonces, Qué significa el éxito para ti? Escribe tu visión del éxito en tu bloc de notas. Podría significar:

- El respeto de tus pares.
- El número de ventas o los precios de venta alcanzados.
- El historial de desempeño de tus caballos.
- El historial de desempeño de los caballos que has vendido.
- La satisfacción de los compradores.
- Otros criadores respetan tus líneas de sangre.
- Que tus caballos sean adquiridos como reproductores por criadores emergentes.
- Que tus líneas se integren al acervo genético de la raza durante generaciones.
- Que tus líneas se conviertan en una nueva fuente de refresco de sangre para otros criadores.
- Que tu trabajo y tu genética no se pierdan, sino que perduren para las generaciones futuras.
- Criar un tipo de caballo que no esté disponible o sea difícil de conseguir en el mercado.
- Que las personas acudan a ti en busca de consejos.

Por qué deseas criar?

No críes caballos para ganar dinero, por estatus, para llamar la atención, por fama, glamour o reconocimiento, para impresionar a toros o porque te parezca "romántico". NUNCA críes porque la yegua "no sirve para nada más" o "si tiene un potrillo se calmará".

Nadie cría realmente "para mejorar la raza". No se puede mejorar una raza, se mejoran individuos. Este cliché se utiliza muchas veces para justificar una cruza. Cuántos criadores han leído de verdad el estándar de la raza? Lo entienden? Podrían citarlo? Saben qué aspectos deben mejorarse en función de la corrección estructural, el equilibrio y una verdadera comprensión del movimiento? Muchos criadores tienen un conocimiento limitado de las necesidades de los jinetes en un caballo de silla porque ellos mismos no han montado mucho. No comprenden las aptitudes naturales de la disciplina que eligen ni lo que realmente se necesita para destacarse en ella. Entonces, cómo podrían tomar decisiones responsables en materia de cría?

Alguien cría esos caballos mal criados y mal conformados, lo cual es evidente por los precios y el enorme descarte dentro de la industria. Y estoy segura de que tú no quieres ser uno de esos criadores!

Alguien cría estos caballos mal conformados. Pero espera, todos, excepto el último, están preñados!

Comencé a criar porque quería un potrillo que reprodujera las cualidades de mi yegua favorita. Quería criar caballos registrados, así que elegí la raza Cuarto de Milla (Quarter Horse). Eso derivó luego en los Cuartos de Milla de sprint, pero las carreras de velocidad nunca llegaron a despegar en Australia. Así que cuando adquirimos nuestro padrillo fundador, el reproductor de polo Rannock, decidimos empezar de cero: preservar las líneas de sangre australianas y continuar exclusivamente con nuestros caballos australianos Australian Stock Horse. Más adelante, eso evolucionó hacia los Heritage Australian Stock Horses. Nuestras razones fueron creciendo a medida que crecía nuestro stud. Pero cada razón era bastante específica y clara en su momento y nos dio una dirección.

Tengo la raza que elegí porque la amo y porque aspiro a criar al más alto estándar posible. Crío porque amo manejar potrillos y criar caballos jóvenes. Amo a los caballos, y amo la cría: el arte, la ciencia, el estilo de vida y las amistades que nacen en este camino.

Así que, debes definir tu propósito, tus objetivos y tus convicciones. No caigas en la trampa de hacer lo que hacen todos los demás. No hay ningún valor real en el FOMO (el miedo a perderse algo). No tienes que seguir la última moda. Ten confianza en tus propias ideas y en que todo acabará acomodándose.

Atraerás a aquellos que creen en lo mismo que tú.

Ahora estás listo para redactar tu declaración de misión. Todo buen emprendimiento tiene una. Debe ser auténtica para encaminarte por el camino correcto. Tener una declaración de misión te compromete a seguir ese camino. Debe quedar claro para los demás lo que deseas lograr. Si eres un criador nuevo o emergente, es probable que esto cambie a medida que crezcas y te vuelvas más específico. Puede que cambies tu declaración de misión cada pocos años a medida que refines tu dirección. Pero piénsalo bien ahora, basándote en lo que has escrito en tu bloc de notas. Tendrá que describir, de forma concisa y precisa, qué es exactamente lo que aspiras a criar. Piensa en ella como un "discurso de ascensor", esa breve presentación con la que podrías describir tu programa a un desconocido.

Aquí tienes un ejemplo:

> *Nuestro objetivo es criar caballos altamente competitivos, que tengan potencial para el campdraft y que se vendan bien en las principales subastas. El stud Toonga prioriza por sobre todo, una buena línea de anca y una correcta posición del músculo del muslo; un caballo no demasiado pesado, rápido y con ganas de trabajar con ganado y con un buen paso". – Des Castine.*

Sencillo, explícito y fácil de entender.

Ahora redacta tu declaración de misión y publícala en tu sitio web, en el espejo del baño o en cualquier lugar donde puedas verla fácilmente. No se trata de un propósito de Año Nuevo que se olvida al cabo de unas semanas. Al contrario, debe ser algo en lo que creas y que sea alcanzable. Te permitirá dar los pasos necesarios para alcanzar tus objetivos.

Recuerda, el éxito es un viaje, no un destino. Es un proceso de autodescubrimiento. Disfruta del recorrido.

Yegua frisona Teske Van Berkley con su potrilla Utske Van Berkley. Propiedad / foto de Nadeen Davis.

3

Código del criador responsable

Aunque escribí este código en 2009, ha resistido el paso del tiempo porque su vigencia es permanente. Cuanto más te acerques a cumplirlo, más probabilidades tendrás de tener éxito. Un criador responsable hará lo siguiente:

Criará con un propósito: debe tener objetivos genuinos a corto plazo, una visión clara a largo plazo y un plan realista para criar en consecuencia, es decir, criar en función de ese propósito.

Iniciará su programa de cría con yeguas de calidad: descartar del plantel aquellas que no produzcan el estándar deseado. Prácticamente no hay nada que un potrillo exprese que no sea heredado. Si eres criador, sabes que esto es una CIERTO. Seleccionarás los ejemplares reproductores de forma adecuada y responsable. Si no aceptas esta realidad, deberías dedicarte a entrenar caballos, no a criarlos.

No utilizará el color como criterio principal de selección: el pelaje puede considerarse si se trabaja con razas de color, como los Appaloosa o Paint Horse. Pero un Criador Responsable distingue claramente entre esto y las malas prácticas de "criar solo por color". Lamentablemente, algunas personas usan el color como único criterio y como objetivo principal. Si tienes un padrillo que garantiza al 100% determinado color, debes ser especialmente cuidadoso con las yeguas externas que aceptas.

Establecerá un presupuesto realista: antes de embarcarte en un programa de cría, investiga el costo real y los gastos que supone producir un solo potrillo de tu raza, multiplicado por el número de potros que produces al año. Añade los gastos generales de mantenimiento de la propiedad y similares, y luego compáralos con el promedio del precio de venta que puedes esperar obtener por tu raza. También debes tener en cuenta los costos de mano de obra, especialmente si no montas a caballo. La mano de obra es tiempo, y el tiempo es dinero. Decide cuánto tiempo te llevará alcanzar tus objetivos y recuperar la inversión (si es que esto alguna vez ocurre). Si crías varios animales, debes aceptar que esto demandará dinero y tiempo, y que impactará significativamente en tu familia si pretendes criar y formar caballos de calidad.

Demostrará el desempeño de sus yeguas: todo animal destinado a la reproducción debe demostrar que es digno de ello mediante un DESEMPEÑO comprobable (ya sea en competencia o en trabajo útil) antes de incorporarse al plantel reproductivo. Tener útero no es motivo suficiente para criar una yegua. Las yeguas sin domar están sin probar. Salvo que estén lesionadas y cuenten con un pedigrí de rendimiento, los animales sin probar son una señal clara de irresponsabilidad.

Castrará a todos excepto a los mejores: El criador debe decidir cuáles machos nacidos son verdaderamente aptos para padrillos. Todo Criador Responsable castra antes de vender, a menos que tenga una opinión excepcionalmente alta del potrillo. Debe estar dispuesto a retener un buen macho, si realmente lo considera sobresaliente, hasta que aparezca la persona indicada. El criador debe tomar todas las decisiones de castración. Cualquiera que venda un potro sin castrar para que otra persona lo castre no es un criador responsable, independientemente de la edad del potro.

Producirá ejemplares superiores a sus padres: los cruces se planifican con criterio, no de forma indiscriminada, aleatoria o simplemente por una moda. El criador sabrá reconocer la máxima calidad y una buena conformación y siempre se esforzará por criar con estos criterios. Será capaz de discutir con fundamentos acerca de la conformación y los linajes, así como las razones de un cruce. Cada apareamiento debe ser el mejor equilibrio entre padrillo y yegua, potenciando las virtudes de ambos para lograr el mejor resultado posible. *Un VERDADERO criador puede mejorar generación tras generación tanto sobre sus propios reproductores como sobre los que ha incorporado de afuera.*

Será selectivo con las yeguas externas y su calidad: deberá comprobar su estado genético. "No permitiría que mi padrillo Cuarto de Milla se aparee con ninguna yegua Cuarto de Milla, Appaloosa o Paint que no haya sido sometida a pruebas genéticas". También deberá comprobar su temperamento. "Devolveré una yegua de temperamento dudoso. Si tiene un potrillo de mi padrillo, probablemente se culpe a mi padrillo por el mal carácter del potro".

Devolverá las yeguas externas en buenas condiciones: debe cuidar adecuadamente a las yeguas externas y devolverlas en igual o mejores condiciones. Si se requiere alimentación adicional, herradura y atención, se debe contactar al propietario de la yegua y cobrarle en consecuencia. Este es el DEBER DE CUIDADO. Si circunstancias inevitables lo hacen imposible, el Criador Responsable comunicará claramente la situación al propietario, ofrecerá opciones y negociará el mejor plan posible. El dueño del haras siempre deberá procurar un entorno responsable para la yegua y un régimen de servicio adecuado, de lo contrario debería rechazar el servicio desde el inicio.

Escuchará y aprenderá de criadores experimentados y reconocidos: mantén una mente abierta. Sigue los consejos de quienes tienen experiencia (mentores, colegas criadores, compradores). Prepárate para escuchar y luego añade tu intuición para tomar decisiones y establecer objetivos. Ofrece tu tiempo como voluntario para ayudar a un criador del que te gustaría aprender. Aprende a manejar con solvencia a caballos de todas las edades.

Será un experto en caballos antes de convertirse en criador: sé jinete. Utiliza y prueba tus caballos. Si has sido jinete, conoces los requisitos y las características de un buen caballo de montar porque sabes cómo "se siente" un buen caballo y conoces sus peculiaridades. Si no montas tú mismo, debes escuchar a quienes montan tus caballos, especialmente en lo que respecta a sus cualidades, buenas o malas, que probablemente transmitirán. Si no eres jinete, tendrás que pagar a alguien para que haga este trabajo por ti, o tu haras dependerá de vender animales jóvenes sin domar, un mercado que ya se encuentra claramente saturado.

Investigará, investigará y volverá a investigar: investiga sobre gestión, nutrición, salud, veterinaria, genética, pedigrís e historia. Busca criadores líderes y criadores de renombre (no siempre representan lo mismo, pero si investigas, lo descubrirás). Realiza cursos y lee buenos libros sobre cría y gestión. La teoría no puede sustituir a la experiencia, pero sin teoría, la práctica no tiene sentido. Por último, nunca dejes de investigar y mantente al día. Es una tarea para toda la vida.

Estudiará el mercado y criará dentro del mercado: mantente alerta a los cambios del mercado, especialmente en épocas de sobreoferta o sequía. Estate preparado para frenar cuando el mercado decaiga y no te deshagas de los caballos sin asegurarte de conseguir hogares adecuados para ellos. Es esencial emparejar correctamente el caballo con el comprador. Un Criador Responsable evaluará continuamente el mercado y no producirá en exceso ni de forma masiva. La cría en masa solo inunda el mercado. Los verdaderos criadores comerciales que pueden abastecer a un mercado definido y tener éxito son pocos y distantes entre sí.

Representará a sus caballos de forma honesta: una publicidad y un marketing responsables implican presentar al caballo de forma veraz y revelar con honestidad su idoneidad para el fin previsto. Las leyes de consumo y el deber de diligencia lo exigen como mínimo. La transparencia incluye proporcionar el historial de salud adecuado (desparasitaciones, vacunas, etc.), el grado de manejo, los trastornos genéticos y las pruebas, si las hay, así como la información correspondiente a los padres. El objetivo es encontrar el hogar que mejor se adapte a la experiencia del comprador. Las prácticas poco éticas y/o la ignorancia llevan con frecuencia a publicitar caballos de forma engañosa en cuanto a alzada, color y edad. También incluyen el uso de fármacos para ocultar problemas físicos o de temperamento, malas fotografías, e incluso falsedad en raza o pedigrí. Comprador, ten cuidado, ya que, por definición, un criador responsable no incurrirá en estas prácticas.

No ignorará los rasgos que afectan negativamente al caballo: esto se refiere a la conformación, la salud y/o el estado físico. No te dejes influir por "modas extremas". La moda cambia y podrías quedarte afuera del juego. Esto también abarca los cruces entre portadores de condiciones genéticas ya testeadas. Todo aquello que afecte negativamente el desempeño de un caballo constituye una mala práctica de cría.

No criticará ni difundirá chismes sobre otros criadores, jueces o competidores, ni sobre sus caballos. Sé consciente y ten en cuenta a los llamados "amigos-enemigos", son aquellos que observarán tu progreso, comentarán en redes sociales y luego evitarán hablarte cara a cara porque no pueden disimular sus intenciones. Buscarán oportunidades para engañarte o hacer comentarios despectivos. El mercado sabe quiénes son. Probablemente estarán fuera del negocio en 5-10 años o probando otra raza. Si diferentes jueces no clasifican bien a tu caballo, trata de entender lo que ven en lugar de caer en críticas hacia ellos. Si te rebajas a ese nivel, serás catalogado de la misma manera.

Emparejará al caballo con el comprador adecuado: conserva cada caballo nacido en tu establecimiento hasta encontrar, en la medida de lo posible, el hogar más adecuado. No lo vendas simplemente al primer interesado. Esto equivale a "no criar más de lo que puedes permitirte mantener", ya que ninguna venta está garantizada cuando tú la necesitas. Por ejemplo, puede producirse una lesión. Si crías 10 potros al año, normalmente necesitarás 10 ventas anuales para mantener tus números estables. Eso implica encontrar muchos compradores cada año, además de atender todas tus demás obligaciones. No todo lo que críes será lo que quieras o necesites mantener. Ahora estás en el negocio de la venta! Te has convertido en un vendedor. Es esto lo que realmente quieres hacer?

Criará solo aquello que pueda manejar: Asegúrate de que todo animal joven que vendas conozca al menos las "nociones básicas de manejo" antes de abandonar el establecimiento. Esta es una de las mejores formas de evitar que tus caballos terminen en remates de descarte. Algunos establecimientos crían grandes cantidades de potrillos cada año, seleccionan media docena y envían el resto a remate sin manejo ni papeles. Estas NO son prácticas responsables. Evita adquirir animales de esos orígenes. Comprende que los caballos destinados a faena reflejan un fracaso de los principios de la cría responsable. Brinda a cada animal el mejor manejo y comienzo posible en la vida, reduciendo así esa probabilidad. Criar para la calidad y para el mercado es la mejor protección contra futuros abusos o negligencia. Para animales envejecidos o con lesiones graves, la eutanasia es la única opción ética, no el descarte en remates ni el envío a faena.

Rachem Isabelle, pony Australiano, y su potro Kyabra Park Devil Wears Prada. Foto de Tegan McKenzie.

Tendrá la documentación al día y disponible para su consulta: los posibles clientes requieren contratos adecuados, el pago de las tasas correspondientes a las respectivas sociedades, información sobre los criterios normativos y datos de contacto para obtener más información. Un criador responsable no engañará en lo que respecta a la documentación, la disponibilidad de certificados de servicio, las pruebas de ADN y sus resultados, el marcado/microchip o la firma de documentos. Tampoco retrasará indebidamente su tramitación. Cualquier retraso superior a 30 días se considera un retraso injustificado que debe evitarse.

Ofrecerá seguimiento posterior a los compradores: ten confianza en tu producto (después de todo te dedicas a esto, no?). Si un comprador tiene problemas, estate preparado para ayudarle con consejos o en persona. Pueden ocurrir cosas imprevisibles o fuera de tu control, pero si puedes ayudar, será bueno para el caballo y para tu reputación. Si cumples con todo lo anterior, no habrá necesidad de sentirte culpable o desanimado, y estos problemas serán poco frecuentes. Ofrece la posibilidad de recomprar o reubicar los caballos que has criado. Si la relación entre propietario y animal ya no funciona, en lugar de permitir que el caballo pase de mano en mano, ofrece comprarlo nuevamente si te es posible, o colaborar en su reubicación responsable.

Será un miembro "en regla" de su respectiva asociación de criadores o disciplina. Ten un historial de participación activa como competidor, organizador, voluntario, patrocinador o administrador, y sé conocido como un defensor de tu industria.

Tendrá un plan de contingencia: si por una enfermedad imprevista, un accidente o fallecimiento ya no puedes hacerte cargo de tus caballos, asegúrate de que tus familiares sepan exactamente qué deseas que se haga con ellos. Tal vez debas actualizar tu testamento para incluir instrucciones específicas respecto de tus animales. Contrata un seguro de protección de ingresos y no dependas de tu pareja para financiar tu hobby. Las parejas también se separan! Si tus familiares no están vinculados al mundo ecuestre, asegúrate de que tengan nombres, direcciones y contactos de personas que puedan ayudarlos y asesorarlos. Si de pronto deben hacerse cargo de tus caballos sin tu orientación, lo más probable es que los vendan al primer interesado o los envíen en un camión sin mayor criterio.

Comprenderá que está en el negocio: compórtate con los estándares profesionales y éticos adecuados. Estar en el negocio significa que los criadores están sujetos a críticas y que sus acciones reflejan la industria. Los criadores responsables comprenden esto y ponen en práctica todo lo anterior, sabiendo que no solo se representan a sí mismos, sino también a su raza, su asociación y a todos los criadores por igual.

Después de leer todo esto, podrías pensar: "Vaya, no sabía que había tanto a tener en cuenta!". Bien. Justamente por eso es recomendable no lanzarse sin un plan de acción. Cuánto tiempo necesitarás para ponerlo en práctica? Qué rutinas serán necesarias en torno a tu trabajo o carga de trabajo actual?

Revisa tu declaración de misión y tus sueños teniendo en cuenta todo lo anterior Cómo ves la aplicación de este código en tu propio caso? De qué manera lo llevarás a la práctica?

Skyview Illusion HSH y su potro, Skyview Infinity HSH, de Skyview Stud. Foto de Jenni Phillips

4

Piensa antes de criar

Una de las primeras decisiones que tendrás que tomar es acerca del tamaño de tu operación. Serás un criador aficionado, que críe quizás uno o dos potros cada pocos años, un pequeño haras (hasta 5 yeguas de cría), un criadero de mayor escala o un establecimiento comercial, como la mayoría de los haras de pura sangre?

Elige lo que *más te convenga*. Depende en gran medida de la extensión de tierra de la que dispongas y de cómo vayas a operar. Se dice que si crías caballos como ganado, debes gestionarlos como ganado. Tus instalaciones deben estar preparadas para albergar un gran número de caballos sin amansar, y debes planificar cómo las gestionarás y cómo las manejará tu personal. El otro extremo es la cría intensiva en superficies muy reducidas o los grandes criaderos comerciales de pura sangre.

Todos estos sistemas pueden dar lugar a una cría responsable, pero requieren estilos de gestión muy diferentes. El criador boutique tiende a pensar que es irresponsable no estar presente durante el parto. En cambio, el criador de campo abierto ve a los caballos en su entorno natural y no logra comprender por qué alguien gastaría decenas de miles de dólares en una cirugía de cólicos para salvar a una yegua sin cría de 18 años. El criador boutique ve un alambrado de púas y se horroriza; el productor rural no tiene mayor problema con ello.

Toda operación a gran escala requerirá personal capacitado para llevarla a cabo. Es posible que te encuentres a una distancia considerable y que no puedas intervenir mucho en su funcionamiento diario. El éxito dependerá entonces de la correcta elección del equipo de gestión. En cambio, un pequeño haras puede ser dirigido por una sola persona apasionada, bien formada, que conozca su oficio y respete los principios básicos expuestos en este libro.

El apoyo de la familia suele ser esencial. Muy pocas personas pueden dirigir un criadero solas. Entonces, cómo hacerlo si tu pareja no está interesada? Ya sabes, esa persona a la que no le gustan los caballos, no le gusta la vida al aire libre, le gustan los animales pero no el trabajo que conllevan, no le gusta la agricultura o prefiere la vida en la ciudad?

Es imprescindible que tengas una conversación seria sobre este tema, especialmente si la cría de caballos es algo que viene después del matrimonio. Debes decidir si compartirán las finanzas y qué cosas harán juntos. Cuáles serán las funciones y responsabilidades de cada uno? Establezcan espacios regulares para la pareja y apoyen los intereses del otro. No hablen solo de caballos: esto, sin duda, puede destruir un matrimonio. Procura seguir siendo una persona "interesante", aunque eso signifique simplemente mirar las noticias juntos, para tener temas de conversación en común. Quién cocinará y se ocupará de las tareas básicas mientras el otro esté fuera? Y, si eres mujer, qué tareas asumirá tu pareja si llegas a estar embarazada?

Quién es tu mentor? Todo el mundo necesita un mentor, o quizás varios. Un mentor es la primera persona a la que puedes acudir en busca de consejo, alguien a quien respetas y en quien confías para que guarde la información para sí mismo. Esa confidencialidad debe ser recíproca. Un mentor posee el conocimiento que tú deseas adquirir y está dispuesto a compartirlo. Con frecuencia también puede ayudarte a crear redes de contacto. A la mayoría de las personas les agrada transmitir su experiencia a alguien entusiasta, pero asegúrate de que también disfruten del intercambio; de lo contrario, pueden sentirse utilizados. La sabiduría de un mentor es un bien preciado: no la pierdas por un acto irreflexivo.

Tus habilidades prácticas y conocimientos deben actualizarse constantemente. Qué necesitas aprender en este momento? Realiza cursos para acelerar tu comprensión. Tu mentor, por lo general, te sugerirá alternativas y te dará consejos cuando surjan dificultades. En algunos casos, deberás pagar por esa ayuda.

Una de las tareas más importantes que cumple un mentor es ayudarte a abrir los ojos ante los posibles errores o contratiempos, para que seas consciente de los obstáculos que encontrarás en el camino. Tu objetivo es convertirte en un criador de caballos exitoso y reflexivo!

Es importante que, si vas a comprar algo, consultes primero con tu mentor a ver si él tiene algo para ofrecerte. En la mayoría de los casos, tu mentor no obtiene nada de esta relación más que la satisfacción de verte progresar. En retribución, una de las mejores formas de agradecerle es convirtiéndote en uno de sus clientes.

Cuál es tu conexión emocional con los caballos? Dirigir un haras por cuenta propia o en familia depende de tu conexión emocional con los caballos. Debes disfrutar realmente trabajando con ellos. Si en algún momento se convierte en una mera obligación, deja de criar y reevalúa tu situación. Estar con ellos debe ser gratificante para ti. No hay nada de malo en tomarse un descanso de la cría durante un año o dos. Créeme, el tiempo pasará rápidamente.

Comprender las cifras y los datos, tener formación académica, aspiraciones románticas y amor por los caballos no es suficiente si no comprendes la naturaleza y el comportamiento de los caballos, debes ser capaz de interpretarlos en todos los niveles cuando estás con ellos.

Esto trasciende cualquier otra habilidad que puedas tener porque, sin ello, no eres un amante de los caballos sino simplemente un propietario de un negocio.

Sé consciente de lo que puede salir mal

La mayoría de la gente cría su primer potro porque "será divertido" y "nada saldrá mal". O, por el contrario, pueden perder una yegua y no volver a criar jamás.

Hay muchas cosas que pueden salir mal. Tu caballo se hace un corte grave el día de Navidad, justo cuando te estás preparando para la cena familiar. Estás a punto de asistir a un funeral importante y tu yegua empieza a parir. Estás a punto de viajar al extranjero por trabajo y tu caballo sufre un cólico. Estás con el veterinario y el semen no ha llegado a tiempo a la terminal, que está a unas cuatro horas en coche.

Eres capaz de anticipar lo inesperado? Eres flexible? Qué preparativos puedes hacer con poca antelación para cubrir imprevistos? Tus vecinos están disponibles para ayudarte a recoger a los niños, por ejemplo? Tener planes de contingencia te permitirá no ponerte nervioso y pensar con calma a la hora de tomar decisiones. No le des demasiadas vueltas a las cosas, ya que solo te causará más angustia. Te dejas llevar por la emoción o postergas las decisiones? Deberás aprender a no alterarte. De esa manera, podrás mantener la calma pase lo que pase.

A medida que adquieras experiencia, tu serenidad te permitirá recurrir a tus herramientas emocionales y prácticas para resolver problemas de manera eficiente y con menos angustia, no solo para ti, sino también para quienes te rodean.

Integridad

La integridad significa ser honesto y tener principios morales sólidos. La demuestras con tus acciones hacia las personas, tus clientes y el personal a tu cargo. Pero es más que eso. Es ser honesto contigo mismo y responsable. Si algo sale mal y es por algo que dijiste o debiste haber dicho, o por algo que hiciste o debiste haber hecho, asúmelo. Está bien decir: "Lo siento mucho. Nunca lo había pensado así". Tener una conversación honesta une a las personas y les ayuda a comprender las diferencias. Si prometiste algo y no lo cumpliste, asúmelo. "Lo siento mucho; enviaré los documentos mañana". Y HÁZLO! Sin excusas!

Cuando mis padres discutían, siempre era sobre quién tenía "la razón" o quién hablaba más alto y quién se rendía primero. Cuando fui a la universidad, una discusión era un "debate". Cualquier cosa era susceptible de debate. Debatíamos cualquier punto de vista siempre que fuera una progresión lógica del argumento, no una desviación o un ataque. Permítete comprender la diferencia entre un debate racional y una discusión sin sentido. Retirarte (por ejemplo, en las redes sociales) te evitará rebajarte a ese nivel.

Tus caballos también reflejan tus valores. Los caballos no mienten. Piensan y responden según cómo te perciben. Son auténticos. Es fácil ver cómo se relacionan los caballos con su dueño en cuanto visitas un haras. Del mismo modo, los visitantes pueden ver por las reacciones de tus caballos cómo se les ha tratado, y si ha sido con calma, cuidado y amabilidad.

Tus caballos son un reflejo de ti.

Responsabilidades adicionales de los criadores de ponis

Puede parecer innecesario decirlo, pero lo diré de todos modos. Los criadores de ponis tienen la responsabilidad de pensar en los niños y en sus padres, produciendo ponis con temperamento verdaderamente adecuado para el manejo infantil. Necesitan contar con alguien competente para el amanse inicial (una familia con niños realmente sepan montar?) y también con la capacidad de comunicarse con padres que, en muchos casos, no provienen del mundo ecuestre. Esto añade un nivel extra de responsabilidad y compromiso (y, con frecuencia, también de preocupación) después de la venta. Ten a mano personas de confianza para que te den recomendaciones e información, más allá de tu propia experiencia. En muchos casos, también será necesario educar a los recién llegados sobre riesgos específicos en los animales, como por ejemplo la laminitis. Debes tener en cuenta también que los niños crecen bastante rápido y dejan de montar ponis. Esto significa que competirás en el mercado con los revendedores, en cuanto a ventas y marketing.

La última decisión

Lamentablemente, donde hay vida, también hay muerte, y tarde o temprano llega el momento de tomar esa última decisión. Puedes hacerlo a tiempo, sin prolongar el sufrimiento? Un Criador Responsable retirará de la reproducción a su stock de cría cuando corresponda o dispondrá la eutanasia de manera ética para evitar la negligencia, el maltrato o el destino al frigorífico. Toda decisión debe estar basada en las necesidades del animal, no en las emociones del propietario. Eres capaz de hacerlo? Si no es así, no deberías criar caballos.

Piensa antes de criar.

Lynx Little Commando, Cuarto de Milla. Propiedad / Foto de Jodie Metcalf

5

Empezar desde cero... o volver a empezar

Cuál es tu raza? La elección de la raza es una elección profundamente personal. Tu raza es relativamente rara, poco conocida o muy popular? Esto influirá directamente en tu forma de promocionarte y de manejar tu criadero. Más adelante profundizaremos en estos aspectos.

Debes decidir también a qué disciplinas deportivas o funcionales apuntas, y si deseas especializarte en una sola o criar caballos que puedan desempeñarse en varias. Estas decisiones condicionarán de manera directa tu selección de reproductores. No caigas en el error de pensar que criar cruzas sin posibilidad de registro es una mejor opción: eso significa recortar de entrada una gran parte de tu mercado potencial.

Averigua qué tiene de "especial" tu raza o tipo y cuáles son los requisitos de la disciplina que te gusta. Qué tiene de única tu raza? Además, debes conocer las normas, las reglas y a las personas del sector, no solo a los caballos.

Uno de los mayores errores de un criador novel es elegir la raza equivocada y luego intentar convertirla en algo que no es. Un ejemplo podría ser que te gusten los ponis Shetland escoceses por ser pequeños, y el estándar de la raza dice que deben ser robustos. No intentes cambiar la raza. No arruines una raza intentando reinventar la rueda. Algo similar ocurre cuando los criadores cruzan razas inadecuadas. En su lugar, elige una raza que ya esté diseñada para ese fin. Así, tendrás menos probabilidades de fracasar.

Como dos gotas de agua. Skyeblu Paint Stud. Propiedad / foto de Skye Burke.

Define el tipo de caballo que deseas criar. Ese tipo debe ser evidente de inmediato cuando alguien visita tu establecimiento. No debería ser necesario explicarlo con palabras. Y si tus caballos son todos iguales como gotas de agua, mejor aún. Así, las personas saben exactamente qué ofreces y cuáles son sus cualidades.

Por último, en esta era de hiperespecialización por razas, considero que no basta con criar "el caballo atlético" o el caballo "de exhibición". El caballo atlético debe mostrar calidad, y el caballo de exhibición debe mostrar capacidad atlética. Además, no basta con producir un atleta que solo un profesional pueda entrenar o un caballo de exhibición que no se pueda montar fuera de una pista de exhibición.

Algunos criadores dicen que crían por el temperamento, no por el aspecto. Esta afirmación es una excusa, y en muchos casos, un signo de mediocridad. Criar por el temperamento no significa que el aspecto (estructura y solidez) o la capacidad (aptitud de entrenamiento y rendimiento) se descarten. El tipo de temperamento que deseas debe guiarse por lo que más te gusta, con lo que disfrutas conviviendo, algo por lo que no tengas que dar excusas y lo que consideras que tus clientes necesitan.

La cría de caballos ha avanzado mucho en el último siglo. Cuando observo muchas líneas antiguas, pienso en lo deficientes que eran algunas que, sin embargo, fueron "populares". Pero también miro hacia atrás y encuentro caballos extraordinarios. Leo sus historias y me asombra lo buenos que eran, sus increíbles hazañas y la filosofía de aquellos criadores que se ganaban la vida criando, compitiendo o simplemente haciendo cosas para demostrar la valía de sus caballos en el trabajo. Por desgracia, estamos perdiendo rápidamente la capacidad funcional de las razas y la diversidad genética, lo que crea un estancamiento difícil de revertir. Depende de nosotros, los criadores responsables, garantizar que hacemos justicia a nuestra raza para que sobreviva en el futuro, basándonos en que la raza tiene un *propósito funcional*.

En mis inicios, elegí el tipo de caballo de polo porque los veía como probados y comprobados en sanidad, temperamento y aptitud atlética, con una altura de alrededor de 15,2 manos y un mercado asegurado. Además, buscaba una buena cabeza, de líneas limpias y un ojo expresivo. Al fin y al cabo, esto es lo que ves cada vez que sales a ver a tus caballos. También es un indicio de calidad. Quiero caballos que se muevan con libertad, que sean ligeros y cómodos de montar, con una buena ética de trabajo. Elige la raza que te ofrezca las cualidades que deseas.

Lo importante es tomarte tu tiempo y mantenerte fiel a tus objetivos. Empieza poco a poco para crecer más adelante.

Los éxitos repentinos son raros y difíciles de repetir.

Criar por color

Si es un buen caballo, el color no importa. Sin embargo, si un comprador solo quiere un color específico y tú no lo tienes, no lo consideres una venta perdida. Habrá alguien más que quiera tu color o que no le importe. A un comprador que busca un propósito y un rendimiento no le importará el color, o bien estará dispuesto a pagar un precio superior por un caballo que se ajuste tanto al color como al propósito deseado.

Si crías por el color, asumes responsabilidades adicionales. En primer lugar, debes conocer la composición genética de los distintos colores y cómo se produce tu color. Debes realizar test genéticos de color a tus caballos para planificar los cruces y predecir los resultados. Debes comprenderlo lo suficientemente bien como para explicárselo a tus clientes. Las empresas que realizan pruebas de color lo explican todo claramente en sus sitios web.

Los propietarios de padrillos tienen la responsabilidad de filtrar las yeguas externas. Por ejemplo, debes informar a los propietarios de yeguas que no puedes aceptar una yegua overa para tu padrillo overo. (Esto debería ser obligatorio en todas las asociaciones en las que el color sea un criterio de registro). O si se trata de un diluido y tú tienes un padrillo diluido, es consciente el propietario de la yegua de que podría acabar teniendo un potro doblemente diluido?

Los propietarios de yeguas pueden optar por la homocigosis en un padrillo si no quieren un potro alazán. Algunos buscan marcas blancas porque son "llamativas", pero hay que tener en cuenta si tus caballos se encuentran en un país donde se queman fácilmente con el sol o son propensos a sufrir grietas en los talones. La piel rosada es propensa al cáncer de ojos o genitales. No querrás potros doblemente diluidos, con caras blancas o medias altas, si no puedes brindarles los cuidados especiales que requieren.

Nunca críes por color creyendo que obtendrás un precio más alto, o que se venderá solo por su color o su "rareza". Créeme: otros piensan lo mismo, y esas "rarezas" dejan de serlo muy rápido. Después de ver muchos caballos de "color" con mala calidad, decidimos criar algunos, convencidos de que podíamos producir ejemplares con mejores líneas que los que había en el mercado. Tú podrías pensar lo mismo, y entonces, muy rápidamente, esos colores pasan a ser comunes.

Joseph's Dream Appaloosa stud, Namibia. Foto de Joseph's Dream.

Nombre y marca personal

Elegir un nombre adecuado para tu establecimiento tendrá una influencia significativa a largo plazo. Cuanto más simple, mejor. Puede ser el nombre de una propiedad existente o tener un significado familiar o histórico. Puede ser una combinación de los nombres de los principales propietarios. No importa. Debe ser lo suficientemente corto como para ponerlo en un cartel en la entrada y en la publicidad, de modo que el nombre sea "visible". Es fácil de pronunciar? (Pruébalo con tus amigos). Es distintivo y fácil de recordar? No querrás que se confunda con otros que suenen similar.

Si el nombre de la propiedad es demasiado largo, intenta acortarlo. Es un nombre que puede utilizarse por sí solo? Por ejemplo, *Willomurra Stud* siempre fue conocido simplemente como "*Willomurra*".

Antes de decidirte por un nombre, consulta con tu contador si necesitas registrarlo como nombre comercial y con qué nombre figurará tu negocio. Esto puede afectar el nombre bajo el cual registres a tus caballos e incluso si puedes ser considerado productor primario, con los beneficios fiscales que ello conlleva. ¿Vas a utilizar un prefijo? De ser así, deberás registrarlo ante la asociación de la raza. Por lo general, será el mismo nombre del haras o una versión abreviada, por lo que conviene analizar ambas opciones con cuidado. Un prefijo demasiado largo limita la elección del nombre registrado del caballo. Un buen prefijo es invaluable para la promoción del haras, ya que identifica claramente al criador. Es publicidad perfecta en cualquier lugar donde haya un locutor. Por eso, también debe ser fácil de pronunciar. La repetición hace que quede asociado a tus caballos.

Te interesará también tener una marca. En el contexto actual del microchip, sigo considerando que las marcas son necesarias. Es una forma visible de identificación del caballo, especialmente en una subasta, donde puede verse a distancia. En muchos casos, esto ha permitido localizar caballos perdidos e incluso rescatarlos. Por esta razón, nosotros aplicamos la marca en frío en el momento del destete, lo que deja una marca blanca en el hombro del caballo (la ubicación exacta depende de los requisitos de cada asociación). Registramos todas nuestras marcas por año en un libro de marcas y en HorseRecords.

Recomiendo diseñar una marca clara y sencilla, adecuada para los animales jóvenes No es necesario marcarlos de forma que se vea desde un helicóptero! Lo mejor es incorporar un símbolo o logotipo en ella. Siempre recuerdo a Greg Lougher con su stud Clover Leaf (hoja de trébol), su prefijo Clover y una hoja de trébol como marca. Muy ingenioso.

A la hora de poner nombre a tus caballos, lo mejor es tener un sistema definido. Deja que refleje el tono general de la raza. Por ejemplo, utilizar Docs Cracker Jack para un árabe o Princesa Saudita para un cuarto de milla sería un error. Busca algo pegadizo o atractivo. Llamarlo Huesos puede ser divertido en ese momento, pero creo que los caballos acaban haciendo honor a su nombre. Un caballo con un nombre ridículo o poco apropiado rara vez se convierte en un nombre reconocido. Así como se dice que los dueños terminan pareciéndose a sus perros, yo creo que el nombre del caballo refleja tanto al criador como al propio caballo.

Nuestra estrategia es asignar una temática a cada yegua. Todos los potrillos de Cat Ballou fueron nombrados con títulos de películas. Su madre fue National Velvet. Todos los potrillos de Paper Tiger (hija de Cat Ballou) incluían la palabra Paper en el nombre. Una vez que eliges una temática, es fácil ampliarla a medida que crías más caballos. Además, facilita el seguimiento de las líneas maternas en los pedigrís. Usamos el nombre del stud "Chalani" (que en lengua aborigen significa lugar de las cacatúas) como prefijo antes del nombre propio.

Otros criadores eligen los nombres alfabéticamente, siendo la "A" para el primer año de cría. También hay un generador de nombres gratuito en HorseRecords. (ver capítulo 32). Nosotros tenemos una lista de nombres, elaborada a lo largo de muchos años, para elegir una vez que nace el potrillo. Veo criadores que no logran decidir un nombre durante meses y, por lo tanto, no pueden registrar al caballo. Para el comprador, esto puede ser un factor desmotivante, especialmente si, mientras tanto, el caballo recibe un nombre dudoso como apodo, como si fuera una mascota.

Asegúrate de que el nombre sea realmente un nombre y no una frase. Un nombre demasiado largo, demasiado fantasioso, en otro idioma que nadie puede pronunciar o difícil de leer se puede evitar con un poco de previsión. Además, piensa siempre en el comprador cuando pongas nombre a un caballo. Nadie quiere comprar un caballo con un nombre incómodo o que suene raro.

6
Conciencia financiera

La única forma de ganar un millón de dólares con los caballos es empezar con 10 millones.

Puede ser tentador saltearse este capítulo, pero es fundamental. La forma en que abordes tu presupuesto y tus finanzas será uno de los factores más determinantes para tu éxito. Quieres saber cómo estás progresando y prosperar en el futuro?

Para estar en el negocio —porque eso es exactamente lo que estás haciendo al comprar y vender— quizá no necesites un plan de negocios formal, pero sí necesitas una *estrategia.* Por eso es clave tener objetivos claros. Convertirse en un criador exitoso implica producir de manera constante animales de gran calidad, y lograrlo a lo largo de varias generaciones. Es un camino inicial de 15 a 20 años de tiempo, esfuerzo, energía y mucho dinero para lograrlo.

Cualquiera puede dejar preñada a una yegua, tener un potro y quizás domarlo cuando tenga 3 o 4 años. Sospecho que es en esta última parte donde mucha gente se atasca y comienza el lento camino cuesta abajo. No manejan bien a sus potros y tienen dificultades para llevarlos al siguiente nivel. Por lo tanto, el mercado está inundado de caballos de entre 18 meses y 4 años sin domar y con un adiestramiento básico.

Aún peor es el caso de las personas que tienen una yegua joven sin domar a la que han dejado preñada para venderla, porque creen que eso le añadirá valor. Nada más lejos de la realidad, ya que has reducido tu mercado al sector no ecuestre y has perdido a cualquier criador que no conozca o no le guste el padrillo con el que la has cruzado.

Seamos realistas, los caballos jóvenes de montar dan trabajo, y socializarlos y entrenarlos puede ser agotador o complicado. Y eso se suma a los demás que estás domando o manejando. Entonces te das cuenta de lo difícil que es criar potros y montarlos cuando tienen 3 o 4 años, gastando miles más de lo que luego recuperas, incluso mucho más de lo que obtienes vendiendo alguno como destete.

Solo los criaderos bien establecidos consiguen vender todos sus potros como destetados o de un año. Al momento de escribir esto, el costo de la doma ronda los 3.000 dólares australianos o más, y la espera para comenzar a domar un caballo puede ser de seis meses o más. Otros pagan para que alguien monte “en el propio haras”. Este es uno de los gastos más grandes de un criadero. También están los gastos veterinarios rutinarios y de urgencia. Estos pueden descontrolarse rápidamente! Luego están los gastos de alimentación, desplazamiento y similares. Tómate tu tiempo para evaluar tus gastos anuales, regulares e imprevistos de los últimos años para hacerte una idea de tus gastos de funcionamiento. Si no sabes exactamente cuáles son, es hora de calcularlos.

Una criadora muy buena me dijo una vez:
"La cría de caballos es extremadamente cara... ... ... para mi marido!".

No se puede confiar en los ingresos generados por los caballos año tras año. Es imposible dedicarse a la cría de caballos para "ganar dinero". Esto no quiere decir que sea imposible a largo plazo, pero no hasta que hayas alcanzado la cima en cuanto a tu reputación y hayas dedicado años a ello. Lo mejor que puedes esperar en la primera generación es cubrir los gastos.

Cuando el mercado se viene abajo

Llevo en esto desde 1967 y he visto muchos ciclos de mercado en la industria ecuestre. Cuando el mercado estaba en auge, se criaba cualquier cosa que tuviera útero, sin embargo, las crisis que siguieron hicieron que muchos dejaran de hacerlo.

He visto las señales de advertencia del exceso de oferta. He visto gente ir y venir, cabañas de prestigio cerrar y jóvenes promesas desaparecer. Pero, por otro lado, algunos criadores han continuado porque empezaron con una base sólida de ética e integridad, sabían lo que querían producir y se adaptaron al mercado. (Nota: adaptarse no significa seguir la moda, sino adaptarse a la demanda real).

Los ciclos dependen de muchas cosas: sequías, inundaciones, premios, patrocinios, el respaldo de una asociación fuerte, la utilidad de los caballos, las enfermedades (el Covid es un ejemplo, aunque ha habido muchas, tanto en caballos como en humanos), la moda, las nuevas razas que entran en el mercado y la economía. Pero la única ley que se aplica a todos es la de la OFERTA y la DEMANDA.

Puedes gastar miles de dólares más que otra persona para criar un caballo hasta que esté listo para la venta, pero seguirá sin valer más de lo que el mercado esté dispuesto a pagar por él. Esto puede ser una seria llamada de atención para algunos criadores.

Siempre ha habido un exceso de oferta de caballos inadecuados y una oferta insuficiente de ejemplares bien entrenados y de buena calidad. Siempre ha habido un exceso de oferta de caballos sin domar, enfermos o de mala calidad en el mercado. Pero cuando el mercado está a punto de desacelerarse, siempre hay señales de advertencia para aquellos que hacen lo correcto. Para aquellos que son lo suficientemente conscientes como para producir lo que pueden manejar y vender a buenos hogares, sus caballos siempre se venderán, aunque no necesariamente por los precios que esperaban, ni en el momento oportuno.

Los buenos caballos siempre se venderán, pase lo que pase.

Algunas de las señales de advertencia de una recesión en el mercado son:

- Baja en los precios del ganado bovino.
- Aumento inusual en el costo de los alimentos balanceados y forrajes.
- Un número mayor de lo habitual de padrillos que salen al mercado.
- Baja de los precios de los animales, incluso los de buena calidad.

- Los animales de buena calidad tardan mucho más en venderse.
- Los caballos se venden por debajo del servicio del padrillo.
- Los caballos promedio o con un potencial limitado prácticamente se están regalando.
- Aumento de las ventas y remates por liquidación de haras o cabañas.
- Gran cantidad de anuncios de caballos gratis o de "venta urgente".
- Vendedores que "cambian de rumbo".
- Los precios de las razas no convencionales, que antes eran bastante caras, están bajando hasta el precio de los caballos convencionales o incluso por debajo de este.
- Los propietarios de padrillos están bajando las tarifas de los servicios.
- Los organizadores tienen dificultades para conseguir apoyo e inscripciones para los concursos.
- Baja demanda incluso para buenos caballos castrados, funcionales y útiles.
- Aumento del número de caballos que ingresan a ferias, remates y al circuito de faena.
- Cabañas con grandes cantidades de animales jóvenes sin vender.
- Más propietarios y criadores que no prestan a sus caballos el cuidado y la atención necesarios en materia de salud y nutrición debido a las condiciones del mercado, la sequía u otros factores.
- Informes negativos de veterinarios y otros expertos del sector.
- Ralentización del comercio minorista y de las industrias relacionadas con los caballos. (Los artículos para caballos se consideran "artículos de lujo").
- Campos y establecimientos ecuestres saliendo a la venta con mayor frecuencia o por debajo de su valor real.
- Una economía general afectada por embargos, quiebras, pérdida de empleos o un pesimismo generalizado.

Si detectas estas tendencias antes de que se generalicen, puedes prepararte, pero si escondes la cabeza bajo el ala, es probable que tus finanzas se vean directamente afectadas y que seas una de esas personas que corren el riesgo de descuidar a sus caballos o se ven obligadas a venderlos (o ambas cosas). Esto se conoce como venta urgente. No solo se trata de una cuestión de bienestar animal, sino que también da una mala imagen de los criadores en general.

Aparte de las lesiones graves o la muerte, tu principal temor en relación con los caballos serán tus finanzas, concretamente las deudas y el sobreendeudamiento. Por eso, conviene pensar qué otras fuentes de ingreso puedes desarrollar, además de tu empleo o profesión principal: pensión, entrenamiento, herrería, fisioterapia equina, reparación de mantas, talabartería, trabajos rurales, consultoría, sponsoreo, fotografía, hospedaje tipo Airbnb, tienda online, entre otros.

No conozco ningún haras en Australia que pueda ganarse la vida con la cría de caballos. Todos tienen otros ingresos que sostienen el criadero. Sin embargo, eso no significa que no puedan cubrir sus gastos o generar un pequeño beneficio después de varias generaciones.

Construcción de instalaciones seguras para caballos en un campo desde cero

De Jenni Phillips, Skyview Stud:

"Esta es ya la tercera vez que afrontamos un proyecto así (2023). La escasez de mano de obra y de materiales, junto con los aumentos de precios posteriores al COVID, han sido significativos. Hoy debemos sumar al menos un 30% adicional a cualquier costo de materiales y de trabajo contratado respecto de lo que pagábamos de 3 a 5 años atrás, y duplicar o casi triplicar los plazos de espera para conseguir contratistas disponibles para realizar el trabajo.

Por ejemplo, debido a la escasez de mano de obra y materiales, nuestros galpones se encargaron (si mal no recuerdo) en abril de 2021; los materiales se completaron recién en enero de 2022 debido a la escasez de acero, y los galpones llegaron aquí en junio de 2022. Luego llovió de agosto a noviembre de 2022 y estaba demasiado húmedo para traer la maquinaria de movimiento de tierras sin destrozar los terrenos circundantes. Así que, tras esperar de nuevo desde diciembre de 2022, recién esta semana (marzo de 2023) hemos traído la maquinaria para nivelar el piso, solo para enterarnos de que los armadores podrían demorar hasta otros 12 meses, como mínimo en venir a instalarlos. La empresa constructora encargada de los galpones nos ha dicho que la lista de espera para cualquier nuevo pedido es de más de 18 meses, más otros 6 u 8 meses adicionales para pasar por el proceso de aprobación municipal y gubernamental (una vez que se ha finalizado el diseño, se ha abonado la seña).

En esta oportunidad se trata de un campo antiguo, muy deteriorado, que estuvo alquilado durante más de 30 años. Ya vamos 3 años dentro de un plan a 5 años para transformarlo en un lugar cómodo, seguro y con las instalaciones necesarias para criar un número reducido de potrillos (2 o 3 cada dos años), y entrenar y exhibir un pequeño grupo de caballos.

Hemos hecho nosotros mismos todo el trabajo de limpieza y acondicionamiento que pudimos, sin pagar mano de obra externa: retiramos el alambrado viejo, cargamos y retiramos numerosos contenedores de residuos domiciliarios y rurales, sacamos alambres y escombros de todos los potreros, retiramos maquinaria oxidada, limpiamos y quemamos árboles y ramas caídas. Esto nos ha demandado prácticamente todos los fines de semana durante tres años, divididos en dos etapas. Es un trabajo físico muy duro.

Sí, puede ser un trabajo hecho con amor y resultar más económico, pero cuando uno cría caballos y además los monta, debe existir un equilibrio entre ese esfuerzo y contar con instalaciones seguras para montar y con infraestructura de emergencia adecuada para caballos, veterinarios y propietarios. Aún no hemos terminado todo porque cada año es un verdadero rompecabezas financiero. Trabajamos con un plan de finalización a 5 años, lo que implica muchos sacrificios y un esfuerzo ENORME durante el proceso.

Contratamos únicamente la colocación de los postes y encargamos la fabricación de las puertas (que resultó más barato que comprarlas al por menor) y todo lo demás lo hicimos nosotros mismos. El alambrado perimetral externo también tendrá que ser sustituido en los próximos cinco años, lo que acabamos de presupuestar (nosotros lo quitamos, colocamos los postes y lo armamos): dos hileras de alambre de púas y malla ganadera, ya que vamos a criar ganado en los caminos, a un costo de 20 dólares el metro. El alambrado interno nuevo, más agua e irrigación (postes, mayormente sistema Stockguard de dos hilos, portones de malla fina, bebederos de cemento, bases, conexiones, 1200 metros de cañería de polietileno de 1 1/4" y cavado de zanjas) para 30 acres, tiene un costo Total de 120.000 dólares.

Un galpón agrícola para guardar el tractor, los implementos del tractor, el remolque para caballos, el equipo de fumigación y extinción de incendios, la vieja camioneta y dos compartimentos para fardos. Además, las instalaciones de las caballerizas, que incluyen tres boxes, zona de lavado, depósito de alimentos, cobertizo para arreos, piso de hormigón, piso de goma en los boxes, plomería y electricidad para la iluminación y un sistema de agua caliente, más el movimiento del suelo para las bases. También se incluyen dos tanques de agua de lluvia (uno para cada galpón), que en zonas de alto riesgo de incendios forestales y con estas superficies de captación ya son obligatorios por normativa municipal y estatal. Incluye además el revestimiento del bloque de caballerizas y la fabricación y soldadura propia de los tres boxes y paneles; solo mandamos a hacer los frentes y las puertas. Total: 150.000 dólares.

A esto debemos sumar otros 30000 dólares para algún tipo de garaje para las herramientas o el equipo de la granja con un piso de hormigón. El hormigón ronda actualmente los 85 o 90 dólares el metro cuadrado, para quienes estén en etapa de planificación. La pista de trabajo de 60 m x 30 m con un cerco simple y un patio circular contiguo de 18 m, hecho con paneles portátiles tiene los siguientes costos: base 35.000 dólares, arena 15.000 dólares, más paneles y cerco de 7.000 dólares, remoción de árboles 7.000 dólares. Total aproximado 70.000 dólares.

Todavía estamos evaluando hacerla más pequeña, de 60 x 20 m o 40 x 20 m, pero con caballos jóvenes esos 10 metros adicionales de ancho permiten giros más amplios o la posibilidad de colocar barras, pequeños saltos, trabajos gimnásticos, cambios de ritmo u otras actividades más allá del trabajo en plano.

Recuperación de pasturas: análisis de suelo, corrección mediante encalado y yeso, resiembra... suma otros 50.000 a 60.000 dólares a lo largo de 5 años (debe hacerse por etapas), para asegurar forraje de calidad sobre suelos no ácidos y producción de heno con el objetivo de alcanzar cierta autosuficiencia.

Así que, el costo total con sobrecostos, estamos hablando de alrededor de 400.000 dólares.

Ahora bien, parece una cantidad ridícula de dinero, pero aquí es donde entra en juego la mentalidad empresarial. Si compras el campo adecuado, añades las instalaciones adecuadas y no inviertes demasiado capital, puedes ganar dinero con esto cuando decidas vender. Es muy importante conocer el mercado y saber cuánto valdrá la propiedad con las mejoras realizadas, es decir, el incremento del capital. Además, si eres capaz de gestionarlo como un negocio, el gasto de capital es deducible de impuestos.

Eso significa que no solo estás haciendo todo esto, sino que probablemente necesites otros dos ingresos adicionales, pero si lo gestionas correctamente, puedes deducir los gastos de los impuestos que pagas como empleado o los que tendrías que pagar como contratista o empresario autónomo.

Esto significa, sin duda, que tendrás que trabajar el doble durante unos cinco años. Y probablemente estarás de mal humor y cansado.

Por eso es una verdadera labor de amor y compromiso, si decides hacerlo. Sin contar el trabajo con los caballos, el trabajo con los niños, la familia y las tareas domésticas normales.

Para aquellos que piensan "sí, pero pagas el impuesto sobre el incremento de capital si utilizas parte de la propiedad y las deducciones como gastos empresariales y luego vendes la propiedad", tienen razón. Pero si la vendes, el incremento de capital se puede transferir a la siguiente propiedad agrícola que compres y el Gobierno permite amablemente a los agricultores mayores de 55 años no tener que pagar el impuesto sobre el incremento de capital al vender su campo. Es decir, hay formas de gestionar esto con tu contador, si eliges avanzar por este camino.

La cuestión es que es caro construir instalaciones adecuadas, incluso si reduces a la mitad todos los gastos mencionados. Se puede hacer, pero cuesta mucho esfuerzo! Y para aquellos que pagan entre 50 y 100 dólares a la semana por un lugar con instalaciones decentes y se preguntan por qué cuesta 100 dólares a la semana, y además quieren su propio potrero individual o compartido con una pista y algún tipo de establo por si el caballo se lesiona o necesita prepararse para una exhibición, y una zona cubierta para bañarlo cuando hace demasiado calor o llueve y para el herrador, y a todo esto, ni siquiera hemos añadido los costos de la hipoteca del terreno.

Sí, se puede bañar a un caballo atándolo a un poste, y nosotros lo hemos hecho y seguimos haciéndolo, pero si tienes un caballo con una lesión grave y necesitas limpiarlo y vendarlo regularmente y mantenerlo confinado durante meses, o si tienes una yegua y un potro que necesitan confinamiento para recibir tratamiento, eso NO ES DIVERTIDO bajo la lluvia torrencial, el granizo y el barro, y es probable que tu veterinario tampoco esté muy contento con estas condiciones. Tampoco es agradable tener la maquinaria agrícola a la intemperie bajo la lluvia. La nuestra lleva tres años cubierta con lonas, excepto cuando la utilizamos.

Considerando los gastos que supone criar y disponer de unas instalaciones "razonables", esto no es para los débiles de espíritu, y no es algo que se pueda hacer durante dos o tres años y luego dejarlo. Es un compromiso de varios años para toda la familia. Y si eso no es lo que realmente quieres hacer, es mucho más sensato buscar directamente el potrillo con la genealogía exacta, el sexo exacto, el color exacto y las marcas que deseas, pagar un precio justo por él, valorar el tiempo, el esfuerzo y la inversión del criador, y pensionarlo en un lugar adecuado, entendiendo por qué eso no cuesta 40 dólares por semana. PD: Ayuda muchísimo tener experiencia en gestión de proyectos o, al menos, ser muy organizado y saber usar Excel".

Cría por amor, no por dinero.

Requisitos financieros

- Habla con tu contador. Encuentra la mejor estructura para organizar tu negocio y los gastos que podrías deducir. Necesitarás un número de identificación fiscal (ABN aquí en Australia o su equivalente fuera de Australia). Necesitas registrarte para el régimen de IVA?

- Tu haras o criadero debe tener su propia cuenta bancaria, tarjeta de crédito, etc. Deberás decidir quiénes serán los firmantes. Automatizar. Configurar débitos directos para las facturas recurrentes.

- Seguro de responsabilidad civil, seguro del establecimiento (incluyendo alambrados), contenido, vehículo/tractor, remolque para caballos y seguro para caballos. Comunícate con tu compañía de seguros. Muchas veces puedes unificarlos a un precio menor que si contratas los seguros por separado. Pregunta a otros criadores con qué compañía de seguros trabajan y compara precios. Lee la letra chica.

- Presupuesta. Conserva todas las facturas y recibos.
- Sé prudente con las "deudas buenas" y las "deudas malas".
- Diversifica tus fuentes de ingreso.

Por qué hacer un presupuesto?

No puedes planificar tu futuro si no conoces tu pasado.

Para realizar un seguimiento de tu progreso, te sugiero que introduzcas todas tus cifras en una planilla Excel, si aún no lo has hecho. Si no eres de esas personas "amigas de las planillas", tendrás que anotar todo en una carpeta. La forma más sencilla de hacerlo es tener una funda de plástico para cada categoría de gastos y anotar todos tus gastos a medida que se producen o en un día específico. Durante los últimos 30 años, para mí ha sido el sábado por la mañana. Pon todos tus recibos en una funda de plástico. Luego, suma las columnas al final del año y dáselas a tu contador. Anota solo aquellos artículos directamente relacionados con tu negocio ecuestre. Haz lo mismo con los ingresos, que suelen ser ventas, pero también pueden ser otros servicios, como la pensión de caballos. He enumerado los gastos típicos que deberían figurar en tu hoja de cálculo (o carpeta). También puedes desglosarlos en subcategorías o totales mensuales que se añadirán al final del año.

Analiza detenidamente tus cifras históricas. Has incluido todo lo relevante? Por ejemplo, has asignado un porcentaje para gastos de combustible, oficina, papelería etc., si tienes otros negocios e ingresos? Puedes comprar equipamiento y deducirlo a nombre del negocio? Tus ingresos te hacen pasar a la categoría impositiva superior? Tu contador podrá orientarte al respecto.

Revisa tus cifras finales al cierre del año. Has gastado más de lo que has ganado? De dónde ha salido el dinero para completar tus pagos? De tus ahorros o de una transferencia de tu salario? Lo has cargado a la tarjeta de crédito?

Has gastado de más? Aquí no hemos contemplado tu mano de obra y tu red de apoyo, ya que tú aportas tu tiempo. Tampoco hemos incluido ningún gasto de capital (costos de instalación, como la compra de propiedades, caballos, alambrados, etc.).

Elabora un plan de contingencia para que, si gastas más de lo previsto regularmente, sepas de dónde va a salir el dinero antes de necesitarlo. Entonces, con el tiempo, después de algunos años, si estás criando buenos ejemplares, descubrirás que tus caballos pueden sostenerse económicamente. Por desgracia, pocas personas llegan a este punto porque no sobreviven los primeros 15 años aproximadamente.

Utiliza tus cifras para saber dónde recortar gastos. Decide dónde podrías recortar. Por ejemplo, puedes llevarte el almuerzo y un termo a un espectáculo ecuestre para destinar el dinero ahorrado en la entrada. Compra artículos de segunda mano y no nuevos. Vende tu equipo antiguo que ya no utilizas. Repara o recicla todo. Los neumáticos viejos, por ejemplo, son ideales para hacer un picadero circular. Cómo crees que lo sé?

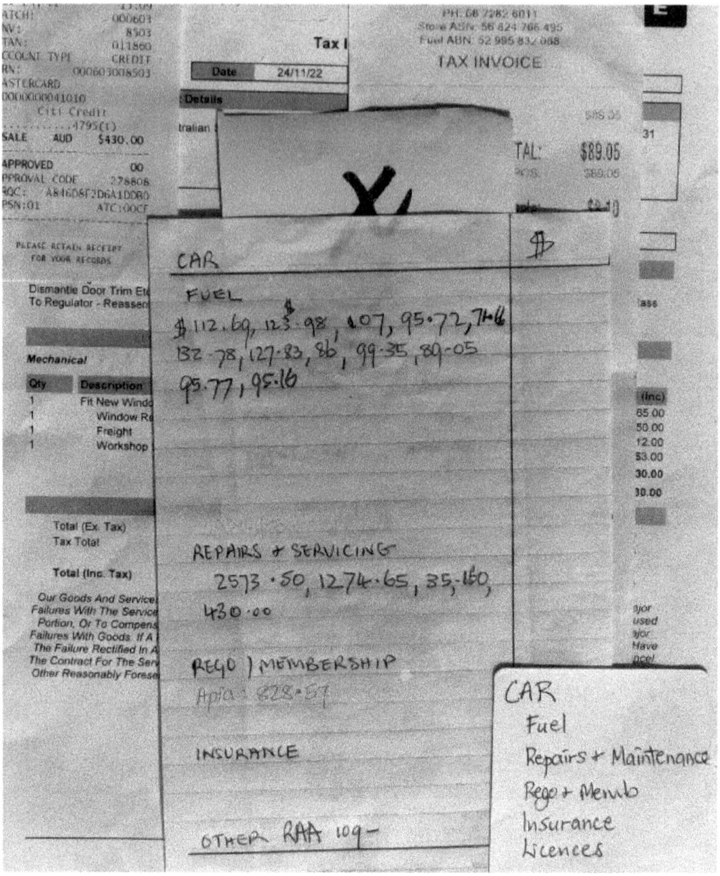

Organización de recibos y desgloses, listos para sumar al final del año.

Compara anualmente los precios del mercado en lo que respecta a tus facturas de electricidad, hipoteca y similares. Compara precios. Sabías que si llevas tiempo en un banco vale la pena llamar a su departamento de amortización para pedir una reducción de la tasa de interés o "probablemente llevarás tu hipoteca a otra parte"? Te preguntarán qué otras tasas te han ofrecido, así que consulta primero con otros bancos. También puedes trabajar con un bróker financiero para conseguir mejores condiciones.

Intenta evitar las "deudas malas". Asume solo "deudas buenas". Conoces la diferencia? La deuda buena es un préstamo para algo que aumentará de valor mientras lo pagas, como una hipoteca sobre tu propiedad. La mayoría de las propiedades bien ubicadas duplicarán su valor en un plazo de 10 a 15 años, lo que te permitirá obtener plusvalía (aumentar tu patrimonio) durante ese tiempo. Puedes utilizar esa plusvalía para pedir un préstamo para mejorar la propiedad o para comprar una mejor.

La deuda mala es aquella en la que la garantía, como por ejemplo, un coche, vale mucho menos cuando la vendes que el préstamo original. Por lo tanto, yo no compraría un coche a crédito, especialmente a una empresa de financiación de automóviles, ya que te cobrará más que un banco. Por otro lado, si compras un remolque para caballos y lo cuidas bien durante los próximos diez años, lo más probable es que lo vendas por un precio cercano al que pagaste (o posiblemente más). Un préstamo solicitado para comprarlo sería entonces una "deuda buena".

Aquí tienes un ejemplo de planilla de desglose de gastos:

Gastos **Año**	Totales anuales $
Publicidad y marketing	
Pensión	
Marca a fuego/marca a frío	
Doma/entrenamiento	
Indumentaria	
Odontología equina	
Cuotas de inscripción (concursos, exposiciones)	
Herrador	
Gastos financieros (honorarios del contador, etc.)	
Gastos de transporte	
Forraje	
Equipo/material	
Pruebas genéticas	
Seguros	
Gastos legales	
Afiliaciones	
Oficina	
Gasolina y vehículo (%)	
Gastos inmobiliarios (dividirlos por rubros)	
Matriculaciones	
Servicios de padrillo / compra de semen	
Suscripciones	
Transporte	
Veterinaria	
Otros	
Total $	

Suma los totales de tus facturas fiscales y anótalos aquí al final del año.

Es muy recomendable establecer un plan de ahorro como "colchón" financiero. Utiliza una cuenta bancaria separada, exclusiva para esto, y deposita montos regulares de dinero mediante transferencias automáticas antes incluso de ver ese dinero y gastarlo en otra cosa. Como se suele decir, págate primero a ti mismo. Puede ser tan solo 50 dólares a la semana de tu salario, pero cualquier cosa es mejor que nada. A continuación, considera invertir el dinero en una cuenta de ahorro que devengue intereses, que te obligue a mantenerlo durante, por ejemplo, 3-6 meses, o más. De esa manera, no utilizarás el dinero para gastos triviales. Si no puedes reunir al menos esta cantidad, te recomiendo que pospongas la cría de caballos para más adelante. Sé disciplinado y no lo utilices nunca, salvo en caso de extrema urgencia.

Una forma muy práctica de analizar todas tus cifras es decidir cuántos caballos necesitas vender para pagar tu gasto anual de alimentación. En mi caso, es un caballo. Hazlo con todos tus gastos. Esto convierte el proceso de elaboración del presupuesto en un conocimiento práctico y te motiva a seguir elaborándolo. Te indica cuántos caballos debes vender cada año para mantenerte a flote. No hay atajos para esto, ni tampoco una olla de oro al final del arcoíris!

Deja que las cifras hablen por sí solas.

Ejemplares jóvenes de Arakoola Australian Stock Horse Stud. Foto de Janet Hodges.

7

Tu propiedad

Las vallas blancas, el camino de entrada bordeado de árboles y un gran galpón no hacen de un establecimiento un verdadero criadero de caballos. Pero tampoco lo hace un establecimiento con corrales de alambre de púas improvisados, basura por todos lados y caballos parados sobre el estiércol. El primero suele estar asociado a publicidades brillantes, y el segundo a publicaciones en Facebook. Ambos pueden atraer al tipo equivocado de comprador. Existe un dicho: el comprador que entra por la tranquera con el auto y el tráiler más caro suele querer el caballo más barato, el menos adecuado, y además es el que más tiempo hace perder. En cambio, el que llega en un vehículo viejo, con jeans gastados y un sombrero bien usado, generalmente está dispuesto a pagar por un buen caballo y sabe exactamente lo que busca. Aunque esto se dice en broma, tiene algo de cierto.

Lo que realmente convierte a tu propiedad en un criadero respetable es lo que el visitante ve de tus caballos: su calidad, sus cuidados y su manejo. Por eso, la primera impresión cuenta. Todo debe estar prolijo, ordenado y ser seguro para ti, para tus caballos y para tus visitantes (y para el personal, si lo tienes). No tiene que ser un lugar de exhibición. Muchos criaderos antiguos están desgastados por el tiempo, pero desde el primer paso que das dentro se percibe que estás entrando en una verdadera tradición de amantes de los caballos y de caballos bien criados con un propósito claro.

No es indispensable ser propietario de un campo para criar algunos caballos, aunque sin duda ayuda. Yo he criado caballos durante más de 50 años y solo pasé 15 años en tierras propias. El pensionado de caballos tiene muchas ventajas: no tener hipoteca, no ser responsable de la infraestructura inicial ni de gastos básicos como impuestos, luz o mantenimiento. Generalmente siempre hay alguien viviendo en el lugar. Puede parecer caro, pero no lo es tanto si sumas los costos reales de mantener una propiedad a largo plazo. Si encuentras el lugar adecuado, puede ser ideal para el pequeño criador. Eso sí, no te brinda seguridad a largo plazo.

Comprar un campo, si nunca has sido propietario ni productor, puede resultar intimidante. Debes evaluar muy bien el tamaño y la ubicación, y muchas veces tus opciones están limitadas por el trabajo u otras necesidades. Las zonas demasiado alejadas suelen ser poco atractivas para los clientes.

Lo ideal es comprar la mayor superficie que puedas permitirte, cerca de una comunidad ecuestre activa. Debes preguntarte: quieres un lugar más orientado al estilo de vida, con menos caballos? O una propiedad más grande con menor enfoque recreativo? O ambas cosas? Es fundamental remarcar que cuanto más naturalmente puedas manejar a tus caballos —con pastoreo permanente la mayor parte del año—, mejores serán tus caballos.

Esto reducirá mucho tus gastos, especialmente en forraje y veterinaria, que suelen ser los costos más altos. Si además puedes manejarlos junto con ovejas o ganado en rotación, mejor todavía: estos ayudan a bajar el pasto más tosco y reducen la carga parasitaria.

Tu agente inmobiliario o agrónomo puede aconsejarte sobre la densidad de ganado o carga ganadera adecuada según la zona. También es posible calcular la densidad de ganado en la zona (o Unidad Ganadera, UG/hectárea) con algunas calculadoras en línea. Por lo general, unas 10 ovejas equivalen a un caballo. Recuerda que hay muchos factores que influyen en esto, como las condiciones estacionales, el estado de las pasturas, las precipitaciones y la alimentación suplementaria.

Comprueba tu suministro de agua y su contenido en sal. Los murciélagos, las orugas procesionarias, los parásitos y los mosquitos son otros factores a tener en cuenta para el control de enfermedades, así que infórmate sobre las características específicas de tu zona. Si no te informas ahora, es posible que más adelante te salga caro.

No es necesario que la propiedad sea perfectamente llana. Esto puede beneficiar al personal, pero las colinas o las ondulaciones son más beneficiosas para tus caballos. Por motivos de salud y acondicionamiento físico, es mejor criar a un caballo atlético en una buena zona montañosa, con descansos bien arbolados, que en pequeños potreros llanos o, peor aún, en establos.

Una escena típica australiana: una yegua satisfecha con su potrillo en un terreno ondulado y bastante arbolado. Chalani Anna y su cría. Foto de Peter Gower.

Si vas a comprar una propiedad desde cero, esta debe diseñarse pensando tanto en los caballos como en la familia o el personal. Veo muchos diseños muy costosos que son excelentes para los caballos, pero extremadamente demandantes en mano de obra para quienes trabajan allí. La tarea rutinaria más intensiva en cualquier criadero es la alimentación, una o dos veces al día. Si te lleva una hora completa hacerlo, es muy difícil acortarlo cuando estás apurado o surge una urgencia. Y además, suele ser al final del día, cuando estás cansado, con ganas de terminar, entrar a tu casa y descansar... pero no puedes, porque toca dar de comer!

Muchas veces es mejor vivir primero en la propiedad antes de diseñarla desde cero, porque con el uso diario seguramente cambiarás de opinión o lamentarás no haber hecho algo distinto. Comienza con un plano, recorre el terreno y marca dónde podría ir cada cosa. Luego vuelve a dibujarlo con medidas concretas. Tal vez debas hacerlo varias veces hasta quedar conforme. Si vas a contratar a alguien para que haga el trabajo, pide al menos dos presupuestos.

Una configuración ideal es el "sistema de rueda", en el que utilizas tu casa o tu cobertizo principal como centro de la rueda, y tus potreros se extienden alrededor del centro. Los corrales más pequeños y las instalaciones deben estar cerca del centro, y los potreros más grandes, más alejados. Cuanto menos tengas que caminar para traer a los caballos, mejor. A continuación, diseña caminos para los potreros más alejados, que sean fáciles de recorrer a pie o en vehículo. También puedes plantar árboles en los caminos, sabiendo que estarán protegidos de los caballos. Lo ideal es que haya un doble alambrado entre potreros para mantener a los caballos separados, ya que esta es la causa más común de lesiones. Los bebederos deberían colocarse lo más cerca posible del centro del sistema, de modo que no tengas que caminar grandes distancias para revisarlos, y preferentemente con acceso desde afuera del alambrado para poder llegar con el tráiler o vehículo.

El alambrado más caro no siempre es el más seguro. Los cercos de madera requieren mucho mantenimiento, pero pueden durar más de 100 años. Los cercos plásticos, en cambio, no suelen ser duraderos y muchas veces resultan una pérdida de dinero. Si vas a usar materiales sintéticos, infórmate muy bien: algunos son excelentes. Nunca uses alambre de acero de alta resistencia. Idealmente, no deberías usar alambre en absoluto, pero si lo haces, debe ser un material que ceda relativamente fácil si un caballo queda enganchado (por ejemplo, terminales o conectores que “liberen” bajo presión). Los postes intermedios son muy peligrosos y deben taparse para evitar que los caballos se enganchen. Las tapas dobles son mejores. Aun así, lo más recomendable es no usarlos, ya que las tapas se salen con facilidad o se deterioran con el tiempo.

Busca el lugar donde los caballos prefieren pararse de forma natural y coloca allí el refugio. Los refugios grandes, abiertos o de un solo lado, son los mejores para grupos. De lo contrario, ubícalos cerca de una tranquera para que al personal le resulte fácil colocar el alimento. Aún mejor es contar con una entrada desde dos potreros distintos, ya que los caballos siempre prefieren permanecer donde haya compañía.

Los potreros con pocos árboles necesitan refugios y rascadores. Si no les proporcionas un rascador, se frotarán contra lo poco que tienen a su disposición, normalmente tus árboles o las porteras!

Los potros intentarán pasar por encima, por debajo y atravesar las vallas. Las zonas donde pastan los potros y la mayoría de los corrales necesitarán "protecciones a prueba de potros". Si el cercado existente no es adecuado, electrifícalo hasta que puedas mejorarlo. Creo que todos los caballos están mejor detrás de un cerco eléctrico, si puedes instalarlo.

Si estás pensando en tener un padrillo, alójalo lo suficientemente cerca como para poder montarlo y también cerca de donde vas a trabajar con él. Lo mejor es que tenga vistas a toda la propiedad o, al menos, a algunas de las actividades diarias. Déjale espacio para que pueda compartir el potrero con un caballo castrado o una yegua como compañía en ciertas épocas del año. Si eso no es posible, al menos ubica un compañero cerca. Incluso un "mini" en un callejón contiguo es mejor que nada. Ese potrero puede reforzarse con un cercado más alto. Muchos padrillos tienden a recorrer los alambrados de un lado a otro, por lo que cuanto más tranquilos estén, menos probable será que lo hagan.

Rascador casero

Las porteras deben abrirse hacia dentro para evitar que otros caballos las atraviesen cuando saques a uno. Los pestillos y cerrojos deben colocarse con cuidado y todos los puntos peligrosos deben localizarse y minimizarse. Es posible que necesites puertas dobles para el paso de maquinaria. Nunca debe quedar un espacio entre el portón y el poste lo suficientemente grande como para que un caballo pueda trabar su cuello. Si vives en la propiedad, es muy probable que todo sea un proyecto en constante evolución, así que establece prioridades entre lo esencial y lo que puede esperar, junto con sus costos.

Evalúa si producirás tu propio heno, dónde lo almacenarás (siempre alejado de otras construcciones por riesgo de incendio), cómo será el acceso y cómo lo distribuirás.

Selecciona tipos de pasturas que sean adecuadas para los caballos y ten especial cuidado con las que contienen mucho trébol, ya que algunos tréboles son conocidos por afectar a la fertilidad de las yeguas. Tienes suficientes potreros para permitir el descanso y la rotación? Planifica el descanso de los potreros y el corte de las pasturas más altas. Fomenta la presencia de escarabajos peloteros evitando los productos químicos. Ten en cuenta todo esto a la hora de comprar tu propiedad. Conoce bien tu zona.

Otra actividad que requiere mucha mano de obra es la recogida de estiércol. Es imprescindible en todas las zonas de establos y corrales, y debe realizarse al menos una vez a la semana en los corrales más grandes. Dónde vas a colocar el estiércol? Los potreros grandes pueden necesitar un sistema de aspiración con tractor; los más grandes deben ser rastrillados y rotados. El pH del suelo y el control de las malas hierbas se ven afectados negativamente por el estiércol que se deja en el suelo, y algunas malas hierbas son tóxicas para los caballos. Los suelos pueden volverse muy ácidos rápidamente y, si es así, requerirán un encalado anual. El mayor problema de las explotaciones intensivas de caballos es la degradación de los pastos por las pezuñas y la mala gestión en general. El escurrimiento del agua también afectará a los arroyos y cursos naturales. Consulta las normativas de tu municipio sobre cargas animales y asesórate con un ingeniero agrónomo local.

Una excelente inversión son los corrales portátiles. Son perfectos tanto para inquilinos como para propietarios, y se pueden mover para cualquier propósito. Se pueden utilizar como cercos temporales, puertas, pasillos de manejo o picaderos. Nosotros los utilizamos como corrales de contención para potrillos dentro del potrero de las yeguas madres. Cuando rotamos las yeguas, movemos también el corral. Son muy útiles para encerrar un caballo durante la noche o para el destete. Tienen tantos usos que luego te preguntarás cómo hacías antes sin ellos. Incluso puedes comprarlos antes de tener montada la infraestructura definitiva, ya que te ayudan a definir dónde ubicarás las instalaciones permanentes.

Como puedes ver, la mayor parte de estos trabajos requieren un buen tractor, así que asegúrate de tenerlo en cuenta como una compra esencial al adquirir tu propiedad.

El tipo y la cantidad de caballos determinarán las instalaciones de manejo que necesites. Por ejemplo, necesitarás más corrales pequeños para los ponis. Es mejor utilizar un sistema de "pistas" para caballos, donde se construye un sendero alrededor de un potrero central, con comederos de acceso lento sobre el perímetro. Los ponis caminan la mayor parte del día por ese recorrido, haciendo ejercicio y logrando estimulación, y sólo ingresan al potrero por la noche o durante parte del día.

Escena típica australiana que brinda una maravillosa crianza a los potros jóvenes. Buckajopark Lyndal HSH y su potro. Propiedad/foto de Amy Curran.

Las instalaciones veterinarias pueden ir desde algo básico como electricidad, luz y agua, con un corral de sujeción, hasta instalaciones completas con quirófano y laboratorio para la reproducción artificial, junto a las áreas de servicio. La oficina puede ser tan simple como un escritorio en un rincón con una computadora, impresora, bandejas y un archivador. Sin embargo, un espacio exclusivo es muchísimo mejor, con suficiente lugar para ampliarse a medida que el criadero crece. Incluso puede integrarse con una recepción, sillas, estanterías, área de guardado, recuerdos, trofeos y un sector para té o café.

Dependiendo de cómo recibas a los visitantes, esto puede ser en los establos o en la casa. Incluso puedes poner un libro de visitas. Los visitantes necesitan tener acceso a baños limpios. Lo mejor es que tu oficina sea lo más cómoda posible (aire acondicionado/calefacción/vistas desde la ventana, etc.) y segura, para que puedas atender todas tus tareas administrativas con rapidez, lejos de distracciones, pero sin alejarte del centro de las actividades del criadero. Si no dispones de una zona de recepción específica, asegúrate de tener un espacio en la cocina u otra habitación de la casa o del establo que sea adecuado para este fin.

Una de las mejores cosas que puedes hacer al mudarte a una nueva propiedad es conocer a tus vecinos. Averigua quiénes son los comerciantes locales y las personas a las que puedes acudir para pedir consejo. Los vecinos suelen ser muy serviciales en este sentido. Por otro lado, intenta no molestarlos innecesariamente con tu basura o con perros sueltos. Los vecinos amistosos que conocen tu rutina pueden convertirse en tus "ojos extra" cuando un caballo salta un cerco o cuando una yegua pare inesperadamente. En nuestra experiencia, han sido invaluables.

Existe un sitio web excepcional con información sobre diferentes diseños y sistemas, así como sobre la gestión saludable de los caballos y las propiedades. No hay mejor lugar para empezar que esta página web: Equiculture https://www.equiculture.net/

Tu propiedad no tiene por qué ser lujosa, pero debe estar limpia y ordenada. Debe transmitir cuidado.

8

Tu plantel fundador

Elegir el plantel fundador adecuado puede ser un proceso largo. Desconfía de las personas que te ven como un simple coleccionista de caballos. Te subirán el precio al verte llegar o te venderán algo de lo que quieren deshacerse. Es bien sabido que esto ocurre en las subastas. No recomendaría las subastas a los criadores novatos, ya que es muy fácil que te convenzan para comprar algo caro o que, en última instancia, no sea adecuado.

Estudia tu raza y sus reglamentos. En primer lugar, debes comprender el estándar de tu raza y, a continuación, seleccionar animales que se acerquen lo más posible a él. Luego, habla con tu mentor, especialmente sobre las cualidades más importantes y la "moda" actual que puede haberse alejado de ellas. El estándar no cambia "con los tiempos", y hay una razón para ello.

Lee revistas sobre tu raza y visita los establecimientos que te resulten interesantes. Investiga las historias de los mejores caballos de tu raza. Esto te dará una ventaja inicial sobre las líneas que más te gustan. Quiénes son los criadores, entrenadores y competidores referentes de tu sector? Quiénes son los más respetados del sector? No tienen por qué ser necesariamente los que más ruido hacen o los más famosos. Habla con los "veteranos", aquellos criadores de larga trayectoria. Tendrán muchos conocimientos sobre las líneas de sangre más antiguas y sus cualidades.

Comprende los pedigrís y los linajes, y familiarízate con los nombres populares y, lo que es más importante, con otros nombres menos conocidos.

Un caballo "bien criado" se refiere a un caballo con un buen pedigrí, con animales con buenos desempeños, así como a la "profundidad del pedigrí", en la que se sabe que los animales de las generaciones posteriores también han tenido buenos desempeños en la disciplina que tú buscas. Esto debe basarse en éxitos familiares constantes, en lugar de un caso excepcional de éxito una vez cada cinco generaciones. Un caballo "bien criado" significa que sus antepasados son conocidos por ser sanos, sensatos, bien conformados y útiles. Al menos algunos, preferiblemente muchos de ellos, habrán sido altamente exitosos en el campo que tú requieras.

Define cuántas yeguas de cría necesitarás según la capacidad de tu establecimiento. Una manada de cinco yeguas supone un trabajo a tiempo completo para una persona. Cinco yeguas de cría probablemente significarán cinco potros, cinco potros de un año y cinco potros de dos años esperando a ser domados. Además, tal vez haya un padrillo, uno o dos caballos de montar y un caballo retirado. Solo eso ya suma 23 caballos, sin contar cualquier otro extra que puedas tener. Tu propiedad y tu carga de trabajo realmente pueden soportar estos números?

Encontrar ejemplares reproductores en la flor de la vida aumentará significativamente el precio de lo que puedes comprar, especialmente si quieres algo que rinda bien. Puede que sea mejor comprar ejemplares que ya hayan pasado su mejor momento, pero que hayan demostrado producir descendientes de primer nivel. Tu mentor, la investigación y tus contactos deberían proporcionarte una lista de lugares donde comprar. Explica lo que buscas y tu rango de precios. Sé específico. Pide que te remitan a otra persona si no tienen lo que necesitas o manifiesta tu interés en algún ejemplar que pueda estar disponible en el futuro.

Las yeguas deben mostrar calidad y feminidad. La yegua fundadora de Skyview Stud, Goldmine Champagne Blush HSH. Foto de Karen Sheridan.

El precio no es un buen indicador del valor. No creas en la mentira de que cuanto más pagas por un caballo, más capaz es, eso no siempre es cierto. La gente simplemente no está dispuesta a abandonar los conceptos tradicionales sobre el origen de un "buen" caballo. Los pura sangre (Thoroughbred, TB) son un buen ejemplo. Cuestan mucho al principio de su vida porque tú estás comprando la historia y el potencial. A menos que demuestren ese potencial con grandes ganancias, cuestan poco o nada cuando dejan de correr, porque la historia ha cambiado. El caballo sigue siendo el mismo.

Por otro lado, tampoco esperes encontrar buenos reproductores a precios bajos. Siempre hay una razón por la cual son baratos. El mundo de la cría está lleno de estos casos, y en general su descendencia no llega a nada.

Intenta diversificar las líneas de sangre con tus compras iniciales. Es imposible saber con certeza cuáles animales del plantel fundador serán los mejores a largo plazo, y al comienzo conviene conservar potrancas de todas las yeguas que realmente valgan la pena. Yo le doy a una yegua de cría tres oportunidades para producir un potrillo que alcance el estándar (o lo supere) antes de decidir si continuará en el plantel. Con el tiempo descubrirás que una o dos yeguas son las mejores productoras, y tu haras terminará conformándose principalmente con su descendencia.

El alquiler de una buena yegua es otra forma de acceder a genética de calidad. Muchas yeguas se ofrecen en préstamo sin costo al hogar adecuado, aunque si el propietario las valora, habrá condiciones. Asegúrate de contar con un contrato formal. El arrendatario es responsable de todos los cuidados, gastos veterinarios y costos asociados, como si fuera el dueño. Registra el alquiler en tu asociación de raza, de modo que puedas inscribir el potrillo bajo tu prefijo. A lo largo de los años he arrendado varias yeguas sin inconvenientes, pero con el tiempo solo dos se convirtieron en verdaderas yeguas fundadoras cuya descendencia aún permanece con nosotros. Hoy, entre tres y cinco generaciones después de nuestras yeguas originales, nuestro haras se remonta a solo tres, dos de ellas arrendadas. Otras que hemos comprado no llevan todavía suficiente tiempo en el establecimiento como para evaluar su impacto generacional.

Comprar una yegua de cría de edad avanzada puede ser una alternativa más barata, siempre y cuando la yegua haya tenido un potro recientemente o esté preñada y parezca estar en buenas condiciones. Fíjate en su historial de cría. Elegir una yegua virgen de edad avanzada es arriesgado, ya que es posible que nunca quede preñada y puede resultar una operación costosa. No vale la pena considerar las yeguas problemáticas si estás empezando. Gastarás rápidamente mucho dinero tratando de encontrar el problema y es posible que aun así no consigas un potro. También es posible que puedas adquirir un pariente cercano de un ejemplar con alto rendimiento. Las yeguas sanas suelen tener 10 potros a lo largo de su vida, y algunas muchos más.

Las yeguas maduras y bien cuidadas suelen seguir reproduciéndose hasta mediados de los veinte años. Por lo general, incluso "florecen" cuando están preñadas debido al aumento de hormonas. Los caballos tienen una vida reproductiva larga y una "vejez" muy corta, a diferencia de nosotros los humanos. A menudo mueren por causas naturales solo dos o cuatro años después de dejar de ser reproductivos. En ocasiones, las yeguas han parido a los 29 e incluso a los 30 años. Yo conocí una yegua virgen que parió por primera vez a los 28 años. En estos casos, es imprescindible contar con un régimen de alimentación excelente, especialmente cuando tienen un potrillo al pie.

Haz que un veterinario examine a todas las yeguas para comprobar su aptitud reproductiva si no están preñadas actualmente, y comprueba si son portadoras de trastornos genéticos (ver capítulo 18). Tu asociación de criadores tendrá esto registrado. De lo contrario, paga por las pruebas correspondientes de acuerdo con tu raza.

Elige caballos con el temperamento adecuado, especialmente si eres un criador novato. Ya hay mucho con lo que lidiar sin añadir un temperamento inadecuado a la ecuación.

Decide cuáles son tus requisitos imprescindibles y cuáles son los que no son negociables. Cuáles son tus estándares? Tómate tu tiempo para conseguir los ejemplares adecuados. Busca la excelencia, pero no la perfección, ya que ningún caballo es perfecto. En lugar de eso, busca lo mejor que te puedas permitir. Averigua con qué defectos puedes vivir para encontrar el mejor ejemplar disponible en tu rango de precios. Intentar criar algo "excepcional" antes de establecer una base es un error. Aquí es donde resulta invaluable el uso de un plantel fundador proveniente de haras antiguos y líneas bien desarrolladas.

Ahora diseña tu estrategia en base a todo lo anterior. Utiliza la primera persona para mayor claridad. Por ejemplo:

"Quiero criar con dos yeguas al año y conservar las potrancas de cada una de ellas a medida que vayan naciendo, solo si son mejores que sus madres. Venderé el resto, incluidos todos los caballos castrados. Enviaré las potras al domador, luego las entrenaré y las haré competir yo mismo. Puedo trabajar con un máximo de dos a la vez. Las mejores se retirarán para la reproducción. Quiero desarrollar esto a lo largo de 10 años hasta tener cinco yeguas reproductoras que produzcan cinco potros al año, y luego vender todos menos uno antes del adiestramiento. Por cada animal que conserve, venderé otro".

El tiempo juega a tu favor. No hay prisa.

Encontrar ejemplares de cría de calidad puede parecer un proceso lento, pero el tiempo que dediques ahora te ahorrará muchos años en el futuro.

Chalani Sheoak, una combinación de dos yeguas fundadoras de Chalani. Foto de Peter Gower.

9

Conformación y tipo de raza

Tener un ojo entrenado

"Elegir ejemplares sin tener idea de lo que buscas es como correr por una fábrica de dinamita con una cerilla encendida. Puede que sobrevivas, pero seguirás siendo un idiota". – Joel Greenblatt

La conformación significa que el caballo tenga la forma correcta para funcionar adecuadamente. Esto varía ligeramente de una raza a otra, pero los fundamentos son siempre los mismos. En la Expo de 1980, fui testigo de cómo dos de las mejores yeguas australianas de su época, Clover Bonita (QH, Cuarto de Milla) y Desert Queen (árabe), estaban una al lado de la otra. Lo que me llamó la atención fue lo similares que eran, no sus diferencias. Ninguna característica era extrema. Todo estaba en equilibrio; eran femeninas y rebosaban calidad. Eran maravillosas representantes de su raza.

No puedo dejar de insistir en la importancia de una conformación sólida y de conocer el estándar de tu raza. Cuáles son las cualidades distintivas de tu raza? Cuáles son los defectos más comunes que suelen notar los criadores de otras razas? (No te quedes solo con la opinión de los "convencidos").

La función sigue a la forma. La solidez estructural y la conformación son interdependientes, y los tipos de raza se desarrollan en función del uso y el propósito. Sea cual sea la disciplina, existen fundamentos básicos, probados y verdaderos de la conformación, cada uno con un margen de error relativamente pequeño sin alterar el mecanismo. Puede haber compensaciones y mecanismos de compensación, pero rara vez habrá extremos que funcionen bien en tales disciplinas. Por eso es importante saber si estás siguiendo una "tendencia" antinatural, impulsada por los jueces, o si te mantienes fiel a las reglas probadas de conformación y al estándar de tu raza.

Cómo puedes tomar decisiones de selección que no sean superficiales si no sabes lo que es importante y lo que no? No se trata de gustos, opiniones personales, lo que ve el observador o incluso lo que piensa el juez, sino de estándares. Estos estándares se encuentran en cualquier buen libro sobre conformación y están a disposición de cualquiera que quiera aprenderlos.

El Estándar de Excelencia del Australian Stock Horse

Intenta criar siempre según el estándar de excelencia de tu raza.

- *Cabeza alerta e inteligente, con frente amplia, ojos llenos y bien colocados, fosas nasales anchas. Una garganta fina y limpia que permite respirar con facilidad.*
- *Una buena longitud de cuello, bien colocado en los hombros.*
- *Hombros inclinados, no excesivamente musculosos, una cruz bien definida ligeramente más alta que la grupa.*
- *Pecho profundo, no demasiado ancho en proporción, pero con buena capacidad torácica.*
- *Costillas bien arqueadas y lomo fuerte, de longitud media y bien proporcionado.*
- *En las manos, antebrazos bien desarrollados, cañas ligeramente aplanadas, metacarpos cortos y ligeramente inclinados.*
- *Cuartos traseros fuertes, redondeados y bien musculosos, con una buena inclinación para dar una línea completa desde la grupa hacia los corvejones. Corvejones anchos, planos y limpios, con cañas relativamente cortas y tendones bien definidos. Patas traseras bien colocadas cuando está de pie.*
- *Cascos duros y proporcionados al tamaño del caballo, con talones anchos y aplomo correcto.*
- *Altura preferida entre 14 y 16 manos.*

Qué hace que un caballo se mueva con las manos en lugar de con el dorso? Qué forma le da al caballo la mayor flexibilidad? Por qué un caballo con una grupa en "mesa" (plana) tiende a perder el galope o a desunirse? Dónde está la articulación lumbosacra (LS)? Qué es un buen dorso para la montura? Cómo debe ser la forma del cuello? Dónde se encuentra el centro de gravedad del caballo?

Yo empecé leyendo libros sobre conformación y luego dibujando sobre ilustraciones de revistas Trazaba líneas sobre cada defecto que encontraba para indicar dónde "debería" estar el caballo. Por ejemplo, dibujaba una línea a través del hombro para ilustrar su ángulo. Dibujaba líneas a través de cuellos invertidos hasta donde "debería ir" la línea.

Observa tus propios caballos y los de tus amigos. Ve a remates, habla con los jueces o ve a las carreras. Habla con criadores veteranos. Asiste a clínicas de juzgamiento. (Esto no significa que tengas que convertirte en juez). Observa muchos caballos y pide opiniones. Desarrolla activamente un ojo entrenado.

Desarrollar un ojo entrenado no es difícil. Solo requiere esfuerzo. Hacerlo con un animal vivo es más complejo, pero no lleva tanto tiempo si lo abordas con constancia y con un enfoque de excelencia. Si no conoces de conformación, nunca criarás caballos de primer nivel. Estarás criando solo por pedigrí, y no todos los caballos están a la altura de su pedigrí.

Las modas extremas tarde o temprano pasan para dar lugar a la siguiente moda. No persigas las tendencias por el simple hecho de obtener mejores precios. Busca siempre un caballo equilibrado. Si luego presenta un pequeño defecto de aplomos, generalmente no afectará su funcionalidad ni la comodidad del jinete. En cambio, no debes irte tanto hacia un extremo que sacrifiques otra cualidad. Un ejemplo claro es buscar velocidad en el caballo de carreras sin considerar la solidez de los cascos.

En las competencias siempre verás ejemplares que se mueven mejor o se lucen más que los tuyos, y entonces prestas atención a lo que está ganando y permites que eso influya en tus decisiones de cría la temporada siguiente. Muchas veces se culpa a los jueces por sus "malas" elecciones. Entonces uno piensa: "si estos criadores están ganando, sabrán lo que hacen", por lo que sigues su ejemplo, eligiendo padrillos jóvenes y más llamativos.

En poco tiempo, esto crea una cámara de eco en la que la gente cría caballos por su trote vistoso y su "belleza". Empezamos a perder líneas de caballos muy montables, versátiles y sanos porque tardan mucho en madurar y, por lo tanto, no se pueden vender cuando son jóvenes, y los caballos "llamativos" parecen más comercializables. Con el tiempo, la raza termina desarrollando dos tipos diferentes: el caballo "de exhibición" y el caballo "no tan de exhibición".

La base

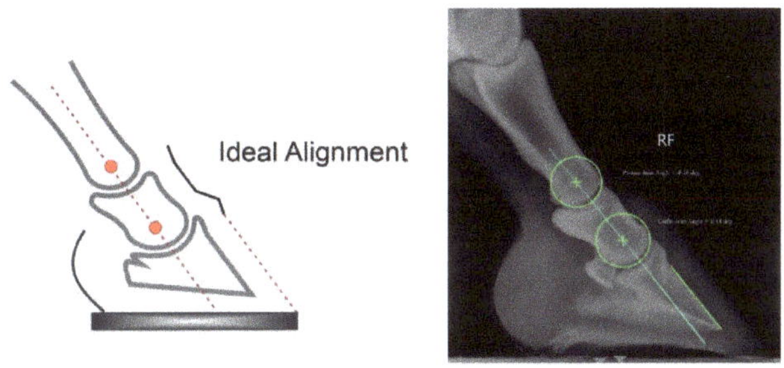

Alineación ideal - Reimpreso con permiso de Progressive Equine.

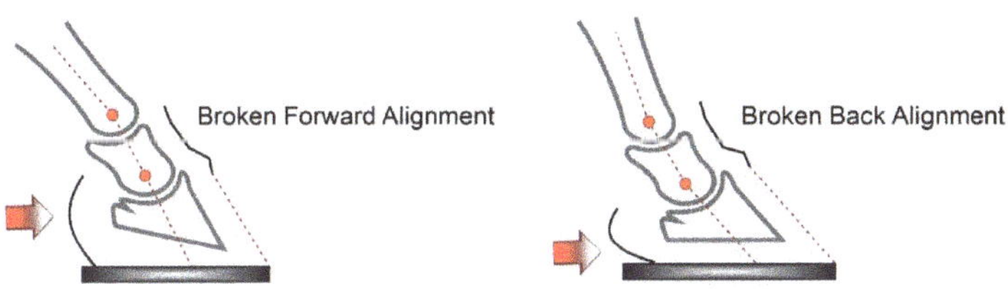

L-Eje quebrado hacia adelante *R-Eje quebrado hacia atrás*

Puede haber importantes incentivos y premios en dinero para los criadores especializados en futurities. Lamentablemente, muchos propietarios no están de acuerdo con esto, y creo que ese dinero debería ofrecerse para caballos adultos, no para potros, y mucho menos para potros de dos años. Los entrenadores y los propietarios siguen el dinero, por lo que no es de extrañar que los caballos más viejos se vendan o se devuelvan al plantel de cría sin haber mostrado su verdadero potencial, lo que aumenta el volumen de caballos en el mercado con un futuro incierto.

Los criadores pueden decir que crían para el "jinete promedio", pero eso se refiere al temperamento, una mente sana y la selección de la raza que se adapte al jinete. NO significa criar caballos mediocres o de mala calidad. El jinete promedio, incluso más que el profesional, necesita un caballo sano, bien conformado y bien entrenado; un compañero con el que pueda tener una relación de colaboración durante los próximos 20 años aproximadamente. Si criamos para el jinete "promedio", debemos criar siempre caballos versátiles y de buen carácter, sin movimientos exagerados ni conformaciones defectuosas. Incluso al jinete "promedio" quiere un caballo que pueda admirar. El jinete promedio sabe lo que quiere y, por lo general, está dispuesto a pagar bien por un buen caballo de recreo.

Escucho a menudo a algunos que dicen que crían caballos de trabajo, no de exhibición. Pero el caballo de trabajo debe ser bueno para cumplir su función. Quizás no necesite una cabeza bonita, ya que no se monta la cabeza, pero sí debe ser ágil, atlético, resistente y trabajador. Es menos probable que se estrese y se fatigue si está bien equilibrado. Muchos caballos de competición se adquieren en subastas. Si tu objetivo es vender en subastas, debes considerar que los mejores precios los logran los caballos que tienen pedigrí Y conformación. Un caballo bien presentado y bien conformado siempre se vende.

Es importante estudiar la conformación en la teoría y en el caballo vivo. Nunca se aprende lo suficiente sobre la conformación (incluyendo el movimiento). Herradores y veterinarios hablarán constantemente de las extremidades y de la solidez, que es la característica más importante. Los cascos buenos y duros, con talones profundos y abiertos, deben estar alineados con la inclinación del menudillo y del hombro. Los menudillos rectos (mayores a 45 grados y 50 grados en los posteriores) casi siempre indican un hombro y una pelvis rectos. Los defectos más evidentes son las patas torcidas hacia fuera o hacia dentro, pero los menos evidentes, como los cañones descentrados, las rodillas de ternero y las "atadas por debajo de las rodillas", tienen un efecto mucho más severo sobre la solidez, aunque suelen pasar desapercibidos para jinetes inexpertos. Además, son defectos difíciles de corregir mediante la cría.

Como criadora, valoro la integridad estructural y su impacto directo en la solidez. Es injusto para el caballo, el nuevo propietario y la raza producir un potro que desarrollará problemas de salud más adelante en su vida debido a algún defecto estructural evidente o genéticamente posible. Y peor aún si se cría a partir de uno que se ha lesionado debido a dicho defecto!

Algunos jueces solo evalúan a un caballo por sus defectos. Desgraciadamente, el que se fija en los defectos es tan crítico que a menudo pasa por alto las buenas cualidades. El resultado es un caballo mediocre. A veces, lo único bueno que tiene es su equilibrio. Esto resulta muy evidente cuando lo ves junto a un caballo de calidad. Quieres criar caballos mediocres?

El único momento en el que es aceptable utilizar una yegua mediocre es cuando se trata de una favorita personal de probada eficacia; incluso entonces, podría no ser apta para la cría. Todas las demás yeguas deberían ser de alto nivel. Apunta siempre a la excelencia.

Mis caballos deben tener una buena cabeza y una mirada suave. Esto indica inteligencia y carácter. Se crían tantos caballos que es perfectamente posible establecer esto como un requisito y no seguir sumando cabezas comunes a la población. Es lo primero que observo cuando doy de comer al atardecer. Además, facilita la venta, porque resultan más atractivos. En las yeguas, me gusta ver la feminidad de inmediato.

El caballo es la suma de sus partes. Por eso, primero hay que observar el equilibrio, analizar cada parte por separado y luego volver a considerar el conjunto. Cómo afecta esto la capacidad del caballo para funcionar correctamente y mantenerse sano? La línea que se traza alrededor de su cuerpo forma un cuadrado o un rectángulo (formato vertical u horizontal)? El caballo debe ser largo por la parte inferior y corto en el dorso y los lomos.

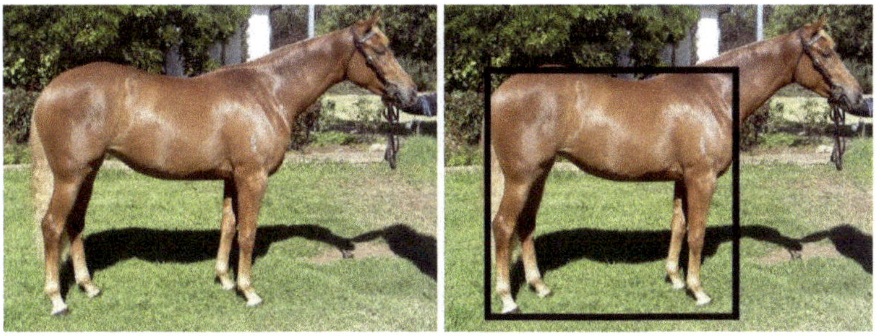

Equilibrio: todo es armonioso y proporcionado. Se trata de un potro de dos años muy bien proporcionado, solo un poco alto de atrás, como suelen ser los potros jóvenes. Observa el espacio a la altura del codo. Imagina un cuadrado alrededor del cuerpo.

Algunas cualidades dependen de las preferencias personales. Las yeguas tienden a tener orejas más largas que los padrillos con la misma genética. Por lo tanto, si el padrillo tiene orejas largas, es probable que sus hijas las tengan más largas. Cuando ambos padres tienen orejas largas, la descendencia puede acabar teniendo orejas "de sombrero" o "caídas". Me gustan las orejas separadas entre los ojos, la frente plana y sin protuberancias a lo largo de la nariz o la frente. Me suelen gustar los caballos con remolinos, ya que muchas veces estos caballos tienen mayor inteligencia y calidad.

Busco una garganta despejada. Puede ser más gruesa en los ponis y las razas barrocas, pero debe estar ahí. También debe haber una línea de sombra a lo largo de la tráquea y la parte inferior del cuello debe ser curvada, no pesada ni invertida como un plátano. No me gustan los cuellos rectos porque casi siempre son débiles en la nuca y difíciles de reunir, pero esto no es un impedimento para los caballos de carreras; solo necesitan la distancia más corta para que el aire entre por sus fosas nasales y llegue a sus pulmones. Los siguientes caballos tienen una excelente línea de garganta, cuello y tráquea. Asegúrese de observarlos en posición natural, no forzada.

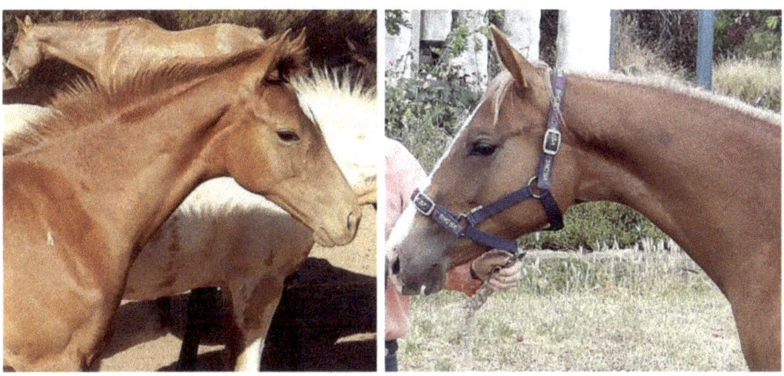

La garganta debe ser fina y abierta, con una línea definida a lo largo de la tráquea y la yugular y una curva cóncava debajo del cuello.

La posición del cuello depende de la inclinación y el largo del hombro. Un cuello bajo da lugar a una zancada más corta y entrecortada; un cuello alto da lugar a una acción más elevada de las rodillas o a una zancada más larga, a menudo con el lomo hundido. Los caballos con cuellos elevados o exagerados son las razas de paso, ya que esto les permite dar pasos más altos o el paso. (Los caballos de paso estándar llevan un collarín para elevar el cuello). Si no deseas que un caballo "ande al paso", busca un movimiento equilibrado y un cuello que se una a la cabeza, donde una línea trazada desde la cruz atraviese la cabeza por debajo de los ojos.

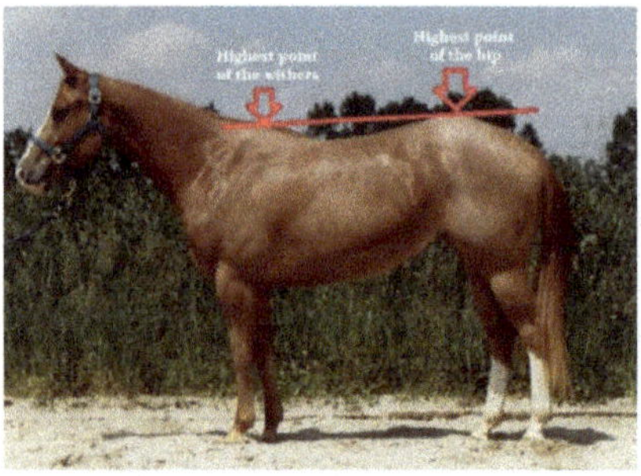

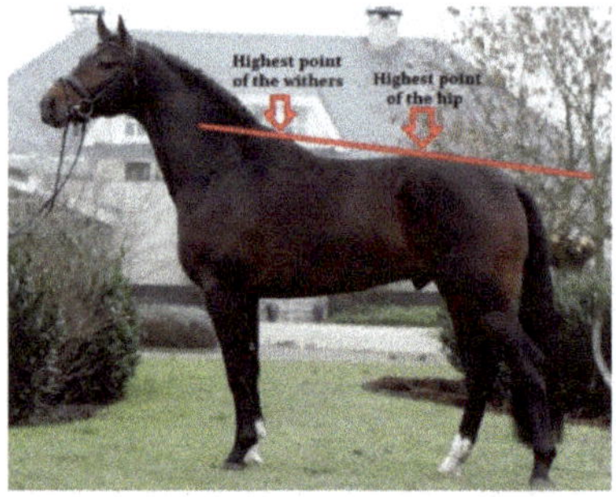

L – Punto más alto de la cruz *R – Punto más alto de la cadera*

Dónde colocarías la montura? Cómo sería montar en cualquiera de los dos? Qué partes del cuerpo son más propensas a sufrir desgaste?

Los caballos con cuellos rectos o con conformación descendente suelen ser pesados en la parte delantera, tienen zancadas más cortas y es más difícil conseguir suavidad si no los monta un jinete experimentado. A menudo son más incómodos y menos flexibles. Esto tiende a llevar a los jinetes a presionarles la boca, atascarlos o simplemente montarlos en la parte delantera toda su vida, lo que reduce su longevidad y solidez. Un caballo con un lomo aparentemente largo suele tener los hombros erguidos y el lomo débil. Suele tener un trote fuerte, pero un galope brusco. Su aspecto "rectangular" general puede deberse a que tiene las patas cortas.

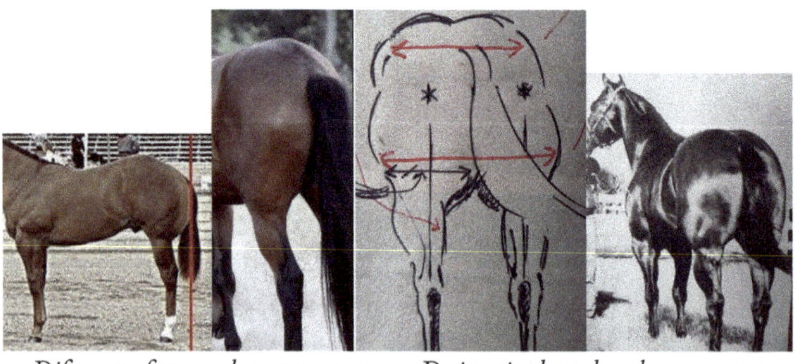

Diferentes formas de cuartos traseros. De izquierda a derecha: grupa en forma de ganso, grupa en forma de tienda de campaña, correcta y correcta.

Los cuartos traseros deben tener longitud, vistos de lado, y buenos muslos y pantorrillas. Las pantorrillas, vistas desde atrás, deben mostrar fuerza tanto por dentro como por fuera. La primera foto de la página siguiente muestra corvejones "de poste". Las patas postadas son aquellas en las que las patas traseras son demasiado rectas, lo que da al jinete la sensación de estar sentado sobre un palo de pogo. Son muy propensas a la luxación de la rótula, más común en los pura sangres, los cuarto de milla y los minis.

La segunda foto muestra una grupa en forma de tienda de campaña (forma de ^) y asimetría, lo que indica lesión o dolor. Esto dificulta que los caballos alcancen fácilmente los posteriores debajo de su cuerpo. Este daño es una característica de muchos saltadores y es la causa del "bulto" del saltador.

La foto 3 es la correcta, donde los músculos a ambos lados de las rodillas son ligeramente más anchos que en las caderas. Esta es la fuente de energía, y la cantidad de músculo depende de la raza. Por último, un buen tipo de cuartos traseros en un caballo de velocidad. Los caballos con grupa en forma de tienda de campaña sufrirán tensión con el trabajo recogido, mientras que los caballos con la forma correcta se fortalecerán aún más con el trabajo.

Ten en cuenta que los corvejones en forma de hoz (corvejones demasiado angulados) no son aceptables simplemente porque permiten que el caballo se mantenga erguido bajo su cuerpo. La tensión adicional puede provocar problemas en las articulaciones. Unos corvejones buenos, planos y sin exceso de carne, son esenciales para cualquier caballo que realice un trabajo regular.

Uno de los "secretos" no mencionados del mundo ecuestre es la cantidad de sustancias ilegales que se utilizan para mantener a un caballo sano el tiempo suficiente para competir. Es realmente una vergüenza. Los criadores y entrenadores deben mejorar mucho, junto con un cambio en las normas y la vigilancia dentro de las disciplinas en cuestión. Podríamos culpar a los jueces, a los entrenadores, a los veterinarios o a las grandes farmacéuticas por utilizar los procedimientos y medicamentos que han desarrollado, en particular la tendencia moderna de inyectar las articulaciones para mantener a los caballos compitiendo. Hay que trazar la línea entre la intervención ética y mantener a un caballo en competición una vez más! Por desgracia, a menudo se trata de dinero y del presente, sin tener en cuenta el futuro. No hay nada de malo en cuidar a un caballo retirado con la ayuda de tu veterinario, siempre y cuando lo hagas por las razones correctas y antepongas el bienestar del caballo.

Así que haz una lista de tus condiciones innegociables en tu bloc de notas.

Estos son algunas de las míos: criptorquidia, prognatismo (boca de loro), pies girados, cascos en mal estado, cañas desviadas, rodillas atadas, rodillas de ternero, corvejones de vaca, cuello invertido, complexión descendente (cruz más baja que los cuartos traseros), grupa en forma de tienda de campaña y cuartos traseros sin longitud ni profundidad.

Estos son mis requisitos imprescindibles: calidad, equilibrio, buenos aplomos y buenos cascos, corvejones planos y rectos, aplomo cuadrado al pararse, buena cabeza, garganta y cuello, hombro inclinado y una cruz bien marcada, tórax profundo con buen espacio de codo, dorso bien conformado para llevar la montura sin que se deslice hacia adelante, atrás o a los costados, fuerte en los lomos, y el movimiento adecuado para ser un buen caballo de silla, cómodo y durable.

Para mí, la calidad está en la piel fina, la ausencia de "plumas" en las patas, la cabeza refinada con ojos grandes y amables, la frente ancha, la crin sedosa y la musculatura definida, la fuerza con elegancia. Está en el porte del caballo cuando se mueve. Su presencia! Cuando todo se une en un todo equilibrado y armonioso, hay una sola palabra para describirlo: "calidad!". La calidad puede ser difícil de definir, pero sabes que está ahí en cuanto la ves. El diccionario dice que es un atributo distintivo, un grado de excelencia o una clase superior. La calidad no solo es una característica importante en tus caballos, sino también para desarrollar la satisfacción y la fidelidad de los clientes. La calidad resuena en los compradores que están dispuestos a gastar más dinero.

Comparación de conformación: – Por Kimberley McCallum

"Esto es lo que yo llamo verdadera fealdad. Está un 100 % mejor que cuando llegó, pero su estructura nunca fue la correcta, por lo que siempre será fea, pase lo que pase. Aparte de las cosas que están mal en la foto de perfil (que mucha gente puede pensar que no están tan mal, dependiendo de la experiencia), también es el único caballo que he visto con cañas desviadas tanto en las patas delanteras como en las traseras. Sus cascos eran tan pequeños que no podía mantener una línea lateral del tamaño de un poni, y su cuello era físicamente incapaz de ofrecer ninguna sumisión vertical. Aquí tiene 2 años. También tiene prognatismo superior (mandíbula sobresaliente).

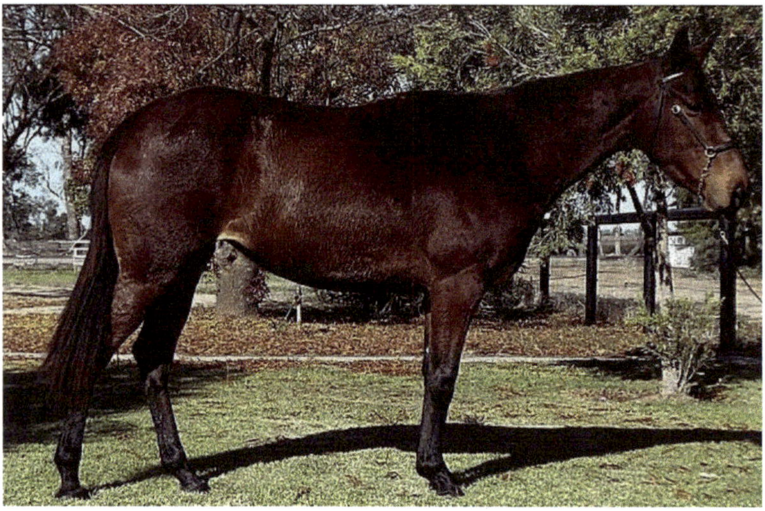

"Todos hemos visto cómo potros jóvenes pobres, desnutridos y peludos se convertían en criaturas encantadoras y útiles, pero estos siempre tenían una estructura correcta. Solo hay que dar un poco de margen para que el pecho se engrose, los cuartos traseros se rellenen, etc. Fíjate en la diferencia en este caso. Aunque está delgada, tiene gusanos, está peluda, deshidratada y estresada, esta yegua es razonablemente correcta. Hay 12 meses de diferencia entre las fotos, tenía aproximadamente 2 años en la primera".

Los caballos se criaban para ser resistentes en la época del Waler. Los caballos australianos eran considerados los mejores caballos de remonta del mundo. Tercer regimiento de caballería ligera, Primera Guerra Mundial. Lamentablemente, solo se permitió que uno regresara a Australia debido a nuestras estrictas leyes de cuarentena.

Galope descoordinado: esta no es una buena imagen. Los corvejones no están debajo del cuerpo para soportar el peso. La separación de las patas traseras es limitada, por lo que las delanteras bajan demasiado pronto. Es probable que el caballo haga un "giro de botella" (giro torpe sin apoyar bien el posterior). Este tipo de galope es "inestable" para montar. Compáralo con la misma fase de la zancada en la foto de Black Caviar en el próximo capítulo.

Caballo peruano de paso - Foto Audrey Pavia

Caballo islandés realizando tolt (correr deambulando): Guðmundur Arnarson monta a Sævar frá Stangarholti. Dagur Brynjólfsson: publicado originalmente en Flickr como 043 Sævar frá Stangarholti.

10

El movimiento

Una extensión de la conformación

"No hay casi nada en el mundo que alguien no pueda empeorar un poco y vender un poco más barato, y las personas que solo tienen en cuenta el precio son presa de este hombre". – John Ruskin

El movimiento es *sumamente* importante. Algunos incluso lo consideran más importante que la propia conformación. El razonamiento es que, si el movimiento es correcto, la conformación está demostrada. Sin embargo, es fácil encontrar caballos con defectos en las patas o sin grandes virtudes estructurales, que solo destacan por su movimiento, y ahí está la calve: se necesitan ambas cosas.

Es deseable que las patas sean rectas, pero se puede aceptar un ligero desvío hacia fuera. Los aplomos correctos de las manos son más determinantes para la sanidad básica, mientras que los posteriores lo son para el entrenamiento más avanzado. Los aplomos abiertos de adelante son peores que las manos cerradas hacia adentro (pichonas), porque el caballo puede golpearse una pierna con la otra al moverse.

Imagina una línea central que atraviesa al caballo desde el frente mientras se mueve. Cuanto más rápido sea el paso, más caerá el pie sobre esa línea central. Eso es normal. El hombro no está unido al torso del caballo por un hueso como nuestra clavícula. En su lugar, los músculos forman una "eslinga" a su alrededor, por lo que queremos ver mucho espacio para los codos y un hombro bien angulado y plano. Las pisadas deben ser ligeras, no pesadas sobre el suelo.

Visto desde arriba, se nota claramente que el caballo apenas puede doblar la columna vertebral entre la cruz y la cola. Para girar, el cuello se dobla en la dirección en la que se dirige y utiliza este sistema muscular de sostén para permitir que las extremidades se crucen unas delante de otras. Solo así puede realizar un giro correcto y elegante. Un "giro en botella" es totalmente incorrecto, ya que el caballo tiene muchas posibilidades de resbalarse o caerse.

Visto desde arriba, se nota claramente que el caballo apenas puede doblar la columna vertebral entre la cruz y la cola. Para girar, el cuello se dobla en la dirección en la que se dirige y utiliza este sistema muscular de sostén para permitir que las extremidades se crucen unas delante de otras. Solo así puede realizar un giro correcto y elegante. Un "giro en botella" es totalmente incorrecto, ya que el caballo tiene muchas posibilidades de resbalarse o caerse.

Al mirar al caballo de perfil, se cuentan sus pasos y la uniformidad con la que caen... 1, 2, 3, 4. Repite, repite, como un metrónomo. Si hay alguna disfunción, el caballo podría estar rengo. Si escucho 1, 2... 3, 4, sé que el caballo está "ambleando", lo cual es malo para un caballo atlético. Suele indicar rigidez en la zona lumbar, pélvica o cervical. Los potros a veces hacen esto porque sus patas son más largas en proporción a su cuerpo, por lo que es posible que lo superen con el crecimiento.

La columna vertebral no tiene ninguna curvatura lateral, excepto en el cuello y la cola; la máxima flexión para girar se consigue cruzando las manos y las patas.

Peor aún es un trote en el que las pisadas diagonales no están juntas, perdiendo el patrón de dos tiempos. Esto suele ser causado por la hipermovilidad de las extremidades, una acción exagerada de las rodillas y diferencias entre el largo de la zancada de las manos y de los posteriores. El alcance de las patas traseras y el de las manos debería ser exactamente el mismo. La selección de estos movimientos hipermóviles por parte de jueces y criadores solo agrava el problema, al punto de que hay razas en riesgo de quedar dominadas por este tipo de movimiento incorrecto.

Separación de los posteriores, redondez del lomo, muslos fuertes y descenso de los cuartos traseros. Black Caviar en su mejor momento.

Se sigue el mismo proceso con el galope: 1, 2, 3 - 1, 2, 3 Repite... Las fallas incluyen el galope descoordinado y el galope a cuatro tiempos (como el galope de los caballos de trote, Standardbred), y el galope ambio, en el que la pata delantera baja demasiado pronto. La última pata en tocar el suelo debe ser la mano guía, que debe venir con un gran estiramiento a través del hombro. Si la pata trasera no es lo suficientemente fuerte como para mantener el galope (a menudo debido a corvejones en forma de hoz o de vaca, o a exceso de ancho atrás), la pata delantera bajará demasiado pronto.

Cuando observo a un caballo galopando de forma natural en el potrero, me fijo si lo hace de forma suave y equilibrada, especialmente en terrenos irregulares o húmedos, y si cambia la zancada y/o se descoordina al cambiar de dirección. Solo me llevó un par de años de práctica, observando y escuchando, reconocer los pasos de un caballo al acercarse y saber cuáles eran sus aires y anomalías, simplemente por el sonido de sus pasos. Y te aseguro que tú también puedes hacer lo mismo.

Busca un buen sobrepaso y un balanceo natural de la cabeza. En el mundo de los caballos de stock, a este paso se le llama "paso de arreo" ideal para recorrer largas distancias con energía. El sobrepaso ocurre cuando las patas traseras pisan por delante de la huella de las patas delanteras. Esto indica la longitud de la zancada. Es una de las mejores cualidades que un caballo puede tener de forma natural, ya que es muy difícil mejorar el paso con el entrenamiento. También es uno de los mejores indicadores de la velocidad potencial y la calidad del galope. Si deseas un arranque rápido, como en un caballo de lazo, es esencial que tenga unos cuartos traseros excepcionalmente fuertes, con las patas traseras bien colocadas debajo del cuerpo.

Razas de paso: caballo Marwari Gajraj, propiedad de Sh Gurtaj Sandhu. Foto de Mann Horse Photography. Tennessee Walking Horse, dominio público.

El caballo es una de las pocas especies, junto con los tapires y los hipopótamos, que es heterolateral. Eso significa que "trotan" en lugar de "andar". También significa que están hechos para galopar "unidos", no desunidos, como el ganado. Esto da lugar a un tipo de conformación determinado: las caderas cuadradas y altas del ganado, por ejemplo, en contraposición a las del caballo. Por supuesto, hay variaciones en todos los caballos, ya sea por raza (los de paso cuadrado en comparación con los de paso lateral) o por tipo, como por ejemplo el caballo Tennessee Walking Horse, el Paso Fino, el islandés o el Marwari. Estas diferencias son hereditarias.

En algunas razas, como el Australian Stock Horse, es un grave defecto amblar o ir de paso lateral. Un ASH debe tener un verdadero paso de cuatro tiempos. Un mal paso puede ser un signo de dolor o tensión, si el caballo se desplaza con la cabeza alta y la espalda o el cuello hundidos, o ambos.

Al juzgar, a menudo veo caballos que mantienen la cabeza de tal manera que no pueden cabecear correctamente, lo que arruina su marcha al paso. Igual de grave es el caballo que cojea al trote. El jinete torcido "crea" un caballo descoordinado. Algunos caballos son propensos a descoordinarse o a galopar al amble, que son dos de los peores defectos que puede tener un caballo de montar.

En el movimiento, se observa el impulso, la elasticidad, la potencia (la impulsión), el ritmo y el tempo. Los caballos que reúnen estas cualidades son fluidos y elegantes, y muy cómodos para su jinete. Es necesaria una conformación correcta si quieres que tus caballos tengan una larga vida útil y que estén cómodos durante una larga jornada de trabajo. Todos conocemos caballos que son excepciones a esta regla, esos caballos no deberían utilizarse en un programa de cría.

Con el tiempo, los caballos con la mejor conformación llegarán a la cima, siempre y cuando el criador y la raza valoren el rendimiento. Las ventas más altas son para aquellos criadores capaces de producir tanto caballos de rendimiento atractivos como caballos de exhibición de alto rendimiento. No es una cosa o la otra. Recomiendo encarecidamente cualquiera de los libros de Deb Bennett, o el siguiente sitio web para explorar más a fondo la conformación, especialmente para la cría específica de una disciplina:

JW EQUINE https://www.jwequine.com/functional-conformation/

Es difícil desarrollar un ojo experto a menos que se vean muchos caballos. Por lo tanto, después de leer esta breve explicación sobre la conformación y el movimiento, espero que te sientas inspirado para aprender todo lo que puedas al respecto. Después de todo, si quieres criar los mejores caballos, tu futuro depende de ello.

"La parte más preocupante es cuando se reproduce un padrillo o una yegua con problemas de salud, creando así el caballo ideal para el veterinario. Nunca sano, asistido toda su vida. Yo lo llamo "criar cuentas veterinarias". El sacrificio es una mala palabra hoy en día, cuando antes era una práctica respetada". – Bronwyn Margetts

Los pasos suaves son el resultado de un trabajo y una conformación correctos. Aquí, los pasos delanteros son exactamente de la misma longitud que los traseros, y no hay espacio entre la huella de la pata trasera y la delantera. Fíjate en la garganta abierta y la redondez del lomo.

11

El temperamento adecuado

La gran pregunta

Es innato o se adquiere?

Un criador, cuando conoce bien a sus reproductores, aprende a distinguir en los potros qué rasgos de temperamento provienen del padrillo y cuáles de la madre. A partir de ahí, depende de él trabajar con esas cualidades en su régimen de entrenamiento para que se conviertan en buenos caballos. Los caballos deben ser útiles, ya sea para el criador o para un futuro comprador. En la época actual, en la que tantos jinetes no tienen una correcta formación, elegir el temperamento adecuado es aún más importante.

No existe una prueba de rendimiento estándar en los caballos para evaluar el temperamento. Lo más cercano es el sistema europeo de licencia para padrillos, que también tiene sus fallas. Por lo tanto, los criadores deben imponer sus propios estándares de excelencia.

Si crees que la mayor parte del temperamento se debe a la genética, cría con los caballos de mejor temperamento que puedas encontrar. Si crees que la mayor parte del temperamento se debe a cómo los crías, perfecciona tus habilidades de entrenamiento. Lo mejor es practicar ambas cosas, ya que no todos los potros acaban teniendo el temperamento que deseas o esperas que tengan.

"No hay caballos malos, solo malos manejos". Si bien esto es cierto, no es una excusa para criar con cualquier ejemplar. No te dejes engañar por comentarios generales como "todos los descendientes de ese caballo son así" o mitos como "las yeguas alazanas son bravas". Estudia siempre al *individuo.*

Yo elijo cuidadosamente los cruces para maximizar el buen temperamento. Los padrillos tienen temperamentos y atributos bien definidos que pueden transmitir a sus potros. Cuando has criado varios potros con un padrillo, llegas a saber cuáles son, incluso si no eres el propietario del padrillo. Por ejemplo, cuando trabajaba en Willomurra, sabíamos por el comportamiento qué caballo era de qué padrillo. Podías dejar una manta en un poste del potrero con los descendientes de Jet Master y por la tarde la manta seguía en su lugar. Pero si hacías lo mismo con los descendientes de Warning Flag, la manta acababa devorada!

El temperamento de la yegua es aún más importante. Al fin y al cabo, ella es la que cría al potro. No me quedo con una yegua que es difícil de atrapar cuando tiene un potro o que se muestra agresiva o se asusta cuando manejas a su potro. Ella le enseña a su potro que los humanos son malos.

El comportamiento de una yegua durante el celo también es importante. Se vuelve distraída o adormecida cuando está en celo y arisca cuando no lo está? Muestra "comportamientos de padrillo"? Esto puede indicar desequilibrios hormonales o simplemente ser cuestiones de temperamento. Es mejor elegir yeguas que tengan un carácter equilibrado, especialmente bajo la silla.

Tuve una yegua que, si le hacía cosquillas en el labio superior, levantaba el hocico adoptando la postura de Flehmen. Toda su descendencia hacía lo mismo. Otra yegua tenía crías con un relincho agudo y chillón. Estas características son hereditarias.

Otros comportamientos pueden no ser nada divertidos, pero son claramente hereditarios. Si no puedes montar caballos que corcoveen, no críes caballos que corcoveen! La tendencia instintiva a dar coces, embestir, huir o golpear puede ser evidente de inmediato en el potro o notarse años más tarde, cuando el "caballo tranquilo" se asusta indebidamente. La tendencia a saltar puede manifestarse por primera vez cuando hay una gran tormenta y lo encuentras al otro lado del cerco. O cuando el propietario aparece inesperadamente por detrás de una esquina y recibe una patada. Cuando se asusta, el mecanismo de defensa natural de este caballo es patear en lugar de apartarse o retroceder.

Un término que se utiliza comúnmente de forma despectiva es "caliente". Se refiere a un caballo con tendencia a no tranquilizarse (relacionado con la ansiedad), lo que también puede alimentar la tensión o el nerviosismo del jinete o del cuidador. Se requiere cierta sensibilidad para los atletas de alto nivel. Tiene que ver con la capacidad del cerebro para responder rápidamente a las señales y la coordinación para ejecutar esas respuestas. Los caballos de sangre caliente tienen esta capacidad. Pero si son demasiado sensibles (y eso es relativo al jinete, su disciplina y su experiencia), un caballo puede volverse demasiado reactivo e inadecuado para su función. Las razas de tiro tienden a tener tiempos de reacción más lentos, por lo que se les conoce como "de sangre fría" y no se buscan para fines deportivos, pero su templanza puede hacer que los cruces sean adecuados para el trabajo policial y o para trabajar con jinetes adultos nerviosos. Las reacciones y la reactividad son rasgos hereditarios y el manejo saca a relucir lo mejor o lo peor de esos atributos.

También es importante notar la diferencia entre atributos similares. Por ejemplo, que sea cosquilloso puede ser indeseable, pero la sensibilidad puede ser deseable. El equilibrio en la selección por temperamento suele estar muy influenciado por tu propia personalidad y tus métodos de entrenamiento, que pueden no coincidir con los del comprador. Ten esto en cuenta a la hora de elegir tu mercado.

Un error común de los compradores es suponer que el comportamiento en tierra será el mismo bajo la silla. Que un caballo sea sociable no significa que sea manso montado. Que sea tranquilo y amistoso ayuda sin duda a vender, pero no garantiza que sea así cuando se lo monta. Por ejemplo, un caballo que permanece quieto puede ser “tranquilo”, o puede simplemente haber sido entrenado para “quedarse quieto”. La mayoría de los compradores no sabrá distinguirlo y asumirá que es tranquilo. Los modales se aprenden. La educación en el manejo a pie debe enseñarse. La diferencia entre ser tranquilo y ser bien educado está en el entrenamiento.

A mí me gusta que mis potros nazcan "entrenados". Es decir, que disfruten de mi presencia, les gusta que los manipulen y respondan con facilidad al entrenamiento. Que sean curiosos. Me encanta criar potros y trabajar con ellos desde el comienzo. Me gusta empezar con ellos en sus primeros días de vida. Esto requiere menos instalaciones. También hace que sea mucho más fácil enviar a la yegua nuevamente al servicio o atender al potro si necesita tratamiento veterinario.

El atributo más importante de todos es la concentración. Puede el caballo concentrarse en el trabajo que tiene entre manos, o se distrae constantemente con el más mínimo movimiento, un objeto que le asusta, otro caballo que relincha o el hecho de estar lejos de sus compañeros?

Dales a tus caballos experiencia mediante la socialización y el trabajo montado, para que puedas saber qué características comparten con el padrillo y la yegua, cuáles son sus cualidades bajo la silla y qué cosas les resultan fáciles o difíciles. Cómo responde fuera de su lugar habitual? Se adapta con facilidad a un nuevo entorno? Algunas cualidades, como el coraje, la actitud y la ética de trabajo, solo pueden evaluarse realmente bajo la silla. Todos conocemos al "indeciso" que tiene ese caballo buenísimo escondido atrás y nunca lo pone a prueba!

Qué significa tener una buena ética de trabajo? La mayoría de los jinetes estaría de acuerdo en que es un caballo con "corazón", una cualidad difícil de describir que surge de una buena crianza y un buen entrenamiento. Es ese caballo que, cuando la cosa se pone difícil, sigue adelante con verdadero empeño. Los jugadores de polo solían decirnos que los caballos de Rannock "respondían en los momentos clave". Un caballo dispuesto siempre lo intenta, pase lo que pase. Buena ética de trabajo significa que son duros, valientes, inteligentes, saben hacer su trabajo y están "conectados", listos para hacerlo. Estos caballos probablemente se aburran por completo si no tienen una tarea. Y ese aburrimiento puede derivar en "conductas indeseadas". Como un perro ovejero encerrado en un departamento en la ciudad: simplemente no es el entorno adecuado.
El instinto con el ganado es altamente hereditario, pero no existe un gen específico para ello. Tampoco es algo que se pueda apreciar en la conformación del individuo. Debe evaluarse a partir del pedigrí y observando al caballo en acción. En parte depende de la mentalidad del caballo y en parte de su capacidad atlética. Debe reunir ambas cualidades.

El coraje es más notable en los caballos de carreras y en los saltadores/deportistas, pero también viene determinado por la experiencia y la relación con el jinete en ese momento. Los saltadores que dejan colgar las manos al saltar no llegarán muy lejos, por lo que deben ser capaces de doblar las extremidades en alto y "bascular", y ser capaces de acortar y alargar la zancada bajo la dirección del jinete si quieren ser realmente "inteligentes" en el recorrido. El coraje, el atletismo y la rápida capacidad de respuesta son inherentes, pero también deben cultivarse para que salgan a la luz.

> *"No basta con encontrar caballos muy talentosos y montarlos de forma mediocre. Se obtienen mejores resultados encontrando caballos mediocres y montándolos de forma muy talentosa".* — Jeff Evans, reconocido jinete de salto.

A continuación se incluyen algunos términos que se utilizan para describir el temperamento y las conductas. Estas palabras suelen tener significados diferentes para un principiante o un profesional. Algunas son muy ambiguas y la mayoría son subjetivas. Sabes lo que significan todas ellas? Cuáles se aprenden? Cuáles son probablemente hereditarias?

Temperamentos y comportamientos

Dominante (alfa)	Sensible a la cincha	Mañoso/excéntrico
Discutidor	Tenaz	Sensible
Actitud	Tímido	Inteligente
A prueba de todo	Sangre caliente	Resoplador
Audaz	Impaciente	Suave
Sensible al montar	A prueba de niños	Asustadizo
Valiente	Amable	Terco
Con instinto para el ganado	Con carácter de yegua	Cosquilloso
Dócil, fácil de llevar	Paciente	Resistente, duro
Indeciso	Apacible, muy tranquilo	Entrenable, fácil de adiestrar
Brioso	Insistente, dominante	Gran ética de trabajo y ganas de trabajar
Amable, manso, gentil	Tranquilo	Comportamiento compulsivo

Muchos comportamientos defectuosos son provocados por el hombre, pero prefiero evitarlos en los ejemplares reproductores debido a cualquier tendencia hereditaria subyacente, a menos que haya explorado a fondo el historial del caballo. Los malos comportamientos suelen estar provocados por el dolor: dientes, úlceras, espina dorsal besante, problemas pélvicos, etc. Estos pueden provocar aerofagia, que el caballo se encabrite, sea tímido, tenga dificultades para ser capturado, sea nervioso u otros comportamientos indeseados. Si evitas el comportamiento, evitas cualquier posibilidad de introducir la genética causal desconocida en tu padrillo. Ya tendrás suficientes problemas a lo largo de los años sin necesidad de añadir más.

Lo más importante es montar tus caballos antes de destinarlos a la reproducción. Conócelos bien. Cuantos más caballos tienes, menos conoces a cada uno de manera individual. Si manejas grandes números, realmente sabes qué estás criando en términos de temperamento? El King Ranch logró manejar esto a gran escala porque solo seleccionaban para la cría a los mejores, basándose en las recomendaciones de sus cuidadores más experimentados.

El temperamento es un tema extremadamente complejo. Cada caballo del criadero es un reflejo tuyo: de tus decisiones, tus preferencias y de cómo te comportas con ellos. Los mejores criadores suelen tener un enfoque calmo, tranquilo y sin tensión. Tú eres ese tipo de persona? Qué tipo de persona eres?

> *"Quizás el mayor bien que puedes hacerle a un caballo es educarlo correctamente"* —Tom Roberts.

> *"Si aprecias a un caballo y deseas hacerle un verdadero favor, entrénalo bien. Enséñale buenos modales y buenos hábitos, tanto en el establo como bajo la silla. Nunca tendrás que preocuparte por el futuro de un caballo si por alguna razón debes separarte de él. Le aseguras amigos dondequiera que vaya. Quizás el mayor bien que puedes hacerle a un caballo es educarlo correctamente".*
>
> Tom Roberts - The Young Horse

Tom Roberts, "Go Forward, Dear", del Dr. Andrew Mclean y Nicki Stuart, reimpreso con permiso.

Resiliencia y propósito, Red Rum, un Pura sangre irlandés, ocupa un lugar único en la historia, ya que ganó el Grand National en nada menos que tres ocasiones y no cayó en 100 carreras. Fíjate en la profundidad de su perímetro torácico (indicador de resistencia), la extensión de sus codos y el espacio la babilla, dos indicadores de caballos muy atléticos.

Haydon Diamonte fotografiada aquí en la cima de una cadena montañosa. Subió con facilidad, resolviendo sin dificultad los tramos empinados, y le brindó a su jinete una montada cómoda y sin esfuerzo. Tiene amplitud de movimiento y suavidad. La montura asienta correctamente, con el cinchón bien retrasado respecto a los codillos, permitiendo libertad total de movimiento y evitando rozaduras de cincha. La buena longitud de dorso suaviza aún más la montada. Hombro inclinado con las puntas bien elevadas, frente liviano y buena longitud de rienda, lo que le permite caminar con brío durante todo el día. La babilla grande, suelta y bien adelantada, junto con la potencia de la grupa, le da una enorme capacidad de empuje hacia adelante y gran alcance de los posteriores.

12

Poniendo todo en contexto

Colaborador invitado, Peter Haydon

El Haras Haydon Horse cuenta con un sólido régimen de selección de cría establecido desde 1832, que hace hincapié en el temperamento, la ligereza, la boca, la conformación, la disposición atlética de las patas traseras, especialmente la babilla, y la acción. El objetivo es criar caballos que rindan al máximo nivel. En síntesis, el haras busca un caballo de calidad con una cabeza inteligente, una frente plana y correcta, hombros inclinados, una parte delantera ligera, extremidades rectas, una babilla bien adelantada y destacada y unos cuartos traseros potentes y profundos. [Declaración de misión – Nota del editor].

Base de selección

Es muy difícil criar un caballo de competición que sea entrenable, cooperador y que disfrute del trabajo contigo, pero que al mismo tiempo tenga el carácter o ese "factor X" especial para rendir al más alto nivel. Se pone énfasis constante en lograr el equilibrio adecuado entre un caballo que sea excesivamente dócil y que a la vez tenga demasiada energía, lo que requiere años de entrenamiento y, aun así, puede que no lo consiga. El "caballo campeón" tiene características especiales y la genética de estos campeones se incorpora ampliamente en el programa de cría.

Puntos especiales

La frente debe ser ancha y perfectamente nivelada, con ojos grandes y amables, y fosas nasales anchas y amplias. La mandíbula debe ser proporcionada y no demasiado pesada ni ancha, con una garganta fina y limpia. Un buen indicador de la anchura es que puedas meter el puño entre los huesos de la mandíbula, dejando suficiente espacio para respirar y para la tráquea.

El cuello debe tener una buena longitud, no ser demasiado pesado, no tener forma de oveja, sino más bien de cisne. Esto coloca automáticamente la cabeza del caballo en la posición correcta y no es necesario utilizar la brida para colocarla donde debe estar, ya que se encuentra naturalmente en el lugar adecuado. Hay un viejo dicho que afirma que quieres que el caballo mire por encima del cerco, no por debajo. El cuello debe estar bien asentado en un hombro correctamente inclinado, con las puntas de los hombros bien posicionadas hacia arriba. Cuanto mayor sea la inclinación, más podrá extender el caballo el alcance de sus patas delanteras. Es importante destacar que esto también significa que el caballo puede caminar con verdadera amplitud.

Es fundamental que los codos tengan suficiente anchura con respecto a la cincha, sin estar demasiado apretados o juntos. Una buena guía es que puedas meter el puño en el espacio. Esto significa que el caballo no está restringido y evita que la cincha le roce. Los codos cerrados y las partes delanteras pesadas son rasgos indeseables.

El antebrazo debe ser largo y las cañas cortas y planas. Un caballo con cañas más cortas puede levantar mejor las patas y no es propenso a tropezar. Las cuartillas no deben ni ser demasiado cortas o rectas, ni demasiado largas y débiles, sino que deben tener un ángulo de 45 grados, ya que funcionan como los amortiguadores del caballo. Las rodillas deben verse rectas desde la parte delantera, sin estar torcidas ni desplazadas hacia afuera o hacia adentro. De perfil, deben caer en línea recta hacia abajo, sin inclinarse hacia atrás, hacia las pantorrillas o hacia delante. Las extremidades deben ser rectas y los cascos deben seguir una línea perfecta, sin girarse hacia dentro ni hacia fuera. Deben evitarse las desviaciones, así como que los caballos balanceen las patas al moverse. Una línea recta es mucho más resistente cuando se aplica presión, ya que elimina los puntos débiles y contribuye a la solidez y la longevidad. Los cascos deben ser de un buen tamaño, ya que los cascos pequeños tienen menor capacidad para disipar el estrés del impacto.

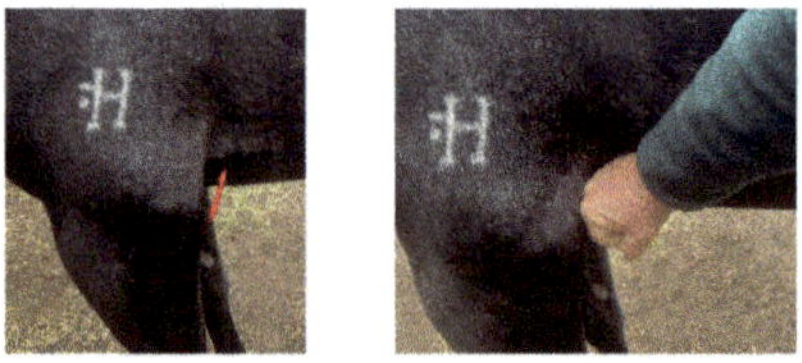

Espacio para los codos

El acople (unión dorso-lomo) es fundamental para la aptitud atlética, ya que debe tener la flexibilidad suficiente para que el caballo se mueva con libertad, sin estar rígido ni excesivamente apretado. Las costillas deben ser bien arqueadas y redondeadas, de modo que distribuyan la presión de la montura alejándola de la columna y evitando un caballo "planchado de costillas".

Los posteriores también son cruciales y deben tener la correcta configuración atlética, potencia y forma para permitir el máximo rendimiento. Visto de perfil, la grupa debe ser larga y fuerte, con los corvejones bien bajos y cañas cortas. Las patas traseras no deben ser demasiado rectas ni excesivamente encorvadas. Cuanto mayor sea la distancia desde la babilla hasta la pierna, mejor, ya que le da mayor potencia a la babilla. Es absolutamente clave que la babilla esté bien adelantada, de modo que en movimiento pase claramente por delante de una línea perpendicular trazada desde la cadera. Esto permite un mayor alcance del posterior, y cuanto mayor sea el sobrepaso de la huella del postrero sobre la mano al paso, mejor será su desplazamiento.

Las patas traseras deben desplazarse en una trayectoria recta cuando el caballo se mueve. En caballos atléticos se considera preferible que los garrones entren levemente hacia adentro, lo que hace que los cascos traseros se apoyen un poco más abiertos, generando mayor amplitud y separación entre los posteriores en trabajo. Esto crea un efecto trípode, muy deseable para frenar y girar a alta velocidad. Lo opuesto es el caballo con los garrones "salidos", que presenta una acción torcida, bamboleante y con poca aptitud atlética.

La babilla adelantada, con su amplia extensión, puede observarse en muchos campeones cuando actúan a máxima velocidad. De hecho, es uno de los factores que les permite alcanzar su estatus legendario. En movimiento, el caballo con babilla adelantada lleva la babilla claramente por delante de una línea recta trazada desde la cadera. Cuanto más adelantada, mejor y más atlético será el caballo.

Cuartetera: redondez de los lomos, musculatura sobre las caderas, babilla adelantada. Cuando la aptitud física y la capacidad atlética se combinan. Foto de dominio público.

Cuartetera ha sido considerada una de las mejores yeguas de polo de todos los tiempos, jugando en el polo más rápido y de más alto hándicap del mundo, bajo la monta del mejor jugador del mundo, Adolfo Cambiaso. Sus clones también se han desempeñado a este nivel de elite. Posee un posterior increíblemente atlético y potente, como se aprecia en esta imagen. La línea superior muestra la longitud desde la grupa hasta debajo de la cola, la siguiente línea muestra la longitud y la potencia desde la babilla, y el círculo marca la babilla adelantada. La línea inclinada muestra la longitud hasta el garrón, que está bien bajo, con su correspondiente caña muy corta. Todo esto significa: WOW, qué atleta!

En este ejemplo de Ellerston Ruski, fotografiado a los dos años de edad, se observa que la babilla derecha está muy por delante de la línea al galope, mientras que la pata trasera aún permanece retrasada, así que imagina el alcance que tiene cuando esa pierna se adelanta por completo. Además, presenta la ventaja de tener una babilla naturalmente adelantada desde su conformación de base.

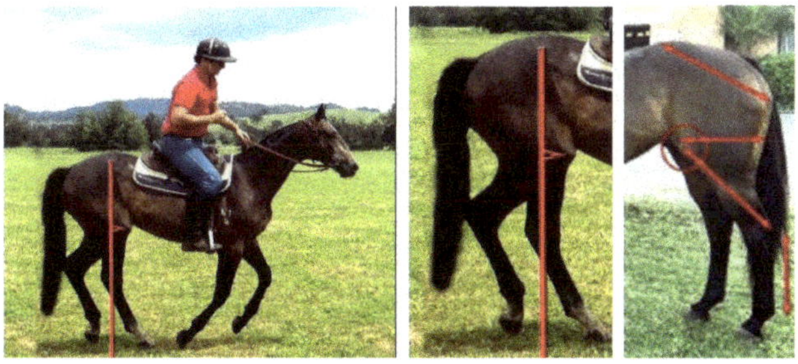

Izquierda: Ellerston Ruski Derecha: Cuartetera

Secretariat es uno de los más grandes exponentes de la historia, ganador de la Triple Corona estadounidense y aún poseedor del récord absoluto de velocidad en las tres carreras. Ganó el Belmont Stakes por 31 cuerpos. Su ángulo de tranco era de 110 grados. Cada grado de aumento en el ángulo de tranco implica un incremento del 2 % en la longitud de la zancada. Es decir, un aumento de 10 grados representa un 20% más de terreno cubierto.

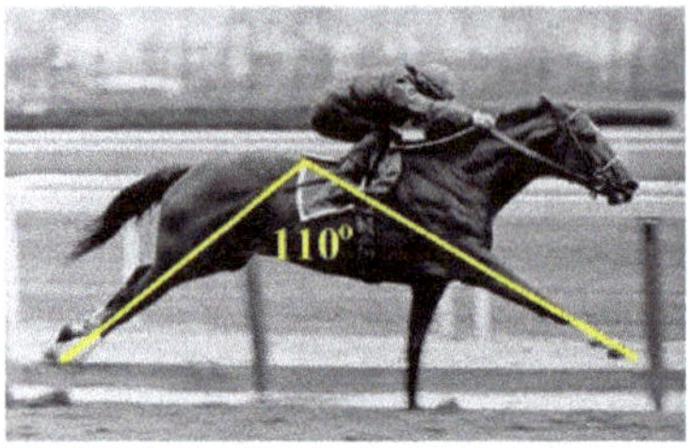

Secretariat measured a stride angle of 110 degrees.

Secretariat- head shot.

Secretariat as a weanling showing the V shape between the front legs.

1.Secretariat medía un ángulo de tranco de 110 grados. 2.Secretariat: primer plano de la cabeza. 3.Secretariat de potro, mostrando la forma de "V" entre las manos. Secretariat fue considerado un caballo de conformación ideal.

A continuación, ejemplos de grandes atletas:

Black Caviar 4 times World Champion Sprinter, undefeated in 25 races including 15 Group Ones.

Winx winner of 37 races, including a world record 25 Group Ones.

Makybe Diva the only horse to win 3 Melbourne Cups

1.Black Caviar, cuatro veces campeón mundial de velocidad, invicto en 25 carreras, incluyendo 15 pruebas de Grupo Uno. 2.Winx, ganadora de 37 carreras, incluyendo un récord mundial de 25 Grupo Uno. 3.Makybe Diva, la única yegua que ha ganado tres Copas de Melbourne.

Norman Pentagon one of the world's top polo sires, athletic, sleek, a light front which is nicely up and with hocks close to the ground.

Never in Doubt a son of Nearco, is up in front with a light front.

Iore Than Ready by Southern Halo is the sire of the nost winners in history. He has an incredibly powerful, nd forward stifle when he moves.

Samaready by More Than Ready, a much admired type and Group 1 winner. Dam of Golden Slipper winner Shinzo and Magic Millions winner Exhilarates.

Legendary performer and sire Nearco.

Breed shaper Northern Dancer a grandson of Nearco.

1.Norman Pentagon, uno de los padrillos de polo más importantes del mundo: atlético, elegante, con un frente liviano bien elevado y corvejones cercanos al suelo.

2.More Than Ready, de Southern Halo, es el padrillo con más victorias de la historia. Tiene una babilla increíblemente potente y adelantada en movimiento.

Haydon Angel Jewel won every major polo tournament in the world.

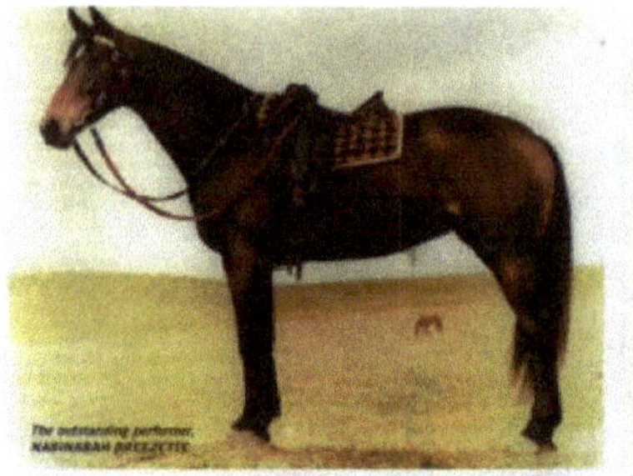

Legendary campdraft mare Breezette

Haydon Eve could plant her hindlegs and do continuous 360-degree spins.

Haydon Dunkirk using his hindlegs in polocrosse.

Wickford Santa Fa showing hindleg strength and power.

Top campdraft mare Hazelwood Romance.

Her sire son Hazelwood Conman showed such natural ability chasing cattle. He is stretching out here to quickly claim the steer.

1.Haydon Angel Jewel ganó todos los torneos importantes de polo del mundo. 2.La legendaria yegua de campdraft Breezette. 3.Haydon Eve podía plantar sus posteriores en el piso y ejecutar giros continuos de 360 grados. 4.Haydon Dunkirk, utilizando con potencia sus posteriores en el polocrosse. 5.Wickford Santa Fa mostrando la fuerza y el poder de su tren posterior. 6.La yegua top de campdraft Hazelwood Romance. 7.Su hijo padrillo Hazelwood Conman demostró una habilidad natural extraordinaria trabajando con ganado. Aquí se estira al máximo para atrapar rápidamente al novillo.

13

La importancia de la yegua

Compra la mejor que puedas permitirte

"Mi peor yegua es mi mejor yegua, o no estaría aquí". – Howard Pitzer, legendario criador de Cuarto de Milla.

Hace algunos años, cuando estábamos en nuestra segunda generación, recibimos la visita de una persona sumamente conocedora. El elogió mucho nuestros caballos y nos preguntó cuál considerábamos que era nuestra mejor yegua. Sin dudarlo, respondí: "Cat Ballou", y se la mostré. Su reacción fue bastante apenada: "Si no te importa que lo diga, parece bastante corriente en comparación con las demás". Le señalé que las demás eran, de hecho, sus hijas, que eran de diferentes padrillos y que el criadero había conservado tras su excepcional rendimiento.

Ella no seguiría en el plantel de cría si no estuviera dando buenos resultados.

La decisión más importante que tomarás en tu trayectoria será la elección de tus yeguas. No puedes subestimar el valor de una buena yegua de cría. Una buena yegua es tu mayor activo y el pilar fundamental de tu haras.

No existe padrillo, por más credenciales que tenga, que provenga de una yegua mediocre. Los árabes del desierto se criaban siguiendo estrictamente las líneas maternas, a tal punto que, si una yegua era robada por otra tribu —aunque luego fuera recuperada— dejaba de considerarse pura. Se conservaban muy pocos padrillos, mientras que las yeguas eran montadas en la guerra y altamente valoradas. Hoy, con el énfasis en las familias o estirpes, como por ejemplo las líneas straight Egyptian, todo esto sigue teniendo plena vigencia. La estirpe se sigue a través de la línea materna, y esa influencia es claramente visible en los caballos modernos.

Los criadores de frisón comprenden perfectamente la importancia de la línea de la yegua, y es muy común ver caballos anunciados como "stam 50". "Stam" se refiere a la línea materna, y ese número puede rastrearse en los libros de cría hasta la yegua fundadora de esa familia. Existen líneas famosas por distintos atributos, y su historia permite ver exactamente qué tipo de caballos produjeron.

No solo una yegua debería haber tenido buen desempeño deportivo: también debería ser hija de una yegua bien clasificada, que a su vez sea hija de otra yegua destacada. En términos de pedigrí, esto hace referencia a la continuidad de la línea materna en profundidad. En el mundo del Sangre Pura de Carrera, los caballos ganadores clásicos figuran en lo que se denomina "black type". Si sigues un pedigrí hacia atrás hasta que “se sale de la página”, finalmente llegarás a la última yegua registrada: esa es la yegua raíz, el verdadero fundamento de toda la familia.

Si estás criando para un mercado que utiliza el black type como referencia de valor, los compradores determinan lo que están dispuestos a pagar por un producto según la cantidad y calidad de black type en su pedigrí. Por eso, si crías caballos de carrera, elige familias con respaldo real en black type. Cuántos ganadores importantes surgen hoy de pedigríes sin black type detrás? Es una buena pregunta para hacerse mirando los últimos veinte años. Se están criando demasiados caballos para un mercado con cada vez menos compradores: cría lo que realmente se vende y aumenta tus probabilidades de “pegar el gran premio".

Entonces, cuánto black type es suficiente? Cuanto más, mejor —dentro de ciertos límites, claro—. Uno de esos límites es que, con el tiempo, las líneas excesivamente concentradas en ganadores pueden empezar a perder capacidad de transmitir esos genes (la llamada ley de los rendimientos decrecientes) o bien terminar todos demasiado emparentados entre sí. Por eso, es fundamental buscar nuevas líneas y cruzamientos externos. Esto aporta lo que se conoce como vigor híbrido, y puede dar resultados extraordinarios cuando se hace con criterio.

Por supuesto, siempre existen excepciones, donde surge algo fuera de serie desde una familia poco destacada. Pero no se puede construir un programa de cría sobre excepciones. Ocurren con la misma frecuencia que ganar la lotería: justamente por eso son excepcionales.

Cuando en un pedigrí se le da protagonismo a un solo caballo famoso —por ejemplo Northern Dancer— y no se menciona ningún otro ancestro relevante, eso se conoce como “licencia de pedigrí”. Si ese es el único “mérito” del pedigrí, en realidad dice muy poco, porque hoy prácticamente todos los Pura sangre del mundo llevan a Northern Dancer en algún punto de su genealogía. Lo mismo ocurre con Radium, Abbey, Doc Bar, Three Bars, Skowronek, Justin Morgan... basta con elegir la raza. Cuando se recurre a este recurso, de manera implícita también se está admitiendo que no hay otras líneas verdaderamente destacables detrás.

En cuanto al pedigrí, existe una convención muy estricta de lenguaje: un caballo es siempre “por” determinado padrillo, pero “hijo de” determinada yegua (“by” tal padrillo, “out of” tal yegua). Un medio hermano bien dicho solo se usa cuando comparten la misma madre. Cuando únicamente comparten el padrillo, se dice correctamente: “por el mismo padrillo que...”, pero nunca se dice que son medio hermanos. Esto tiene una lógica productiva muy clara: un padrillo puede tener 300, 500 o más hijos, mientras que una yegua, con suerte, produce 8, 10 o 12 en toda su vida. Genéticamente todos son medio hermanos, sí, pero en términos de cría, confundirse en esto es una señal inequívoca de principiante.

El ADN mitocondrial es una parte del ADN que se transmite exclusivamente de la madre. Las mitocondrias son los componentes celulares encargados de producir energía. Por lo tanto, el ADN mitocondrial podría influir en algunas de las vías metabólicas y bioquímicas más delicadas, influyendo así en el rendimiento deportivo. Además, controla la diferenciación celular, lo que probablemente influye en la inmunidad, el desarrollo y la progresión de algunas enfermedades, debido a su influencia en el metabolismo celular. El

ADN mitocondrial del padrillo nunca entra en el embrión y permanece fuera del óvulo en la fecundación.

Dado que este componente genético se transmite únicamente por la línea materna profunda, es fundamental prestar verdadera atención a la línea materna baja de una yegua. Personalmente, considero que la mejor línea materna posible es la del Sangre Pura de Carrera, por su elegancia, velocidad, capacidad atlética, coraje y una enorme cantidad de atributos funcionales.

Cuando retrocedes más de tres generaciones en un pedigrí —sea por línea paterna o materna— la influencia genética concreta de ese ancestro se diluye tanto en términos porcentuales que su impacto práctico se vuelve mínimo. La línea materna profunda, en cambio, es distinta: su influencia es notable porque permite identificar aquellas familias que siguen dejando huella generación tras generación, muy probablemente gracias al ADN mitocondrial. Dicho de forma simple: desde los orígenes, esas yeguas produjeron calidad de manera constante hasta la actualidad. Los animales mal criados también tienen línea materna, pero sus nombres se han perdido en el tiempo; los de las buenas, en cambio, siguen vigentes.

El tamaño del corazón, en relación directa con la velocidad y la capacidad aeróbica, se transmite a través del cromosoma X materno. Los padrillos que poseen un gran corazón solo pueden transmitir esa característica a través de sus hijas. Esto es evidente, ya que un padrillo solo puede recibir su cromosoma Y de su padre. Por lo tanto, los hijos machos del padrillo no tienen ningún material genético del cromosoma del padrillo.

Curiosamente, el llamado "factor X" en los Pura sangre probablemente proviene de una sola yegua nativa británica primitiva, y la raza actual que lleva una sorprendentemente alta proporción de ese gen es... el Pony Shetland.

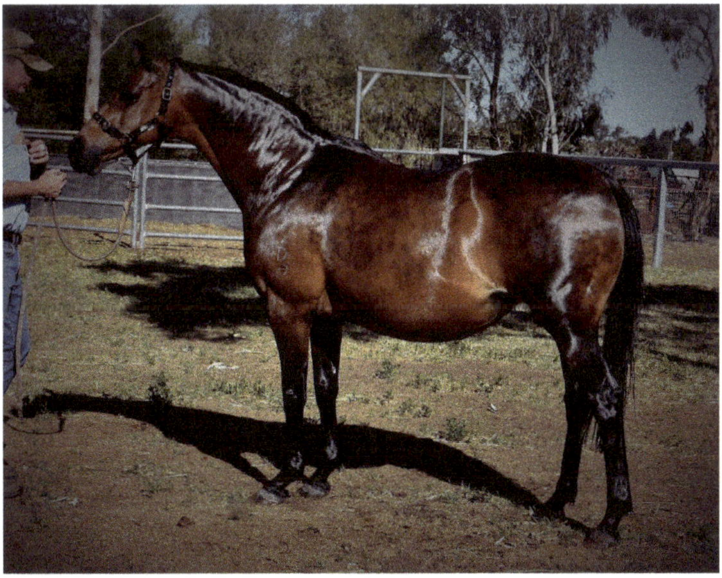

Lanieres, yegua Australian Riding Pony. Hija de Tearna Belle (ASB), conocida como Cartier, ganadora del Crane Trophy en 1997. Propiedad/Foto de Kylie McKinnon, Kensington Park Stud

Dado que Australia cuenta con algunos de los mejores pura sangres del mundo y con la fácil disponibilidad de yeguas pura sangres para los programas de cría de deportes ecuestres, sinceramente no se me ocurre una herramienta mejor que para aportar diversidad genética y capacidad atlética, siempre que el reglamento de la raza lo permita. Incluso los criadores de caballos árabes podrían recurrir a los caballos árabes de carreras. Se ha demostrado una y otra vez que si se mantiene la velocidad en la raza, se conservan la mayoría de las demás cualidades necesarias. La velocidad es el subproducto natural de lo que la naturaleza ha previsto para el caballo como mecanismo de supervivencia. La velocidad es el vínculo entre la conformación y la función.

La mayoría de los criadores no está dispuesta a vender yeguas de sus líneas maternas profundas. Cuando esto sucede, una alternativa válida es intentar adquirir un pariente cercano de esa familia, pero siempre por vía de la madre y no del padrillo. Cuanto más atrás tengas que ir en el pedigrí para encontrar una yegua con actuación comprobada por línea materna, menos interés me genera. La falta de desempeño reciente por el lado de la madre es, para mí, una señal de alarma.

Si la yegua es hija de un padrillo extremadamente popular, puede que te resulte difícil encontrar un padrillo adecuado para cruzarla, ya que todos los padrillos populares actualmente pueden estar emparentados. Sin embargo, en algunos casos se puede acceder a yeguas extraordinarias de criadores reconocidos, simplemente porque están demasiado emparentadas con sus mejores ejemplares y no pueden utilizarlas sin caer en consanguinidad excesiva.

Busca parientes vivos de los caballos que te han gustado o que has tenido. Pregunta al criador qué tiene. Si encuentras algo, profundiza en la historia de la yegua, no compres solo por el pedigrí o una foto. Averigua datos básicos como la altura, el color, el historial de cría, la descendencia y la salud reproductiva, y haz que un veterinario la examine para confirmar todo esto, a menos que esté preñada. A continuación, observa detenidamente su conformación y temperamento, preferiblemente viéndola en persona o, al menos, en un video. Este es el tipo de decisiones que realmente separa a un criador serio de un improvisado.

Hoy en día, la mayoría de las razas cuenta con información excelente en sus sitios web oficiales. Es responsabilidad del criador investigar a fondo qué es lo que su raza realmente valora y prioriza. Por ejemplo, la Australian Stock Horse Society (ASH) indica que cuando un caballo lleva las siglas HSH después de su nombre, significa Heritage Stock Horse: es decir, animales que descienden en línea directa de los antiguos Waler, sin incorporaciones de otras razas luego de ese período fundacional.

Otras razas enumeran los premios que ha ganado un caballo: premios Opal, índices de velocidad, ratings, etc. Son herramientas excelentes tanto para criadores profesionales como para criadores aficionados serios. El criador debe investigar el pedigrí y estar 100% seguro de que las líneas femeninas con las que trabaja son las mejores a las que puede acceder.

Parte de la popularidad de una raza entre los fanáticos del pedigrí se debe a lo fácil que resulta rastrear su genealogía. Lamentablemente, esto no ocurre en todas las razas, y en esos casos queda en manos de los criadores hacer su propia investigación y dejar ese registro. Las asociaciones que cuentan con bases de datos activas, donde se documentan resultados, historias y antecedentes, brindan una ventaja enorme frente a otras. Además, una parte clave del atractivo de una raza para los recién llegados —y para quienes se quedan a largo plazo— es la emoción de ir armando la historia de un caballo o de una línea de sangre que se está investigando.

Investigar los pedigríes y la historia de los caballos puede convertirse en una obsesión, pero es mejor que no molestarse en absoluto. A los compradores les gusta que les des el pedigrí y la historia de un caballo, por lo que es un factor disuasorio si no puedes proporcionar esa información. El comprador quiere sentir que el caballo que adquiere forma parte de algo más grande, una familia, una historia, una comunidad de raza. En definitiva, estás vendiendo un sueño.

A los criadores aficionados y a los criadores poco serios no les importa realmente la calidad de la yegua, siempre y cuando sea del color "adecuado" o simplemente barata, pensando que eso les bastará para abrirle las puertas del negocio. Como resultado, rara vez consiguen criar algo que valga la pena. Tienen un interés limitado en el rendimiento, la conformación, la longevidad para la monta o incluso el temperamento. Rara vez crían con un padrillo digno de estar entero. El potro resultante tiene poco valor económico y el criador se da cuenta rápidamente de que el costo de domarlo (y posiblemente castrarlo) es superior al que está dispuesto a gastar, por lo que intenta venderlo en el mercado sin domar, sin castrar o, lo que es peor, si es una hembra, preñándola para sacársela de encima!

No estás siguiendo principios económicos ni de cría sólidos si cuesta más domar o entrenar a un caballo que su valor final en el mercado.

La importancia de la yegua. Sandhaven ASH Stud, Sierra (abuela de 22 años), Mischief (madre) y Sandhaven Late to the Party. Propietaria y foto, Kellee Campbell.

La calidad de la yegua es lo que realmente te diferenciará de otros criadores. Hoy en día, todo el mundo puede utilizar padrillos de buena calidad gracias a la inseminación artificial, pero lo que cada uno hace con esos genes es diferente. La yegua de calidad es el factor diferenciador, el que te brinda la ventaja competitiva. No creo que los criadores "se olviden" de la yegua; simplemente creo que muchos utilizan yeguas de nivel mediocre. Es más difícil conseguir buenas yeguas de cría en su mejor momento, y se necesitan varios años para que la descendencia de una yegua demuestre su verdadero valor. En cambio, es mucho más fácil promocionar al padrillo con fotos espectaculares y triunfos en pista. También es fácil hablar de sus porcentajes de descendencia exitosa, lo que hace que sea fácil pasar por alto los numerosos casos en que no tuvieron éxito.

Es comprensible que los padrillos sean la principal herramienta de marketing de un programa de cría. Sin embargo, *las yeguas son la mitad más influyente del cruce!*

Con la experiencia, vas a notar que los dueños empiezan a ofrecerte sus buenas yeguas en alquiler o en venta privada antes de publicarlas. Eso te da tiempo para evaluarlas con calma y acceder a oportunidades que de otro modo no existirían. Entre los criadores de primer nivel, incluso se realizan intercambios de yeguas y acuerdos de palabra, con un simple apretón de manos. Otros aplican descuentos importantes. Pueden hacerlo porque saben que tú a honrarás esa confianza.

Abajo: Regal Banquet, padrillo pura sangre, con Jayne Anderson, propiedad de las familias Powell y Anderson. Foto: Foxwood Photography.

14

El padrillo

Realmente necesitas tener uno?

"El mejor padrillo es el que está en el freezer". – Kellee Campbell, veterinaria y criadora de caballos de Texas.

La mayoría de los criaderos nunca necesitarán tener un padrillo propio. Con la disponibilidad de la inseminación artificial, a menos que tengas al menos cinco yeguas reproductoras, es simplemente una comodidad y una falsa economía Nunca deberías tener un padrillo pensando que vas a ganar dinero con los servicios, o porque te resulta "más barato" que enviar tus yeguas fuera del establecimiento. A largo plazo, no lo es.

Cualquier decisión de tener un padrillo conlleva responsabilidades añadidas. Los caballos son intrínsecamente peligrosos, pero los padrillos lo son aún más. Un padrillo, por muy tranquilo que sea, sigue siendo un padrillo, y es muy capaz de pasar de ser un gatito a una bestia peligrosa en un instante. Nunca debe ser subestimado. Además, otras personas podrían cometer imprudencias a su alrededor, especialmente los niños o los jinetes novatos, por lo que hay que estar atento. Puede haber un caballo suelto, una yegua en celo, un error de manejo... El padrillo debe ser tratado como cualquier caballo, pero con un nivel adicional de alerta permanente por lo que es.

Cualquier decisión de tener un padrillo debe tomarse con mucha prudencia y requiere una profunda reflexión previa:

- Puedes permitirte comprar uno de excelencia?
- Qué experiencia tienes en el manejo de padrillos?
- Quién se encargará de él para las tareas del servicio?
- Quién lo montará?
- De qué instalaciones dispones para alojarlo de forma adecuada?
- Puedes permitirte el mantenimiento adicional y el tiempo que demanda?

- Estás en condiciones de asumir la responsabilidad de las yeguas externas?
- Cómo lo promocionarás?
- Qué costos adicionales conlleva?
- Si decides no aceptar yeguas externas (haras cerrado), estás dispuesto a encargarte tú mismo de toda la promoción?

Cualquier raza solo necesita un padrillo por cada 30 yeguas en el libro genealógico para mantener un buen número y un buen tipo. Las razas raras tienen dificultades para acercarse a esta cifra. En cambio, las razas más comunes superan con creces esta cifra, ya que cada propietario tiene un padrillo por si se convierte en la próxima "gran promesa". El mercado de gama baja está inundado de padrillos mal criados, sin méritos deportivos ni productivos reales. Esto da mala fama a todos los criadores, incluso a los serios.

Yo retrasaría la compra de un padrillo hasta que realmente lo necesites, al menos una generación más adelante. Esto te permitirá adquirir la experiencia suficiente para saber qué líneas elegir y dónde buscar la adecuada. Incluso puede ser un potro que tú mismo críes. A veces aparece uno que es demasiado bueno para castrarlo y demasiado bueno para venderlo. No hay razón para no dejarlo correr y ver cómo se desarrolla.

La mayoría de los padrillos que realmente valen la pena son caros, por lo que debes ser muy selectivo. El caballo debe cumplir criterios más estrictos que los que se aplican a la yegua. Aunque no tiene tanta influencia como la yegua en los potros individuales, puede ser determinante si eliges uno equivocado. Puede engendrar muchos potros en poco tiempo. Deben estar por encima de la media para que él pueda alcanzar el nivel deseado. Podrás vender su descendencia al precio que obtendrías si eligieras un padrillo externo equivalente o mejor? La reputación de un haras suele basarse en su padrillo, tanto para bien como para mal. A menos que se le promocione de forma excepcional en sus primeros años, pueden hacer falta 100 descendientes para que los compradores y criadores le presten atención, y eso puede llevar toda una vida, demasiado tarde para que la mayoría de los padrillos sean reconocidos. Tener un padrillo no es una decisión que deba tomarse a la ligera.

Los propietarios de yeguas acudirán a ti con muchas preguntas, experiencias variadas y conocimientos. También implican mucho más papeleo: contratos, certificados de servicio, rendimientos de cría y similares, dependiendo de los requisitos de tu raza. Acabas de aumentar el tamaño de tu negocio. Eres bueno para los negocios? Puedes llevar tu negocio de manera profesional?

Cómo lo promocionarás? Esto requiere mucha reflexión. Un padrillo debe demostrar su valor real y presentarse ante el público para darse a conocer. No creas que los propietarios de yeguas acudirán en masa a tu puerta porque tienes un padrillo de la mejor estirpe. Deben conocerlo y querrán fotos y recomendaciones.

Puedes adaptarte a los requisitos de la temporada de cría? El tiempo que le quitará al entrenamiento o a la competición con tus otros caballos será significativo. Durante la temporada baja, dónde lo alojarás para darle la oportunidad de llevar una vida de un caballo "normal"? No hay ninguna razón por la que no puedas ponerlo con una yegua preñada o un caballo castrado adecuado, y algunos criaderos incluso pueden tener un padrillo con otros potros.

Cuando busques un padrillo potencial, la primera pregunta no es si será un buen padrillo, la primera pregunta es: *"Sería un caballo castrado de buena calidad?"* Si la respuesta es no, entonces descártalo. No es lo suficientemente bueno como para permanecer entero.

Estás comprando solo por una foto? Recuerda que las fotos pueden estar retocadas, así que pide un video. Es mejor ver cómo se mueve el caballo en su casa, para evaluar su desplazamiento, así como fuera de ella, para ver sus modales y su capacidad de trabajo. Quién lo está manejando?

Chalani Nightdance HSH propiedad de Ashborn Stud. Foto de Kim Ide.

Puede que decidas comprar un potro joven como futuro padrillo. La desventaja es que debes hacer todo el trabajo de promoción tú mismo y esperar a que su descendencia tenga la edad suficiente para evaluarla. Si luego descubres que no están a la altura, tendrás que empezar de nuevo. Mientras tanto, es probable que compita con otros potros de la misma línea, por lo que la única diferencia será la línea materna que represente y su propio rendimiento. Asegúrate de que tenga una línea de yeguas de buena reputación.

Si compras o crías un potro tú mismo, lo mejor es criarlo junto con una yegua preñada o un caballo castrado, para enseñarle habilidades sociales. O bien, cría varios potros juntos. Pero eso no les enseña a comportarse adecuadamente con las yeguas, por lo que, personalmente, prefiero que sea junto a una yegua preñada.

La forma ideal de comprar tu primer padrillo es encontrar un caballo mayor con un historial de éxitos, tanto bajo la silla como en la producción del tipo de descendencia que te gusta. Es importante que tenga descendencia que puedas ver y que puedas ver las yeguas de las que proceden. Algunos padrillos solo engendran descendencia mejor que ellos mismos si las yeguas son buenas. Otros mejorarán a una yegua normal, pero no a las yeguas buenas. Algunos padrillos no parecen transmitir sus defectos. Qué buenas cualidades tiene este padrillo que transmita regularmente, independientemente de la yegua con la que se le cruce? Son estas las cualidades exactas que necesitas para mejorar tu plantel? Será un cruce realmente beneficioso para tus líneas?

Fames Presence, padrillo árabe propiedad de Carolyn y Margaret Potts. Foto Rob Hess.

La gente vende padrillos por diversas razones, una de ellas es que se quedan con sus hijas. Comprueba si estas hijas son coherentes en cuanto a sus buenas cualidades y tipo (ignorando el color, ya que puede variar). Cuál es su capacidad de entrenamiento o su historial de rendimiento?

Nunca compraría un padrillo sin un temperamento adecuado. Esto significa el temperamento que buscas en sus potros, no solo en él como individuo. La gente lo juzgará por cómo se comporta cuando está fuera. Tiene buenos modales? La gente suele excusar el comportamiento de un padrillo, solo por ser padrillo, pero eso no significa que simplemente por eso sea apto para reproducirse. Por otro lado, es eso lo que te gustaría montar? Yo cuestionaría el uso de un padrillo que no haya demostrado su verdadero valor "fuera del haras" de alguna manera. Eso, en definitiva, terminará siendo definido por el desempeño de su propia descendencia.

Padrillo en cría

Si tienes un padrillo, puedes ofrecerlo a servicio público, mediante acuerdo privado, o mantenerlo solo para tus propios fines reservándolo exclusivamente para tu propio plantel, manteniendo su "libro de servicios cerrado". Un acuerdo privado simplemente significa que alguien se pone en contacto contigo y llegan a un acuerdo negociando las condiciones en función de la yegua. Ahora bien, incluso si el padrillo está a servicio público, eso no significa que debas aceptar cualquier yegua. Puedes y debes ser selectivo. Por ejemplo, puedes decidir no aceptar yeguas de cría demasiado cercana, con genética o color inadecuados, o difíciles de criar. Pero lo más importante es que te reserves el derecho de rechazar yeguas de temperamento o conformación dudosos. Esto debe figurar en tu contrato. En las páginas web de muchos criadores se pueden encontrar ejemplos de contratos de padrillos, que puedes descargar y reescribir para tu propio uso.

El método "walk-in, walk-out" ("entra y sale") es ideal para las cabañas más pequeñas, con instalaciones limitadas, ya que responsabiliza al propietario de la yegua de trabajar con su veterinario y programar la cría. Cuando la yegua está "lista", es decir, en pleno celo, el propietario la lleva al establecimiento para que se le realice el servicio, y luego, se la lleva de nuevo. Este método ofrece mucha flexibilidad, ya que puedes dejar a la yegua durante la noche o incluso durante la semana hasta que pase el celo.

Tendrás que definir con claridad las condiciones de cobro: Pedirás el pago por adelantado o un depósito primero y el pago tras una prueba de embarazo positiva a los 14/45 días? Ofreces retorno por potrillo vivo y en qué circunstancias? Nosotros, por ejemplo, sí ofrecemos retorno por potrillo vivo, porque realmente queremos que nuestros clientes obtengan el producto que vinieron a buscar. Esto simplemente significa que permites al propietario de la yegua volver a traerla (o sustituirla por otra) en la misma temporada o en la siguiente, sin tener que pagar nuevamente el servicio completo, si no se produce un potro vivo. Sea cual sea tu elección, asegúrate de tener un contrato que cubra tus circunstancias. También deberías incluir si la yegua necesita un certificado de buena salud antes de venir, lo que te ahorrará mucho tiempo a ti y al propietario de la yegua, o si lo harás tú a su llegada.

Jet Master AAA, Padrillo Quarter Horse, propiedad de Willomurra - Foto de Peter Gower.

Stolen Identity, padrillo Appaloosa, sociedad Stolen Identity. Foto de Gail Smith.

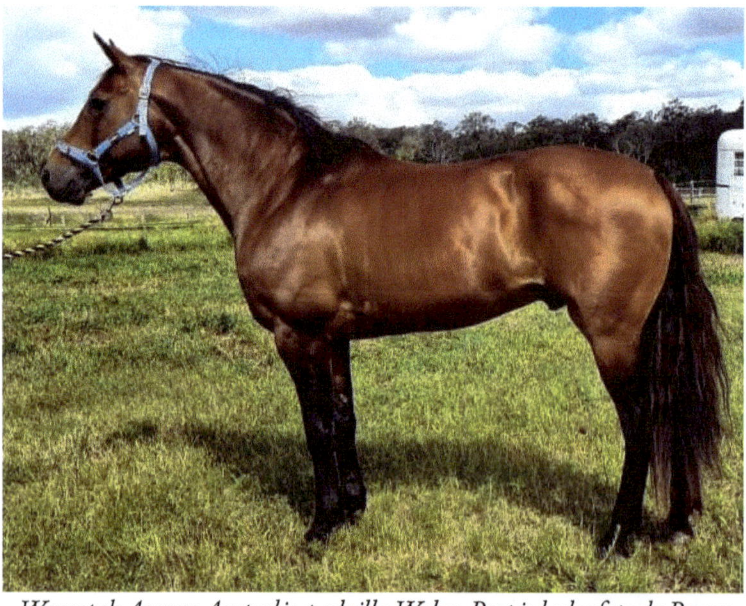

Warratah Aurora Australis, padrillo Waler. Propiedad y foto de Penny Bieber.

15

Las siguientes etapas

Cómo decidir qué potros conservar

La calidad se recuerda mucho después de que el precio haya sido olvidado.

Se dice que el mejor momento para evaluar a un potro es a los tres días, tres semanas, tres meses y tres años. Otro momento para observarlo detenidamente es después de que llueva, cuando el pelaje esponjoso del potro está mojado y se aplasta contra el cuerpo, ahí se ven claramente las líneas. En la segunda foto se puede ver que aún no ha terminado de mudar el pelo, pero aun así es fácil notar que el potro está equilibrado, tiene unos hombros maravillosos, una buena garganta, una postura recta y un buen posterior.

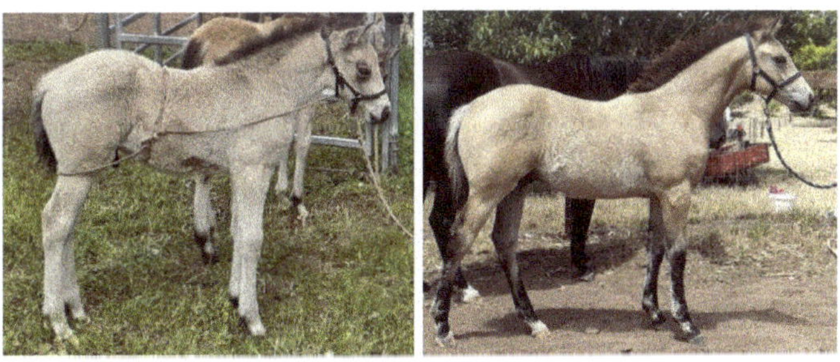

Chalani Yellow River (ASH) a las 3 semanas y a los 3 meses.

Todos los potros se "estiran" a medida que crecen porque al nacer sus patas son más largas en proporción a su cuerpo. Por eso, ese potrillo gordito, compacto y perfectamente balanceado de bebé puede verse más largo de cuerpo y más corto de patas cuando llega a adulto. En cambio, el potrillo más larguirucho puede tardar más en tomar altura, pero terminar siendo un caballo muy bien proporcionado. La cruz es una de las últimas zonas en terminar de formarse, pero se puede saber a una edad temprana si va a tener una cruz decente palpando la parte superior del hombro. Si se siente plana o "cuadrada", normalmente la cruz será deficiente.

Las razas barrocas maduran lento, y los potros no se parecen en nada a los adultos, con su cabeza grande, sin línea superior y cuartos traseros débiles. Estos caballos se crían para actividades artísticas, como la doma clásica, y con esa educación, sus cuerpos se desarrollan con fuerza y se vuelven cada vez más gráciles y elegantes.

A veces, la decisión de quedarse con un potro puede ser evidente. Es la última cría de una yegua determinada, o un potro te llama la atención por ser el más destacado. Quizás sea el de un padrillo externo que querías probar? Si tienes varias potrancas buenas en un año, cómo decides cuál quedarte? Debería ser la que tenga la mejor conformación, carácter o linaje? La respuesta es simple: aplica los mismos criterios que utilizas para la selección de tus reproductores adultos. Quizás convenga conservar dos o tres hasta que sean más grandes, posiblemente hasta domarlas. Esto debería añadir valor a las que decidas vender luego.

Por lo general, se puede calcular la alzada, o altura aproximada que tendrá un potro cuando sea adulto comparando la altura de sus corvejones con la de la yegua. Si va a alcanzar la misma altura que la yegua, la parte superior de sus corvejones estará casi a la misma altura que los de la yegua. Algunas personas utilizan el "método de la cuerda", que mide desde el codo hasta la espuela, y luego se estira la cuerda desde el codo hasta la cruz. Esta sería la altura final estimada. Es más precisa alrededor de los 18 meses de edad.

Hay líneas que nacen con cabezas finas y se vuelven más comunes con la edad. Algunos cuellos se acortan al crecer, otros se alargan. Hay potrillos que se mueven espectacularmente de chicos y luego como adultos no tanto. Y otros que no se expresan bien hasta que el cuerpo termina de armarse.

Si tú eres comprador, debes juzgar un potrillo por sus padres y sus hermanos, no solo por él. El resto dependerá de tu confianza en que el criador realmente conozca sus líneas.

La siguiente fase

Después de algunos años, empezarás a sentir que tu criadero ya está bien encaminado. Aun así, deberás evaluar tu plantel cada pocos años o, al menos, cada generación. Deberás preguntarte con honestidad: qué caballos están dando realmente buenos resultados? Quizás algunos no estén cumpliendo y deban jubilarse o venderse. Empieza a consolidar tu plantel reproductor para quedarte solo con lo mejor de lo mejor. En esta fase, no conviene diversificarse demasiado. En su lugar, quédate con las líneas que te están funcionando y desarróllalas aún más. No persigas demasiados cruces externos a la vez. Puedes echarlo todo a perder muy rápidamente. Muchas veces esto no te parecerá evidente hasta que tu primera generación esté en marcha.

A medida que avances como criador, debes centrarte en cometer menos errores evitables, en lugar de intentar criar "campeones espectaculares", continuando con métodos probados y confiables. La mejor manera de explicar esto es que, durante los períodos de bonanza, es fácil parecer un genio. La abundancia de compradores encubre muchos errores en el sector. Una buena economía ayuda a todos los criadores de caballos, incluso a los malos, enmascarando lo peor. Cuando la economía se estanca, se revela quién es incapaz de hacer lo correcto, quién no tiene buena reputación, quién utiliza métodos deficientes y quién ya no puede hacer frente a la situación. Warren Buffett lo explica de manera brillante en dos de sus famosas citas:

"Cuando la marea sube, todos los barcos se levantan".

"Cuando la marea baja, se ve quién estaba nadando desnudo".

Los mercados de caballos, al menos en Australia, están muy fragmentados y, tras un período de crecimiento razonable, los factores estacionales o económicos ponen fin rápidamente a los períodos de bonanza. Históricamente, ha habido muchas razones por las que la gente ha dejado de criar caballos (lo que no siempre significa algo malo) o de comprarlos (esto sí que no es tan bueno), entre las que se incluyen, más recientemente, el COVID, la sequía, los incendios y las inundaciones.

La triste realidad de ser propietario y dirigir un negocio

> *"Dirigir un negocio es una tarea realmente difícil. Lo que no te dicen es que puede causar un estrés y una ansiedad severos, y agotarte mentalmente hasta el punto de la depresión, incluso a las personas más relajadas. La gente hablará de ti, te comparará con otros, te utilizará, te verá como un servicio y ya no como una persona. Tus amigos y familiares esperarán descuentos y la gente te valorará a ti y a tu duro trabajo menos que a una gran cadena de tiendas.*
>
> *Tendrás que preocuparte por si olvidas responder a un correo electrónico o un mensaje: pensarán que ha sido a propósito? Los habrás decepcionado? Te lo echarán en cara? Cuando, en realidad, simplemente no puedes responder a todos los mensajes y correos electrónicos. Crear y dirigir un negocio exitoso supone una presión increíble para la vida personal y las relaciones, muchas de las cuales fracasan porque no hay equilibrio entre el trabajo y la vida privada. Tienes que ser director, trabajador, administrador, el equipo de marketing, el contador, el limpiador... todo ello mientras eres padre, marido o mujer, apoyo familiar, amigo... Es una de las cosas más difíciles de equilibrar.*
>
> *Hay una razón por la que no se ve a mucha gente triunfar en las pequeñas empresas más allá de los 5 años. Si tienen éxito, se sienten abrumados. Es muy agotador. Es agotador. Especialmente en los últimos dos años, en los que tantas cosas han escapado a nuestro control. Aquí va un pequeño recordatorio de que solo somos personas normales con vidas ajetreadas. Sé amable, sé paciente, apoya a las pequeñas empresas... y ojalá así, más de ellas puedan mantenerse en pie!"* – Autor desconocido.

Algunos criadores de caballos sobreviven año tras año produciendo ejemplares útiles y de calidad, y cuentan con un mercado estable gracias al boca a boca y a los compradores habituales. Estos criadores de éxito no se centran en intentar hacerse ricos, sino en mantener la consistencia. Este es el momento de reexaminar lo que estás haciendo, el porqué, y de redefinir tu declaración de misión y tus objetivos según sea necesario. Tendrás que hacerlo con cada generación.

Se dice que no hay que ver la vida de color de rosa. Sin embargo, todos los mejores criadores tienden a ser demasiado críticos con sus caballos porque los conocen muy bien y los comparan con sus ideales. Están seguros de su ideal y siempre crían buscando elevar la vara. Si no eres así, probablemente no estés criando con un estándar lo suficientemente alto. Emocionalmente, esta es la etapa más difícil porque te has encariñado con tus caballos criados en casa. En mi opinión, esta es la fase en la que fracasan la mayoría de los criadores.

Las próximas generaciones

A estas alturas, te has dado cuenta de que no se gana dinero criando caballos y que es muy difícil criar y competir al mismo tiempo. Por lo tanto, si realmente prefieres competir, quizá te convenga más comprar que criar. Pero la realidad es que no puedes dejar de competir con tus caballos criados en casa si quieres promocionar tus caballos y mantener tu negocio a largo plazo.

Ahora eres un criador consolidado con una gran línea de yeguas de calidad. Dónde encuentras el próximo padrillo? El riesgo de utilizar algo que introduzca defectos que nunca has tenido es ahora muy alto. Tu selección debe centrarse ahora en mantener la buena genética que has consolidado en tu programa. Cómo se mejora un punto sin perder algunos de los otros atributos? Cómo se encuentra ese caballo que te llevará al siguiente nivel?

No hay una respuesta única a este dilema. Y, en realidad, es un buen dilema. Establecer una línea de yeguas de calidad es más difícil y lleva más tiempo, por lo que es mejor mantener tus hembras y cambiar de padrillo. Requiere una búsqueda cuidadosa, posiblemente utilizando líneas internacionales, una nueva línea emergente o una línea antigua casi olvidada. Una vez que has logrado tener un criadero consolidado, si eliges bien, te conviertes en un creador de tendencias. Si eliges mal, puedes perderlo todo muy rápidamente.

Este puede ser el momento de tener dos padrillos. Puede surgir una oportunidad demasiado buena para dejarla pasar en el momento adecuado (o incluso antes de que estés del todo preparado). Sin embargo, nunca podré entender la filosofía de algunos criaderos que tienen varios padrillos, especialmente de varias razas, colores o registros. Mantenerse al día con las afiliaciones y el papeleo es en sí mismo una tarea enorme. La creencia, al parecer, es que así cubrirán todos los gustos de todos los propietarios y compradores de yeguas. Se trata de una falsa economía. Es imposible hacer justicia a todos ellos. Estos criaderos se conocen como productores masivos de caballos mediocres. Tienden a desaparecer al cabo de unos años y a inundar el mercado de caballos sin pensar mucho en su futuro.

Una visión real de cría tarda muchos años en evolucionar. La cría en masa no hará que esto suceda más rápido.

"No se puede tener un bebé en un mes embarazando a nueve mujeres". — Warren Buffett

Emu Gully Gunfire HSH con Ronnie Roman, participando en una recreación histórica de caballería ligera. También realizan desfiles y trabajos de aprendizaje asistido con caballos. Foto de Lynda Rodgers.

16

Reproducción artificial

La decisión de reproducir mediante inseminación artificial muchas veces depende de la raza. A veces es una elección por practicidad. Otras veces puede ser necesario debido a la distancia. O puede que la yegua tenga que estar en una clínica reproductiva para aumentar sus posibilidades de quedarse preñada, debido a un historial deficiente. Tú mismo puedes recoger el semen del padrillo, si dispones de las instalaciones adecuadas. Incluso puedes obtener la acreditación de técnico en reproducción artificial siguiendo la normativa según la reglamentación veterinaria correspondiente.

Ofrecer inseminación artificial en lugar del servicio natural puede ser más realista para algunos criadores. Algunos padrillos nunca han servido a una yegua de forma natural, sobre todo aquellos que se encuentran activos en competencia, mientras que la industria de las carreras de caballos pura sangre no permite ningún tipo de reproducción artificial.

El semen fresco se puede recoger e inseminar en yeguas in situ o en las cercanías. Se lleva al padrillo a un maniquí o simulador, al que monta y luego eyacula en una vagina artificial (VA). Cada padrillo puede preferir diferentes tipos de VA, temperaturas y presiones. El semen se analiza para determinar su concentración y motilidad/morfología y luego se procesa. La cantidad y la calidad del semen recogido varía mucho entre los padrillos.

El semen refrigerado debe recogerse y transportarse dentro del plazo exigido por el propietario de la yegua, que a veces se encuentra a cientos de kilómetros de distancia. Debe sincronizarse lo más posible con la ovulación de la yegua, ya que el semen refrigerado solo es viable durante 24-48 horas. Esto dificulta la logística del transporte del semen, con las conexiones adecuadas entre aviones y compañías de transporte, incluso cuando todo sale según lo previsto. Esto implica coordinar con un veterinario reproductor de confianza en ambos extremos. Es posible que necesites una yegua disponible en celo para realizar la recogida o llevar al padrillo fuera de las instalaciones a un centro especializado. El momento es clave. Si tienes un trabajo, puede ser complicado tomarte unos días libres. Y si la yegua no queda preñada en el primer intento, debes volver a repetir todo el proceso.

El semen congelado puede eliminar algunas de estas dificultades para el propietario del padrillo. Haz los preparativos con antelación decidiendo cuántas dosis deseas almacenar y si vas a recolectar para el mercado internacional. Elige una instalación preparada para la cuarentena según los requisitos de exportación y que conozca las restricciones y normativas de cuarentena de cada país. Las tasas de preñez con semen congelado no son tan altas como con el refrigerado, pero la diferencia se está reduciendo rápidamente gracias a los avances tecnológicos y a la experiencia de los veterinarios. Es una forma excelente para que los pequeños criadores aprovechen al máximo su padrillo. El propietario de la yegua puede comprarlo con antelación y utilizarlo cuando lo necesite. Aunque el semen congelado es un gran seguro para tu padrillo, existe la posibilidad de que nunca lo utilices tú mismo.

Hoy en día, el semen puede utilizarse incluso hasta 20 años después de la colecta, y ese plazo sigue extendiéndose. También es posible recuperar semen de un padrillo fallecido, siempre que los testículos se retiren de inmediato y se conserven refrigerados en un contenedor térmico. En ese caso, hay que llamar al veterinario de urgencia. No olvides considerar además los costos anuales de almacenamiento.

No todos los padrillos congelan bien. Muchas veces hay que probar distintos diluyentes y protocolos de congelamiento hasta encontrar el más adecuado para ese padrillo en particular. Una vez que el semen está congelado, como propietario del padrillo solo firmas la autorización de uso y la clínica se encarga de todo el manejo con el veterinario de la yegua, incluido el descongelado. Según lo que establezca el contrato, tú ya no intervienes más. En ese sentido, es un sistema muy cómodo.

La principal desventaja de la inseminación artificial es que tienes mucho menos control sobre la yegua que se está inseminando, y además es muy común que el propietario de la yegua nunca haya visto al padrillo en persona.

Si decides importar semen, intenta hacerlo a través de una agencia de confianza que pueda garantizar la calidad del semen y la cadena de frío. Si tratas directamente con el propietario del padrillo, tendrás que basarte en sus conocimientos o en la información que esté dispuesto a proporcionarte. La mayor parte del uso de semen congelado se da en el sector de los Warmbloods y las razas poco numerosas, donde se importa regularmente semen congelado de Europa. Desgraciadamente, parte de él es de mala calidad, por lo que el comprador debe tener cuidado. Si este es el caso, es posible que tengas que buscar pajillas adicionales para lograr que la yegua quede preñada.

Lo más habitual es comprar por dosis. El laboratorio que congela el semen recomendará cuántas pajillas componen una dosis. En casos menos habituales, algunos propietarios de padrillos venden por pajillas, y el comprador indica el número de pajillas que desea adquirir. La mayoría de los propietarios de yeguas no saben lo suficiente sobre el semen como para juzgar cuántas pajillas necesitan, y realmente debería ser tu veterinario quien lo decidiera en función de la técnica que vayan a utilizar y del informe del laboratorio. Además, hay que tener en cuenta el alquiler o la compra de un tanque de almacenamiento y los gastos de transporte. Empresas especializadas, como Gene Movers por ejemplo, se encargan de supervisar el proceso de transporte. En la inseminación artificial, cada intento implica un costo de colecta y procesamiento.

El informe del laboratorio debe indicarte la calidad del semen tras la descongelación: concentración espermática, morfología, motilidad, motilidad progresiva (tras 30 minutos) y, si es posible, índice de viabilidad. También es importante saber si se realizó un cultivo bacteriano a las 24 horas. Pasa siempre esta información a tu veterinario para que evalúe si el semen vale la pena y cuántas pajillas vas a necesitar. Si la dosis tiene alta carga bacteriana, no solo puedes perder la preñez, sino que la yegua puede terminar necesitando tratamiento prolongado para eliminar la infección. Quien haya tenido alguna vez una yegua con infección por hongos sabe lo difícil que puede ser curarla.

Hay una excelente serie de videos disponibles en YouTube para propietarios de yeguas sobre el proceso de congelación y descongelación. Semen congelado para propietarios de yeguas: https://www.youtube.com/watch?v=MeZIVpOUwY4

En el futuro, la ICSI (inyección intracitoplasmática de espermatozoides) podría volverse una alternativa más común. Este procedimiento necesita solo un espermatozoide por óvulo, lo que permitiría conservar mejor los bancos de semen. Hoy por hoy, sus costos elevados y la escasez de centros que lo realizan limitan su uso.

También es posible comprar semen "sexado", pero aún no ha avanzado hasta el punto de ser confiable o accesible económicamente, y las instalaciones que lo ofrecen son limitadas.

Recuerda que invertir grandes sumas en "las técnicas más modernas" no garantiza que el potro sea más valioso a largo plazo. *Es posible que solo estés tirando el dinero. Considera tus opciones con mucho cuidado.*

Transferencia embrionaria

Esta técnica es cada vez más popular debido a la reducción de los costos. Se utiliza principalmente para permitir que las yeguas de buena calidad puedan seguir compitiendo y sigan rindiendo o para las yeguas que tienen problemas para llevar a término una gestación. Se extrae un embrión de la yegua donante a los 7-8 días y se recupera mediante filtrado. Luego, puede transferirse a una o varias yeguas receptoras durante la temporada. Consulta con tu registro de razas cuántas se pueden registrar al año de una misma donante. Es posible transportar embriones durante períodos cortos de hasta 24 horas a temperaturas reducidas y, después de congelarlos, se pueden conservar durante períodos muy largos. Las tasas de éxito de la transferencia de embriones rondan actualmente entre el 50 y el 70%.

El procedimiento requiere una yegua sustituta o receptora, que a menudo no se selecciona con el suficiente criterio, salvo por el hecho de tener útero. Puede ser difícil de manejar, lo que no te conviene, ya que tú eres responsable de su cuidado mientras la tienes "alquilada" a la empresa que la proporciona. Por lo general, no se puede utilizar una yegua receptora propia. La gestante debe sincronizarse para ovular simultáneamente con la yegua donante. Comprueba si hay garantía de potro vivo y cuándo debe devolverse la yegua. Si bien los costos se están reduciendo, sigue sin valer la pena, salvo en el caso de yeguas más valiosas. Algunos recomiendan complementar la dieta de la receptora con ácidos grasos omega-c para favorecer la gestación.

Clonación

La clonación, si bien es bastante costosa actualmente, parece tener un futuro prometedor en los lugares donde el registro de razas la permite. La mayoría no lo hace porque es imposible saber mediante pruebas de ADN cuál de los clones es el padre o la madre, ya que todos tendrán el mismo ADN que el original. La clonación se ha utilizado considerablemente en el campo del polo y con algunos caballos castrados de salto y doma para producir potros que se utilizarán luego como padrillos. Desempeña un papel importante en la preservación genética.

La clonación ha demostrado que las marcas blancas pueden variar entre clones, a pesar de que son réplicas genéticas. Esto respalda la teoría de que los genes solo pueden proporcionar el encendido/apagado de diversas funciones, y que los factores de desarrollo en el útero desempeñan un papel más crítico. Con el tiempo sabremos qué otra información está respaldada por factores de desarrollo en lugar de por la genética.

La clonación se realiza a partir de muestras de tejido tomadas de células madre o células de la piel. Si en algún momento piensas que te gustaría clonar un caballo que tengas, recuerda que las muestras deben tomarse cuando el animal aún está vivo. Habla con tu veterinario sobre esto. El costo de conservación y almacenamiento de las células no es bajo, y el proceso de clonación en sí es muy caro. Aunque ha ido bajando gracias a la tecnología y la competencia, todavía podemos estar hablando de unos USD 100.000 por cada potro producido.

Puede consultar este sitio web para ver algunos videos y artículos muy informativos que van más allá del alcance de este libro: Equine Repro.com LLC: https://equine-reproduction.com/

Ahora, las yeguas y los padrillos que tienen problemas de reproducción por diversas razones pueden producir potros con la ayuda de la ciencia moderna. Como criadores, somos los guardianes de la raza, y creo que nos estamos exponiendo a más problemas. El hecho de que los veterinarios dispongan de herramientas para mantener sanos a los caballos enfermos no significa que los criadores deban cruzarlos para producir más caballos enfermos. El hecho de que los veterinarios dispongan de herramientas para criar yeguas "difíciles de preñar" por diversas razones anatómicas o veterinarias no significa que deban cruzarlas. *Considera tus opciones y decisiones con prudencia.*

Berragoon Hallie HSH montada por Lucy Grills en 2016. Madre de 20 potros registrados por transferencia embrionaria. Foto de Joe McInally.

17

Métodos de cría

No puedes ser un criador exitoso sin comprender las leyes de la herencia. Aun así, de vez en cuando te llevarás sorpresas, y no siempre serán buenas. También puedes descubrir que cada potro es diferente cuando se repite el mismo cruce varias veces. Esto se debe a que siempre es una combinación aleatoria tanto del padrillo como de la yegua. La yegua y el padrillo son el resultado directo de sus propios padres. Y así sucesivamente, generación tras generación. Por lo tanto, es clave buscar consistencia en ambos lados del pedigrí de un caballo.

Pregúntate siempre: qué me gustaría montar a mí? Puedo criar un caballo que me facilite mi trabajo como jinete y entrenador? Estoy criando con fines comerciales o creo que el cruce dará lugar a un buen animal con el que continuar? Puedo criar algo lo más sano posible físicamente para evitar problemas de rendimiento más adelante?

Un buen pedigrí no significa nada si el caballo con ese pedigrí carece de estructura, temperamento o movimiento. Ha "perdido" los buenos genes del pedigrí y, por lo tanto, no puede transmitirlos. No cruces una yegua por debajo de la media con un padrillo de primera categoría. El padrillo solo aporta la mitad de la genética. Incluso si el resultado es razonable, es probable que la siguiente generación no lo sea.

Nunca obtienes "el promedio" de ambos padres, ni una mezcla de los dos. Por ejemplo, si uno de los padres tiene las patas delanteras giradas hacia fuera y el otro hacia dentro, eso no significa que el potro resultante vaya a tener las patas rectas. *Fíjate en los peores defectos de los padres para ver si podrías vivir con ellos o comercializar al potro si recibiera lo peor de los dos.*

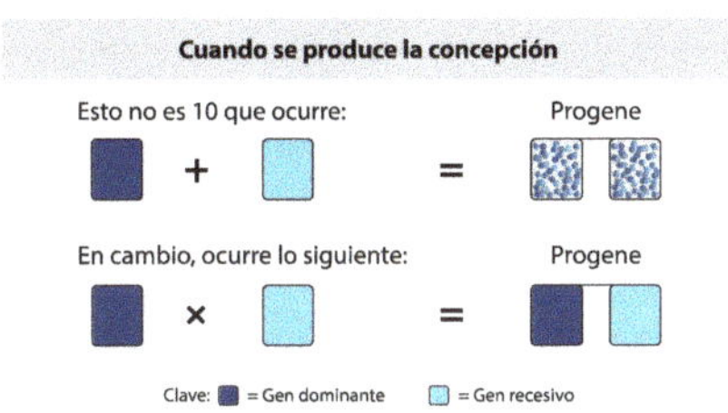

De manera similar, en el cruce de razas, rara vez se obtiene lo mejor o incluso el "promedio" de las dos razas. Puede haber mucha variación entre los cruces, incluso entre hermanos completos. La cruza de razas solo es óptima entre líneas, cepas o razas similares.

Todos los genes del potro provienen de sus padres y de los padres de estos. El término "retroceso" (throwback) significa que un individuo determinado se parece a un antepasado lejano. La idea de "retroceso" tiende a sugerir que, sin motivo alguno, ciertos genes, pertenecientes a ciertos antepasados, que no estaban presentes, o estaban "desaparecidos", aparecieron de repente, por así decirlo, pero esto no podría suceder así. Salvo en forma de una mutación rara, nada que no estuviera presente desde el principio puede aparecer. Lo único que significa es que los genes existentes en los padres se reordenan de una forma que se asemeja a la del antepasado.

De hecho, es posible que solo se parezca al antepasado en un aspecto (como el color), aunque la mayoría de sus otras características no lo hagan. Por lo tanto, no se puede suponer que, porque un caballo se parezca a un antepasado, sea igual que él en otras características, como la resistencia, la habilidad y el temperamento, o que se reproduzca como su antepasado.

Endogamia o exogamia?

Los criadores debaten mucho sobre si es mejor utilizar la endogamia o el cruzamiento para obtener los mejores resultados. Una cría muy mala es aquella en la que se repite un cruce que no funciona. Una buena cría es aquella en la que algo bien planificado, utilizando individuos de calidad, sale realmente bien. Depende de los individuos utilizados. Cualquiera de los dos métodos puede dar buenos o malos resultados. La endogamia es simplemente una herramienta para que el criador concentre los buenos genes, y el cruzamiento es simplemente una herramienta para diversificar y encontrar sangre nueva. Los mejores caballos suelen ser endogámicos, pero los mejores criadores utilizan ambos métodos.

Un método de cría muy valioso es el de los llamados "nicks". Se trata de cruzar una línea con otra que se sabe que produce buenos resultados de forma repetida, a menudo mejores que los de ambos progenitores. Por ejemplo, sabíamos que la línea Rannock se cruzaba especialmente bien con la línea Terlings y viceversa, así que lo repetimos. También nos gustaba la línea Pipe of Peace (SPC) cruzada con Midstream (SPC), así que compramos el padrillo Splashdance, un cruce de ambos, que resultó ser un éxito para nosotros.

Si descubres que un cruce ha tenido éxito con otro criador, cópialo. No tengas miedo de copiar lo que hacen otros criadores si ese es el tipo que deseas. Hay muchos cruces conocidos en la mayoría de las razas. Incluso puedes descubrir un cruce propio. Una vez que llegues a la segunda y tercera generación, cruzar tus propias líneas de sangre puede crear excelentes "cruces".

Cuando un caballo endogámico se cruza con otro caballo endogámico, luego se vuelve a cruzar con un caballo endogámico, y así sucesivamente en cada generación posterior, se denomina "retrocruce recíproco".

Los criadores de pura sangre siempre han tenido un dilema. Para criar un verdadero caballo fondista (digamos, de dos millas), uno imaginaría que cruzar al mejor caballo de dos millas con el mejor caballo de dos millas produciría un campeón fondista. Luego, después de una exitosa carrera, se cruzaría la descendencia de ese caballo con otro campeón fondista. Verdad?

No, parece que no funciona así. Cuanto más se cruza un caballo resistente con otro resistente, más probabilidades hay de obtener un caballo rápido en tres o cuatro millas, pero no el tipo de caballo resistente rápido en dos millas. Al ganar distancia, se pierde velocidad (quizás un ganador de carreras de obstáculos). Si se repite, es probable que se pierda más velocidad y se obtenga un caballo de concurso completo.

Si lo miramos desde el otro extremo, quieres criar un velocista? Cruza al más rápido con el más rápido, verdad? No, tampoco. Si sigues haciendo esto, con el paso de las generaciones perderás distancia. Tu pura sangre acabará siendo capaz de correr solo distancias de cuarto de milla. Si los cruzas entre sí, con el tiempo podrías perder incluso esa distancia y acabar criando solo caballos rápidos para lazo. Este fenómeno se conoce como "pérdida generacional".

Qué hacen al respecto los criadores de pura sangre experimentados? A veces cruzan juiciosamente a su caballo fondista con un velocista, sacrificando una generación para lograr algo distinto. Pueden tener éxito en la cría de un caballo de milla. Pueden tener éxito en la cría de un hermoso caballo fondista. Incluso podrían criar un caballo de carreras ganador, aunque no un campeón. Pero entonces, se quedan con la descendencia y la cruzan de nuevo con el caballo fondista. Y voilà, es probable que obtengan un auténtico caballo fondista con un buen sprint. Por otro lado, un gran velocista puede cruzarse con un caballo de mayor distancia, y entonces se repite el proceso.

Así que este es el principio del retrocruce recíproco: el arte de cruzar de forma planificada con algo que normalmente parece inesperado, para obtener un beneficio a largo plazo. Insisto en lo de largo plazo. Requiere una visión, un objetivo y un elemento de riesgo considerable.

Como prueba de ello, escucharás con frecuencia el debate sobre si se debe introducir sangre pura sangre en ciertas razas en las que está permitido. Cuando compramos nuestro padrillo pura sangre/ASH Splashdance hace algunos años, recibimos muchas críticas por utilizar un pura sangre con nuestras yeguas Australian Stock Horse; otros dijeron que éramos "visionarios". Por supuesto, el plan era introducir cualidades que se adaptaran a nuestras yeguas, pero también era un plan a largo plazo, para cruzar la descendencia con padrillos tradicionales. En otra generación, podríamos elegir otro padrillo pura sangre para volver a cruzarlos, utilizando una vez más la herramienta del retrocruce recíproco. De esta manera, deberíamos poder mantener la velocidad en nuestras líneas de polo y mejorar la calidad, pero conservando el tipo Australian Stock Horse que nos gusta.

Si compras un caballo específicamente como futuro reproductor, es conveniente seleccionar un individuo endogámico. Si seleccionas algo por su rendimiento potencial junto con su valor reproductivo, puedes buscar un caballo resultante de un retrocruce recíproco.

Los caballos endogámicos son productores más consistentes como productores de rasgos deseables debido al aumento de la "homocigosis", es decir, la duplicación de su genética deseable. En otras palabras, obtienen sus buenas características de ambos padres. El cruce externo puede producir el mismo resultado, pero con menos frecuencia. Cuando observas la cría de la mayoría de los caballos con mejor rendimiento, encontrarás antepasados destacados que se repiten en sus antecedentes. *Aunque algunos lo llaman cría en línea (linebreeding), toda la cría en línea es endogámica.*

El gran riesgo es que, a medida que las razas se especializan cada vez más en disciplinas concretas y se seleccionan por su rendimiento en el pedigrí y los resultados, ciertas líneas e incluso razas se estancan. Se pierde la diversidad genética y los caballos empiezan a volverse todos "de un mismo molde" independientemente de si ese tipo se selecciona deliberadamente o no. La mayoría de las razas más raras, o geográficamente aisladas, ya han llegado a este punto, por lo que se han establecido normas para evitar la endogamia, aunque mediante el cruce con otras razas, es posible que no se estén utilizando los "mejores" caballos. Una vez que aumenten los números poblacionales, podría ser posible permitir más libertades de cría. Los zoológicos se enfrentan al mismo problema con sus especies en peligro de extinción. El uso de semen congelado de todo el mundo y de padrillos itinerantes (padrillos shuttle) favorece los cruces. Aun así, el cuello de botella se producirá eventualmente cuando los más destacados dominen la próxima generación.

"La cría selectiva basada en el mercado, que para los pura sangre estadounidenses modernos significa buscar producir potros de un año que se vendan en subasta a los precios más altos, aumenta la posibilidad de una representación desproporcionada de los padrillos de moda". – Dra. Deb Bennett, PhD.

En las razas en las que está prohibido el cruce entre parientes, por ejemplo, durante las tres primeras generaciones, es casi imposible que la mayoría de los rasgos sean realmente prepotentes. Por lo tanto, cada potro puede ser muy diferente de sus hermanos completos. Además, los padres pueden ser excelentes, pero no transmitir esa combinación de rasgos a la descendencia. Como resultado, la descendencia suele ser una mezcla aleatoria, y es posible que no tengas ni idea de dónde provienen los rasgos, ya que ninguno de los padres tiene lo que tiene el potro. Entonces, intentas comprender a los caballos del pedigrí de hace tres a seis generaciones para predecir lo que podría suceder con cada apareamiento.

Todos los criadores deben ser conscientes de estas dificultades en sus programas de cría y dentro de su raza. Por lo tanto, es imprescindible examinar los "cruces hipotéticos" o el pedigrí proyectado de los futuros potros. Tesio, uno de los criadores más exitosos de todos los tiempos, solía llevar un libro con cada página dividida en dos, con los pedigrís de los padrillos en la parte superior y los pedigrís de las yeguas en la parte inferior. Esto le permitía tomar decisiones basadas en el pedigrí ampliado del futuro potro. Por ejemplo, su mayor triunfo fue criar a Nearco. Si se examina el pedigrí de Nearco, parece que no hay consanguinidad en las tres primeras generaciones, sin embargo, cuando se llega a la cuarta, aparece St. Simon, tanto en la parte superior como en la inferior, así como en la quinta.

Algunos llamarían a esto cría en línea, cuando es después de la tercera generación, pero todo es una forma de endogamia. Debe estar tanto en el lado del padrillo como en el de la yegua, de lo contrario, si solo está, por ejemplo, en el lado del padrillo, es el padrillo el que es endogámico, no el caballo en cuestión. Cuando un antepasado está en ambos lados del pedigrí en proporciones aproximadamente iguales, se conoce como "reflejo" (mirroring).

"Un padrillo transmite su cromosoma Y exclusivamente a sus hijos varones y sus cromosomas X exclusivamente a sus hijas. Esto podría explicar por qué la cría en línea con un padrillo a través de un hijo y una hija suele dar resultados tan potentes. Personalmente prefiero la cría en línea a partir de la cuarta generación porque esto permite aplicar una cría en línea potente y, al mismo tiempo, preservar suficientes generaciones libres que garantizan la variación del ADN. Al mismo tiempo, la cría en línea a partir de la cuarta generación garantiza que las tres primeras generaciones estén libres de cría en línea, lo que también garantiza la variación.

"Los instrumentos más poderosos de que dispone un criador para obtener resultados satisfactorios son la endogamia y la cría en línea. Estos le permiten conectar líneas de sangre. Se puede considerar como el cemento utilizado para la construcción de una casa, y garantiza que los padrillos

> *que se utilizan sucesivamente en la creación del individuo no se apilen como ladrillos sueltos. Demasiado cemento dará como resultado hormigón y una albañilería de mala calidad. Por lo tanto, la palabra clave para el uso eficaz de la endogamia y la cría en línea es "equilibrio". Y cuando se logra ese equilibrio, el caballo en cuestión tiene más posibilidades de convertirse en un caballo de salto verdaderamente excepcional. Un caballo así tiene más posibilidades de dejar una huella indeleble y convertirse en un pilar fundamental".* — Jac Remijnse, criador de caballos Warmblood.

Ahora bien, cuánta consanguinidad o endogamia es demasiada? En ratones de laboratorio, por ejemplo, son unas 20 generaciones, cruzando cada generación consigo misma. Ahí la fertilidad y el vigor se ven muy afectados. Esto se conoce como "depresión endogámica" o "depresión por consanguinidad".

El nivel de consanguinidad de un caballo se mide con el llamado coeficiente de consanguinidad. Lo ideal es mantenerlo por debajo del 12,5%, lo que equivale a dos repeticiones en tres generaciones. Algunos recomiendan incluso menos, alrededor del 6,25%. De todos modos, no hay reglas absolutas. Hoy existen muchas calculadoras online, así que no hace falta hacer las cuentas a mano.

Los criadores de caballos nunca pueden practicar la endogamia en la misma medida que los criadores de aves, ratones o perros debido a la diferencia generacional, ya que solo producen un potro al año y necesitan obtener el sexo deseado para continuar. Es mejor comprar una línea endogámica y luego continuar con la endogamia más adelante, cuando tengas los conocimientos y la experiencia suficientes.

Siempre habrá genes recesivos acechando en segundo plano. Se desconoce cuántos de ellos son indeseables hasta que aparecen en forma homocigótica en el potro. Por lo tanto, siempre habrá un umbral por encima del cual se obtienen demasiados resultados negativos. El problema es que ese umbral es diferente para cada población (o raza) dentro de una especie y diferente para cada línea dentro de una población (raza). Y depende de cuántos genes recesivos tengas (muchas veces sin saberlo) al principio.

La herencia mendeliana muestra cuatro combinaciones posibles de genes de cada progenitor, cuando ambos padres son portadores de un gen recesivo. Pero dos de las combinaciones son idénticas, por lo que la proporción es de 1:2:1 en cuanto a probabilidades. Tres de estas combinaciones se parecerán a los progenitores, porque todas contienen el gen dominante, y solo una se parecerá al factor recesivo. Los recesivos solo pueden aparecer cuando ambos progenitores transmiten el gen.

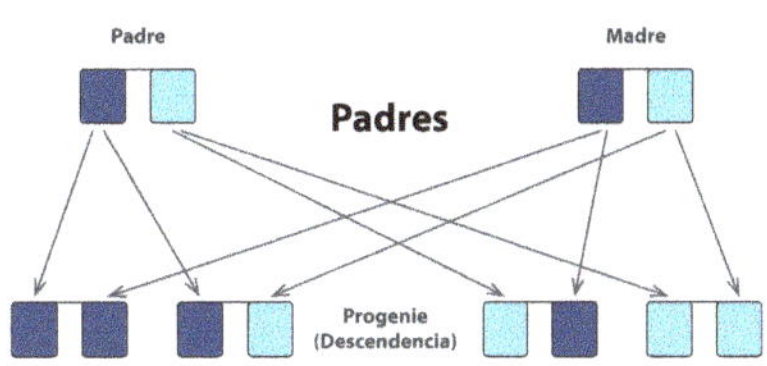

Nuestro padrillo Rannock era un cruce entre medio hermano y media hermana, y la madre de su abuelo paterno y materno, Panzer, era ella misma endogámica con la yegua ganadora de la Sydney Cup de 1899 llamada Diffidence (TB). Necesitábamos comprobar si Rannock tenía algún gen indeseable. La única forma de hacerlo era mediante la endogamia con algunos de sus descendientes, que hasta la fecha no han presentado problemas. Esto solo es posible porque el criador de sus antepasados aplicó principios de cría rigurosos en su momento. Algunos de nuestros caballos tienen ahora tres y cuatro cruces de Rannock, sin efectos aparentes. Nos esforzamos por mantener el porcentaje de sangre de Rannock lo más alto posible en nuestros pedigrís endogámicos.

Nuestro padrillo actual, Chalani Sunstream HSH, es el resultado de un retrocruce recíproco, un padrillo endogámico con una yegua exogámica. Sin embargo, cuando se observa su pedigrí ampliado, se ve que tiene al famoso ganador de la Copa de Melbourne de 1890, Carbine, en su ascendencia unas 41 veces! Además, la madre de Sunstream es hija de un hijo directo de Rannock. Esto significa que sus potros, nacidos de nuestras yeguas de la línea Rannock, serán endogámicos o reflejarán a Rannock.

Chalani Sunstream tiene 41 cruces con Carbine (ganador de 2 Copas de Sídney y de la Copa de Melbourne de 1890).

La consanguinidad es una forma fantástica de establecer un tipo. A través de la endogamia, puedes concentrar las grandes cualidades de un caballo o una línea en particular. Pero hay que actuar con cautela y revisar los resultados en cualquier programa, sea endogámico o no!

En los primeros criadores, los altos niveles de endogamia reflejaban la tradición y muchas generaciones de ensayo y error para conseguir el resultado deseado. Descartaban aquellos que no estaban a la altura. Los caballos King Ranch Quarter son un ejemplo bien documentado, que representa una política de endogamia fiel al tipo y con un propósito. Hay muchos ejemplos. Aquí está el caballo de campdraft, Lawlors Beaudana HSH. Además, Dernancourt Manumber Lass tiene como padre a Dernancourt Ben Abbey, que es el padre de la madre de Odet, mientras que Commandant es el padre de Elliotts Creek Cadet y el padre de la abuela de Odet. Ahora sí... te dejo el desafío: a ver si logramos desentrañar este entramado genético.

***

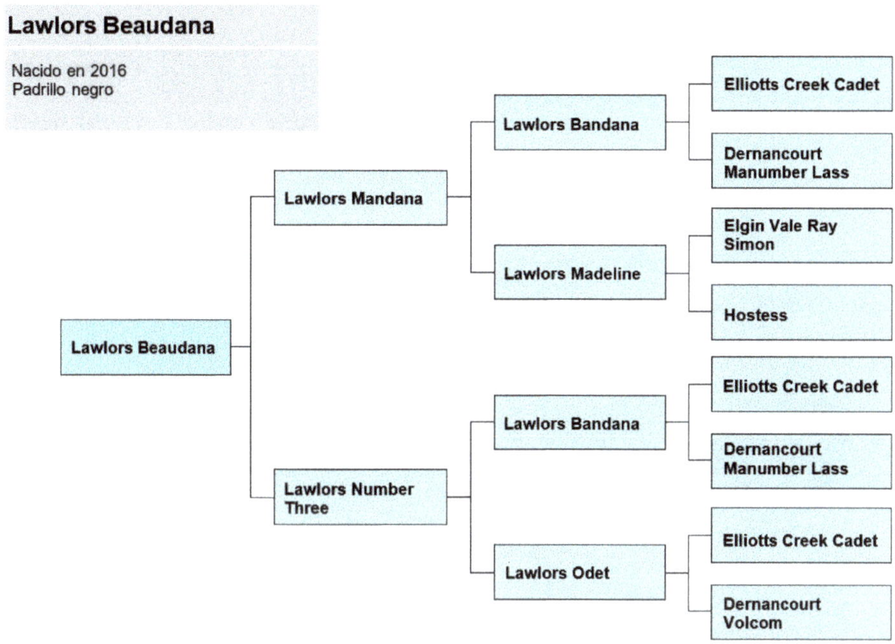

Creo que el grado de consanguinidad es menos importante que los individuos que uno logra producir. Si se producen enfermedades genéticas, deformidades u otras debilidades, normalmente se recurre al cruce con ejemplares externos o al abandono completo de la línea. La ventaja es que, con suerte y una buena gestión de la cría, a menudo es posible purgar la línea de algunos genes recesivos perjudiciales y producir una línea con "grandeza concentrada", pero sin los efectos secundarios negativos típicos de la endogamia.

La purga puede producirse porque, en cada cruce, se pierde el 50% del ADN de cada progenitor. Si ese 50% contenía muchos genes recesivos indeseables, ahora han desaparecido para siempre, y el potro resultante nunca podrá transmitirlos. A lo largo de generaciones, con una selección y un sacrificio cuidadosos, es posible "tenerlo todo controlado". Castrar en gran medida ayuda mucho. Para el criador, el descarte solo significa eliminar del plantel reproductor, no significa eliminar (sacrificar) al caballo. Esa es una de las razones para utilizar yeguas sanas y con buen rendimiento. Pueden reutilizarse como caballos de montar si resultan inadecuadas o terminan su vida reproductiva. No siempre es posible, pero ese es el ideal.

> *"El mayor problema que tenemos ahora es que los buenos criadores son una especie en extinción. La práctica de la selección apenas existe, y estamos criando caballos que necesitan ser puestos en pastoreo".* – Bronwyn Margetts.

Cuando encuentres algo que funciona, repítelo. Ya has dedicado tiempo e investigación a tomar decisiones que te han funcionado. A menos que puedas desarrollar una opción mejor, por qué reinventar la rueda? Es fácil obsesionarse con la experimentación en lugar de conformarse con lo probado y verdadero. Por otro lado, algunos criadores se limitan a criar lo mismo cada año, aunque la descendencia sea, en el mejor de los casos, mediocre. Y ya sabemos lo que se dice sobre la locura...

Es importante que sepas cómo examinar y estudiar los pedigrís. No solo te enseñan sobre cada caballo, por qué algunos tienen éxito y otros no, sino que también te enseñan cómo piensan los buenos criadores. Ahora, veamos si puedes seguir los pedigrís de las siguientes páginas.

Chalani Tempo ASH, padrillo propiedad de Janita Edwards, montado aquí por David Murphy 2021, una combinación de las dos yeguas fundadoras de Chalani. Chalani Cat Ballou es también la madre de Paper Tiger. Foto de Jo Thieme.

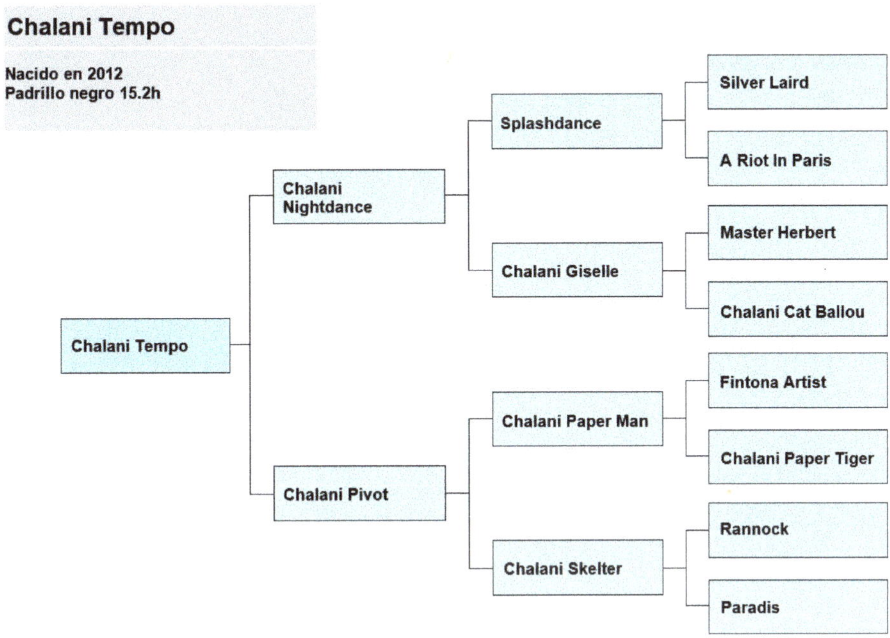

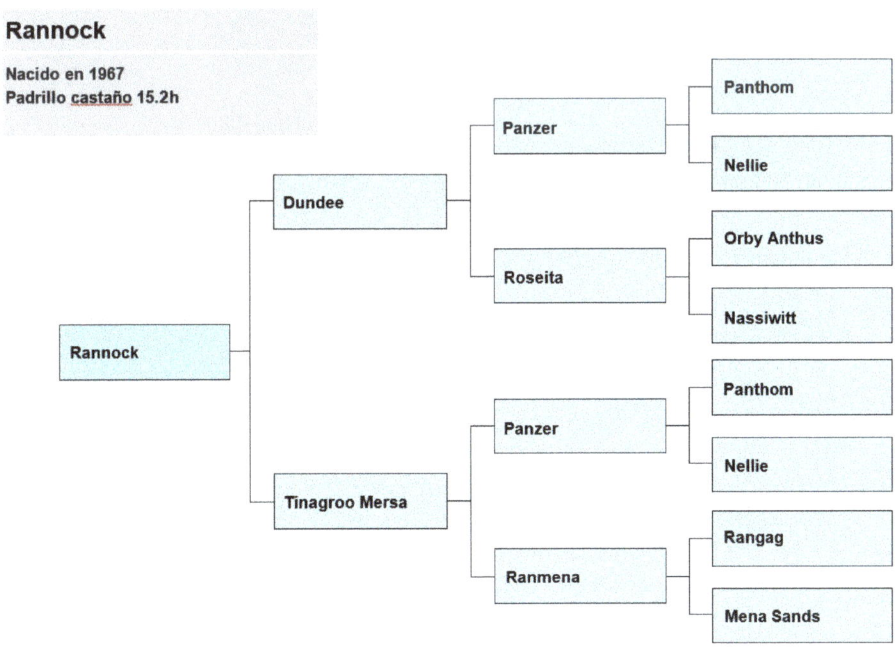

Además, Nellie (madre de Panzer) es consanguínea del ganador de la Copa de Sydney de 1899, Diffidence, a través del hijo de Diffidences, Kangon, y por la línea materna de Gooroolai.

Chalani Mystic

Nacido en 1990
Padrillo gris 15.2h

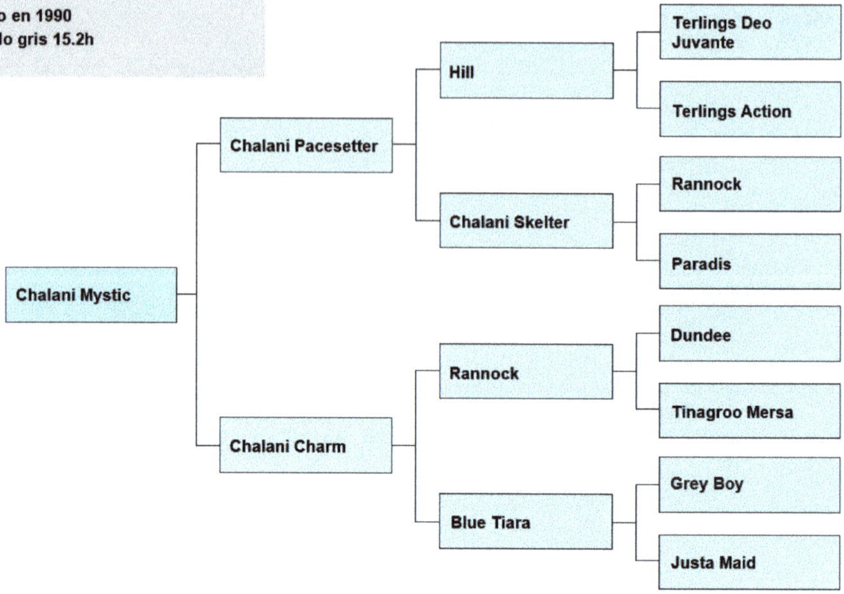

Chalani Galaxy

Nacido en 2021
Padrillo bayo 15.2h

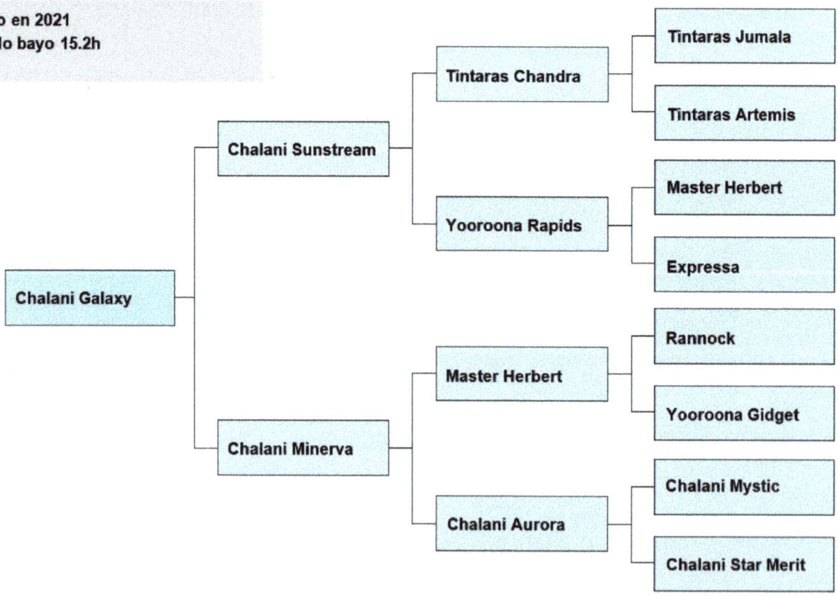

Hvirfs London HSH, con Lance Anderson, propietario: Ike Murray. Foto: Justine Wake. Un buen caballo castrado siempre promueve la raza. Y fíjate en ese manejo de la fusta... puro oficio

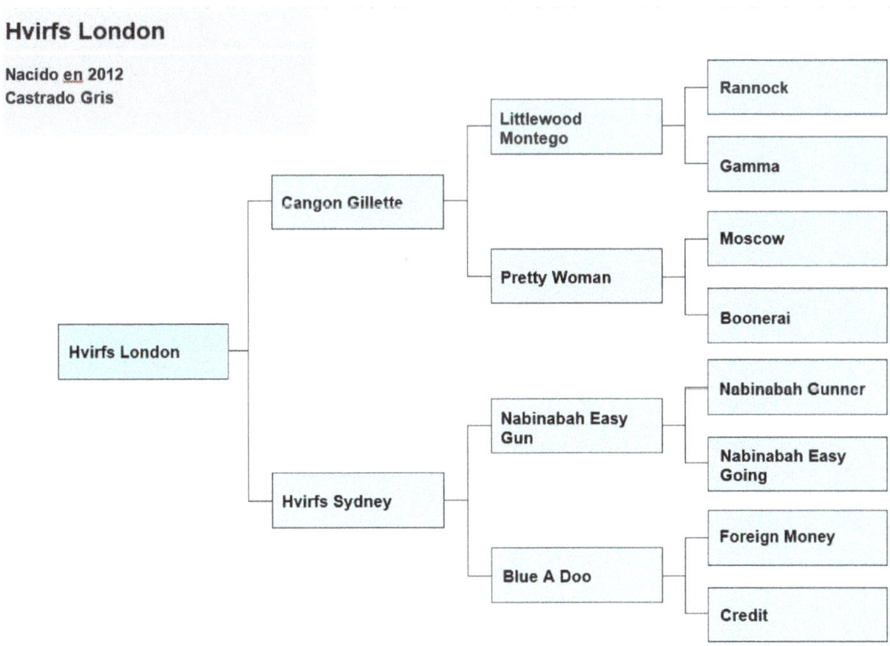

Además, Boonerai es consanguíneo de Sunny Hour y Credit es consanguíneo de Bobbie Bruce, lo que eleva notablemente el valor genético de estas yeguas de fondo.

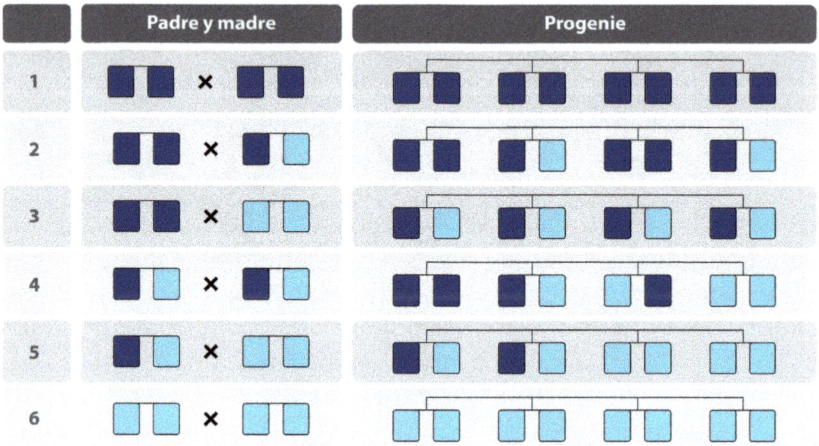

Seis tipos de combinaciones genéticas y sus posibles proporciones en la descendencia.

Prácticamente todas las razas padecen trastornos genéticos conocidos, algunos de ellos extremadamente perjudiciales tanto para la raza como para el individuo. Algunos son rasgos "dominantes" provocados por una mutación en un antepasado reciente o rasgos "recesivos" probablemente presentes en un antepasado más lejano. Los rasgos dominantes deben heredarse de uno de los padres *en una cadena ininterrumpida desde el origen del problema. Los rasgos recesivos se heredan en doble dosis, uno de cada progenitor.* (Ver el siguiente capítulo)

18

Herencia

Trastornos genéticos

Enfermedades genéticas

Cada vez se descubren más defectos genéticos en los caballos, muchos de ellos similares a los defectos genéticos en los seres humanos. Un criador responsable comprenderá la herencia de los rasgos dentro de su propia raza y se esforzará por educar tanto a sus clientes como a otros criadores cuando corresponda.

Los padres homocigotos se muestran en las líneas 1, 3 y 6. Los resultados en 1, 2 y 3 siempre se manifestarán de la misma forma que en el progenitor dominante, pero no todos se reproducirán de la misma manera. Si se cría por tipo o se practica la endogamia, el resultado será un aumento de la homocigosis, en la dirección de la dominancia (línea 1), o hacia los recesivos (línea 6). En ambos casos, se pierden genes del acervo genético y ya no pueden reaparecer hasta que se crucen con un ejemplar no emparentado para reintroducirlos. Esto significa que, una vez que se ha eliminado una enfermedad genética mediante pruebas, la descendencia también estará libre de ella. Recomendaría a los criadores novatos que se mantuvieran alejados de la cría de ejemplares a los que se les hayan detectado trastornos genéticos. No creo que los caballos portadores tengan algún atributo especial que les permita rendir mejor que los que no lo son. Algunos rasgos son evidentes al nacer, como el enanismo. Otros pueden aparecer más tarde y estar parcialmente influenciados por la alimentación, como el HYPP (parálisis periódica hipercalémica), que se caracteriza por temblores musculares, debilidad y colapsos.

Otros trastornos presentan múltiples síntomas que los hacen muy difíciles de diagnosticar sin pruebas genéticas, como la PSSM (miopatía por almacenamiento de polisacáridos), una enfermedad de desgaste muscular que tiene dos tipos principales y del segundo ya se han identificado cuatro variantes genéticas. Estas pruebas son fundamentales para llegar a un diagnóstico correcto, ya que permiten formular un tratamiento adecuado. Luego hay enfermedades para las que no existen pruebas genéticas, pero que se sabe que tienen altos niveles de heredabilidad, como el EMS (síndrome metabólico equino). Yo cuestionaría el uso de estos caballos en un programa de cría, ya que la heredabilidad puede llegar hasta un 80%.

Los llamados paneles genéticos por raza son conjuntos de pruebas específicas según cada raza. Debes consultar con tu asociación de criadores para saber qué panel de testeo es obligatorio en tu raza. Esta es una de las razones por las que siempre conviene criar y vender solo animales registrados. Hoy en día, no hay excusa para que un criador desconozca el testeo genético. Todos los reproductores deberían estar testeados para los trastornos propios de su raza, a menos que ya se tenga la certeza de que ambos padres dieron libres.

Además, el criador debe estar dispuesto a mostrar los resultados de esos estudios. Si no lo hace, yo evitaría tratar con él por falta de profesionalismo. Los clientes necesitan ser educados sobre la importancia de estos análisis y, lógicamente, buscan garantías de calidad.

Con un testeo genético preciso, los trastornos pueden eliminarse de la raza a lo largo del tiempo. Pero esto requiere compromiso y trabajo serio, especialmente en las razas más reducidas en número. Hoy existen muchísimos caballos buenos para elegir; no hay ninguna necesidad de criar con un animal que tenga una enfermedad genética conocida cuando puedes encontrar otro de línea similar libre de ese problema. Los análisis son simples y relativamente económicos. Una vez que tienes padrillo y yegua testeados y libres, sus crías ya no necesitan volver a testearse.

Para obtener información sobre enfermedades genéticas y pruebas de panel, visita los sitios web:

Practical Horse Genetics (Australia) https://practicalhorsegenetics.com.au/index.php?test=qh5

O la Universidad de California, Campus Davis (Estados Unidos): https://vgl.ucdavis.edu/tests?field_species_target_id=266

Diferencias entre razas

Existen diferencias genéticas muy marcadas entre las razas. Por ejemplo, algunas razas, como los lipizzanos y los mini, tienen períodos de gestación más cortos de lo normal. Los mini son más propensos a sufrir cólicos y problemas durante el parto. Los frisones son sensibles a la anestesia. Algunos árabes tienen una costilla menos que otras razas. Los standardbred, los morgan y los cuarto de milla son los mejores donantes de sangre/plasma, ya que tienen predominantemente un tipo sanguíneo universal. Las razas de paso (gaiting breeds y pacers) pueden desplazarse de esa forma gracias a un único gen que lo determina.

En el cuarto de milla, las fibras musculares de contracción rápida están diseñadas para la velocidad en distancias cortas, mientras que las fibras de contracción lenta favorecen la resistencia. A esto se suma el llamado "corazón atlético", que está directamente relacionado con la capacidad aeróbica. Las mediciones cardíacas, especialmente del ventrículo izquierdo, tienen una fuerte correlación con el rendimiento deportivo y muestran altísimos niveles de heredabilidad. La genética influye directamente en la condición física, los umbrales de esfuerzo y la respuesta al entrenamiento, y estas diferencias varían entre razas.

Ahora bien, cómo puede un criador novato (o cualquier persona) descubrir estos pequeños detalles sobre su raza? Investigando por su cuenta y preguntando a otros criadores. Las pruebas anecdóticas suelen preceder a las pruebas científicas.

Algunas diferencias son el resultado del tipo racial (incluidos los estándares de capa), que se ha criado selectivamente durante generaciones para ser "de ese tipo", tanto para el propósito de la raza como para su diferenciación de otras razas. El tipo, una vez establecido, debe ser homocigótico, es decir, se reproducirá fielmente generación tras generación. Es la función o disciplina para la que se cría al caballo la que termina de definir el tipo, no un simple registro. A veces aparecen dentro de una misma raza variantes que se alejan del estándar o del uso original, pero es responsabilidad del criador proteger el tipo original.

Si tú quieres apartarte del tipo, quizás deberías estar mirando otra raza. Cuando el tipo se pierde, recuperarlo es extremadamente difícil, incluso después de varias generaciones de "cruces de retorno", y muchas veces ya es demasiado tarde.

Depende de ti, como criador, conocer a fondo tu propia raza para poder criar en consecuencia, ser un verdadero guardián de ese patrimonio y brindar información relevante a los posibles clientes.

La mayoría de los rasgos de la raza se manifiestan de forma continua. Entonces, en qué momento la variación normal se convierte en una anomalía? Estudios rusos sobre zorros, por ejemplo, han demostrado que la cría selectiva durante muchas generaciones con el único objetivo de reducir el carácter "salvaje" o agresivo, sin seleccionar ningún otro rasgo, cambia el aspecto de los zorros, que se vuelven más parecidos a los perros y desarrollan marcas blancas similares a las de los border collie. Esto demuestra que los rasgos están relacionados entre sí: cuando seleccionamos uno en concreto, sin saberlo estamos seleccionando muchas otras cosas al mismo tiempo. Esto es comprensible, ya que el caballo apenas tiene 32 pares de cromosomas, que contienen en total unos 20.000 genes, por lo que cuando un cromosoma se transmite de un progenitor a la descendencia, muchos genes se transmiten juntos por ese cromosoma. A esto se lo denomina "enlace" o "ligazón de caracteres".

> *"Un poco de un rasgo genera una ventaja. Ese mismo rasgo en exceso se convierte en una desventaja. El ADN es la genética que formula el software; el ADN basura (que antes se creía que no tenía ningún valor) es el sistema operativo".* – Temple Grandin.

Por eso, cuando seleccionamos solo un rasgo en particular, estamos reforzando al mismo tiempo muchos otros genes ligados, sin ser conscientes de ello. Algunos pueden convertirse en defectos, leves o graves. Y llega un punto del continuo donde volver a la "normalidad" puede ser imposible.

Un ejemplo claro es el caballo de doma: se busca movilidad, elasticidad y amplitud de movimientos, pero cuando se exagera ese objetivo, se termina criando caballos espectaculares en movimiento, pero hipermóviles, con grandes dificultades para estabilizar su propio cuerpo. Incluso se ha detectado que algunos carecen de partes inferiores del ligamento nucal laminar, un tema que actualmente se está investigando en Alemania. Hoy es posible criar caballos mal conformados con el gen hipermóvil, que son más "impactantes" que los caballos bien equilibrados, con una conformación y un movimiento correctos.

> *"Hemos domesticado a los animales más débiles, ya que eran más fáciles de someter, pero al hacerlo hemos creado déficits genéticos que están alcanzando proporciones catastróficas".* – Sarah Williamson

Por otro lado, algunos genes son muy útiles para el diagnóstico o para indicar una tendencia en una determinada dirección. Todos los caballos de carreras tienen una distancia óptima, basada en su genética, el llamado "gen de la velocidad". Aunque pueden ganar en otras distancias, dependiendo de la preparación y la competición, su composición genética predice cuál será su mejor distancia. Existe una prueba del "gen de la velocidad", desarrollada en Irlanda, que examina el gen de la miostatina, responsable de la regulación del desarrollo muscular.

Los caballos C:C (velocista) tienen una distancia de carrera óptima de 1.000-1.600 m (o 5-8 furlongs), los caballos C:T (medio fondo) tienen una distancia óptima de 1.600-2.400 m (o 8-12 furlongs) y los caballos T:T (fondistas), con mayor resistencia, más de 2.000 m (más de 10 furlongs). Por supuesto, estos están relacionados con otros requisitos metabólicos y respuestas fisiológicas que pueden medirse en el entrenamiento físico, y están influenciados por múltiples genes modificadores, aún por determinar.

La espiral de muerte para cualquier raza es la cría basada en características únicas, como el paso, el color, el tamaño, la velocidad o la musculatura pesada. Al hacer hincapié en la musculatura pesada en el caballo cuarto de milla, vemos animales de un año que parecen más bien de tres. Y a los seis años, ya se han retirado a la cría porque no sirven para trabajar.

Pon a prueba a tus caballos antes de criarlos, aquí yeguas de polo haciendo sus "sets". Foto cortesía de K&R Polo.

Cómo arruinar una raza

"Primer paso: eliminar su versatilidad criándolos por tipos diferentes en clases diferentes dentro de la misma exposición. Los tipos de halter parecen una raza completamente diferente a los caballos de rancho? Bingo!

Segundo paso: eliminar la utilidad de los que están destinados a representar a la raza. Si tu caballo puede entrar en una pista y hacer que la raza parezca que NO va a funcionar en absoluto más allá de los 8-9 años, y tienes la sensación de que "los gastos veterinarios van a ser elevados con este", entonces vas por buen camino! Recuerda, solo necesitas cuellos delgados y cascos diminutos.

Tercer paso: lavar el cerebro a la gente para que piensen que esto es lo que definitivamente deben tener para formar parte del club de los "grandes". Cobrarles miles de dólares por tus potros destetados disfuncionales que necesitarán cadenas en los labios. Pagar a los jueces para que den el primer premio a tus desastres, de modo que los caballos realmente funcionales no queden en los primeros puestos y "no sean deseados aquí". Esos caballos utilizables ahora solo son buenos para los jinetes de ruta. Pon un nombre pegadizo a los potros positivos para el HYPP para ganar puntos extra, como "Construido como una mesa", "Martillo neumático" o "Cojo a los cuatro años".

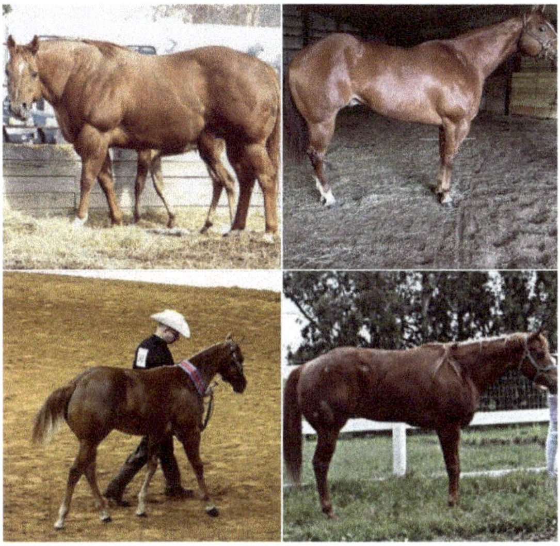

Cuarto paso: cría muchas yeguas para tener muchas que vender y luego deshazte de todas las que no hayan heredado la constitución más horrible que puedas imaginar en las subastas. Destétalas a los dos meses y empieza a atiborrar a tus crías de suplementos y potenciadores de peso. No pasa nada si sus diminutas pezuñas no pueden soportar el peso que les has puesto. Quieres que tus potros destetados parezcan potros de dos años alimentados con esteroides.

Quinto paso: llama a todo el mundo terco por no estar de acuerdo contigo en que las pesadillas que has creado son lo mejor desde la invención del pan lactal. Todo el mundo debería querer un caballo que parezca un potro de dos años. Grita: "así es como deben ser". Ve a decirles a los que tienen caballos mayores en buen estado que "no saben de lo que hablan".

Sexto paso: Siéntate en tu trono, rodeado de seguidores delirantes, y ríete con una voz grave y profunda. Has conseguido convertir un animal versátil y en buen estado en una factura veterinaria andante que tendrá que ser sacrificada antes de que compres una bolsa de ración para caballos mayores.

Y no lo siento si esto ofende a alguien. Defenderé al caballo al 100%. No es justo seguir produciendo animales que tendrán una vida difícil porque no están criados para durar. Si estás criando caballos con una conformación sólida, un temperamento sano y saludables, fieles al estándar de su raza, entonces esto no es para ti". – Amanda Gray.

Herencia del color

Este es un tema muy cercano a mi corazón. Fui de las primeras en insistir en que la gente del mundo del caballo debía entender la genética del color, y en 1999 escribí Horse Colour Explained. (El color de los caballos explicado) en 1999. Aunque Gregor Mendel teorizó sobre la existencia de los genes en el siglo XIX, la naturaleza química de los genes, o ADN, no se descubrió hasta 1950, gracias a Chargraff. Recuerdo muy bien el anuncio de que Watson y Crick habían descubierto la estructura de doble hélice del ADN en 1971. Luego, en 2006, se secuenció el genoma equino, mapeando 2.700 millones de pares de bases de ADN. Incluso en este siglo hemos visto describirse nuevos colores, mientras que la denominación de los colores se ha redefinido y estandarizado, aunque cada región sigue utilizando sus términos locales. En los últimos 20 años se han producido tantos avances en el conocimiento y las pruebas que es casi imposible mantenerse al día, pero basta con decir que los maestros criadores del pasado no necesitaban comprender la genética ni la herencia del color para criar buenos caballos de buen color. Lo que no comprendían eran las anomalías hereditarias, que ahora se conocen bastante bien.

El color gris (tordillo) está relacionado con el melanoma, aunque la cría a partir de líneas que no lo expresan hasta muy tarde parece reducir el riesgo de expresión a una edad temprana. Los caballos leopardo homocigotos (LpLp), están relacionados con la ceguera nocturna. Los caballos blancos son una mutación espontánea relativamente rara en los pura sangre, de los que existen diversas variantes documentadas. Otros potros blancos pueden estar asociados al gen sabino. También se sabe que el roano, o ruano, puede aparecer por mutación espontánea (muy raramente). Los caballos blancos salpicados pueden presentar sordera. Los caballos doble plata (silver o taffy), ZZ, y los alazanes con doble plata, pueden padecer MCOA, una anomalía ocular congénita que puede afectar la visión.

El overo (o lo que algunos llaman frame) es un patrón dominante, pero lleva ligado un factor recesivo letal. Esto significa que todos los overos son heterocigotos: son portadores. Se denomina letal porque los potros blancos nacen con graves anomalías intestinales y de otro tipo que les causan una muerte agonizante en pocos días, si no se les practica la eutanasia. Esto significa que los criadores de este patrón deben evitar cruzar dos caballos overo (o caballos aparentemente sólidos que hayan dado positivo en las pruebas de portadores). El riesgo de producir un potro blanco letal es del 25% (línea 4 del cuadro anterior). (Las líneas 5 y 6 no pueden darse porque ningún adulto puede sobrevivir siendo doble recesivo).

Deformidades

A veces, simplemente puedes tener mala suerte. Bocas torcidas, patas extra o faltantes, hermafroditas, mutaciones somáticas, errores en la segregación de los cromosomas, paladar hendido, defectos cardíacos, desfiguraciones y deformidades se observan en todas las especies, y los caballos no son una excepción, aunque son extremadamente raras. Probablemente esto se deba a que un caballo con una anomalía mayor, siendo un animal presa, difícilmente sobreviviría en condiciones naturales. El famoso padrillo de polo Norman Pentaquad tenía dedos extra (de ahí el nombre; puedes buscar en Google su historia). Sin embargo, la ciencia nos dice que todas estas son anomalías del desarrollo que se producen después de la concepción. Por lo tanto, estas anomalías son curiosidades y no condiciones hereditarias.

19

Perfil del padrillo

Ellerston Ruski

Presento a este caballo como ejemplo de un padrillo criado con un objetivo claro, seleccionado por la familia Haydon por su pedigrí completo de ponis de polo de alto nivel, su línea materna y su genética superior. Es un caso sobresaliente de decisiones acertadas por parte de su criador, Ellerston (familia Packer), y de sus propietarios, la familia Haydon, siguiendo los principios de cría explicados en este libro. Fíjate en su cuello excepcional, la inclinación del hombro, el despeje del codo y la colocación del garrón directamente debajo de la punta de la cadera.

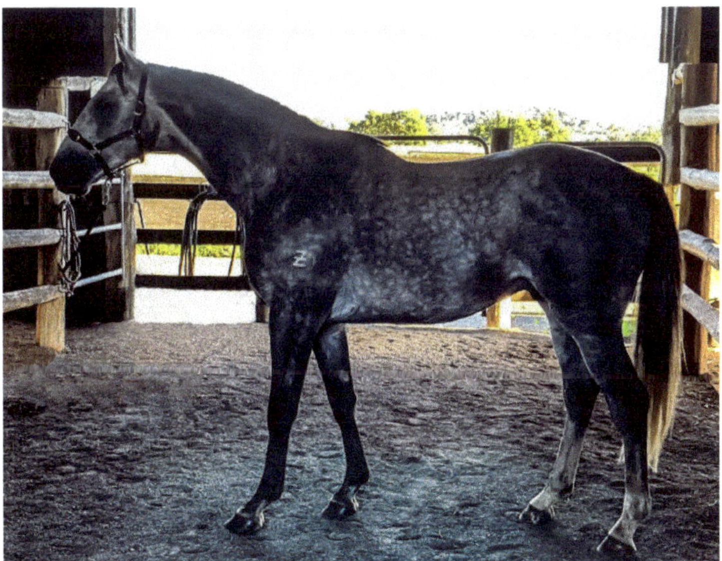

Ellerston Ruski HSH, padrillo fundamental para Haydon Horse Stud

La madre, la abuela y la bisabuela de Ruski fueron jugadas por los mejores jugadores de polo. En su pedigrí se combinan dos yeguas legendarias: La Luna, considerada la mejor yegua de juego y de cría en Argentina, y Pinky, con el mismo estatus en Australia. No es común encontrar un padrillo con tantas yeguas extraordinarias en su línea materna. Esto solo fue posible gracias a la búsqueda incansable de la excelencia por parte de Kerry Packer, quien reunió algunos de los mejores caballos de polo del mundo. Tampoco es habitual encontrar un pedigrí como este, respaldado por una conformación, aptitud, movimiento y temperamento tan excelentes, cualidades que se transmiten de forma consistente a su descendencia. Además, tiene el plus de contar con una hermana completa excepcional, Ellerston Skyy. Un padrillo verdaderamente poco común, que cumple todos los requisitos.

Cruiser: madre de Ruski, considerada una de las mejores yeguas de Ellerston, que lo hace todo con facilidad e incluso a gran velocidad. En 2018 ganó el BPP en su debut en el Reino Unido y luego el Abierto de Argentina, jugado por el número uno del mundo, Adolfo Cambiaso.

Sheltie: hermana completa de Ellerston Cavalier, una yegua de polo dominante jugada por Facundo Pieres, de 10 goles, durante 16 años, ganando premios tanto en el high goal inglés como en el estadounidense.

Touch of Pink (Pinky): una yegua del Salón de la Fama. No solo fue una yegua de alto nivel, sino también una increíble reproductora con un legado internacional.

Dinghy: abuela de Ruski, considerada por Facundo Pieres como una de las mejores, dominó en Australia, Inglaterra y Argentina durante 12 años. Famosa por su velocidad extrema y su increíble parada.

Claret: media hermana de Dinghy (por Littlewood Montego, hijo de Rannock). Considerada la mejor yegua de Ellerston, fue una extraordinaria yegua de polo que ganó la Triple Corona Argentina, fue BPP en la final de la Gold Cup inglesa y en la final de Ellerston. Sus descendientes y muchos de sus hijos padrillos se utilizan hoy en día en todo el mundo.

Blue: se hizo famosa cuando la montó el jugador de 10 goles Horacio Heguy y más tarde Kerry Packer. Hija del famoso padrillo de polocrosse Elmswood Punchline, padre de Leeway, cuatro veces campeón nacional. Su madre está estrechamente emparentada con la madre de Narrangullen Anakin, ocho veces entre las diez mejores en el Man From Snowy River Stockman's Challenge.

La Luna: legendaria yegua argentina del Salón de la Fama y madre de Ellerston Solar, ha tenido un gran impacto en las líneas de sangre del polo mundial.

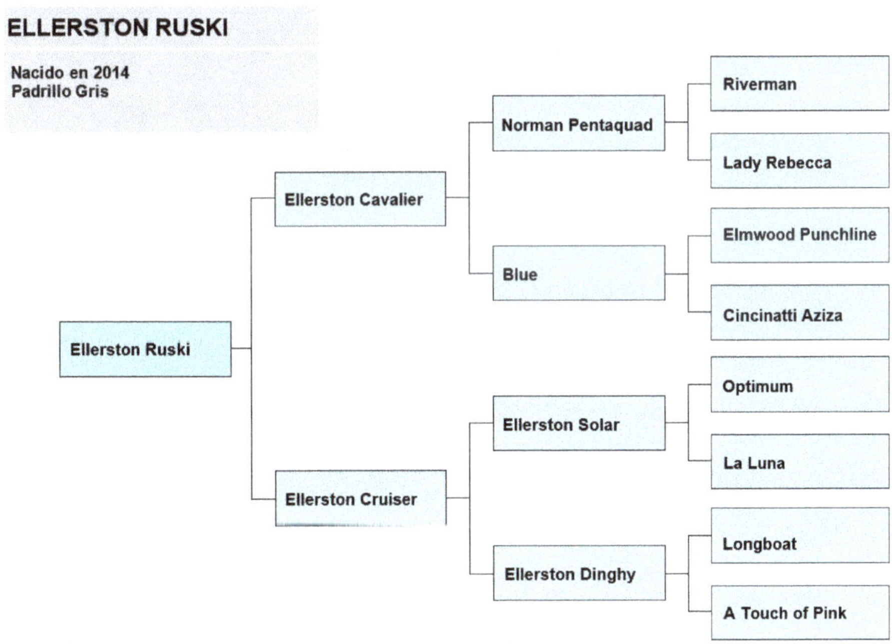

Para obtener más información sobre el programa de entrenamiento y cría de Haydon Horse Stud, visita su sitio web. Es una mina de información, un excelente ejemplo de un buen sitio web y de cómo se puede promocionar un haras. Es uno de los haras más exitosos de Australia.

Haydon Horse Stud: https://www.haydonhorsestud.com.au/

Narrangullen Anakin HSH, padrillo de 16,1 manos, en el Man from Snowy River Challenge, montando sin brida ni rienda al cuello. Propietario/jinete: Michael Green. Han quedado entre los diez primeros en este desafío australiano, uno de los más duros, nada menos que ocho veces. Esta foto fue tomada cuando quedaron segundos en 2013. Foto: Sarah Martin.

Anakin es hijo de Witchetty y Rannock (abuelo de Claret) y su madre, Narrangullen Tikka, comparte una línea sanguínea poco común con Ellerston Ruski, a través de la bisabuela de materna de Ruski, Cincinatti Aziza.

20

Elegir el padrillo

Cómo seleccionar el padrillo adecuado para tu yegua

Cría lo mejor con lo mejor y espera lo mejor.

En términos simples, tanto el padrillo como la yegua madre deben ser lo mejor que puedas conseguir y, sobre todo, una buena combinación. El padrillo debe acompañar a la yegua: no deberías servirla con un caballo que tenga los mismos defectos. Evalúa esto en todo: temperamento, estructura (conformación) y pedigrí. Ambos deberían acercarse lo más posible a tu tipo ideal. El padrillo adecuado para tu yegua depende de qué tan bien se complementen. Quieres potenciar las fortalezas de ambos y reducir lo que no suma. Tiene lógica... entonces, cómo encuentras al indicado? Empieza a buscar opciones antes de la temporada de servicios. Y pregúntate: este cruce es para quedarte con el potrillo en tu plantel o es un proyecto comercial?

Compara la tarifa de servicio con el valor real de la producción del padrillo. Por ejemplo, si el precio más alto alcanzado por un hijo suyo ronda los 40.000, pero el promedio es 10.000, probablemente no convenga pagar 3.000 por el servicio, a menos que tu yegua sea del mismo nivel que la madre del caballo de 40.000. Si el promedio es más parejo, digamos 30.000, el riesgo baja y es más probable que sea un negocio rentable. También revisa la edad y el nivel de adiestramiento de los productos mejor cotizados, para evaluar si tu yegua puede producir algo comparable.

Si el padrillo está en sus primeras temporadas, sin cría suficiente o sin hijos con resultados, tienes que evaluarlo más como individuo y por sus líneas de sangre. En esos casos es aún más importante que él mismo tenga un rendimiento comprobado. A veces vale la pena elegir uno con cría excepcional incluso antes de que salga a competir, esperando que más adelante su producción sea muy solicitada.

Primero identifica caballos del tipo y disciplina que necesitas, evaluando su movimiento y conformación. Revisa sus pedigríes y el pedigrí extendido. Asegúrate de conocer la mayoría de los nombres de la lista y qué logros tienen. El potrillo resultará con algún grado de consanguinidad, o será un outcross (cruce externo o exogamia)? Las líneas son compatibles? Revisa el sitio web del haras. Verifica si la producción está registrada. Si otros criadores no están usando al padrillo ni anotan las crías, averigua por qué. Con la información de los capítulos anteriores, arma una lista de candidatos adecuados, con tus comentarios y la tarifa de servicio. Incluye solo a los que realmente te parecen un buen cruce, y explica por qué. Qué suma ese cruce a tu plantel? Si algunos están fuera de tu presupuesto, igual inclúyelos: nunca sabes si puede surgir alguna venta en la que ofrezcan el servicio con rebaja.

No te limites a mirar los caballos anunciados; empieza a buscar los padrillos de los caballos ganadores y pregunta en tu zona. Algunos padrillos muy buenos tienen tarifas moderadas, pero pasan desapercibidos, simplemente porque sus propietarios no invierten en difusión. Acude a algunos eventos locales o estatales para ver qué hay disponible. Si ves caballos que te gustan, averigua quién es su padrillo hablando con los propietarios. Los propietarios suelen estar dispuestos a contarte sus peculiaridades y darte recomendaciones.

Crea una lista breve de al menos diez padrillos. A partir de allí, profundiza: contacta al propietario del padrillo, plantea tus dudas y pide ver el contrato de servicio. Pregunta si el caballo estará disponible en el haras del dueño o en un centro de reproducción. Pregunta qué conocen de su padre y su madre. Solicita videos o una visita. Mira potros o hijos y pregunta qué campaña tienen o qué han logrado.

Esto también te dará una idea de tu comunicación con el propietario del padrillo. Estará menos ocupado fuera de la temporada de cría, por lo que debería poder responderte en un plazo razonable. Piensa tus preguntas con antelación, para no bombardearlo con muchos mensajes por separado que podrían resultar molestos.

Sé sincero con respecto a las cualidades de tu yegua, para que puedas evaluar si el padrillo es adecuado, especialmente en lo que se refiere a sus peculiaridades y a cualquier cosa que te preocupe de ella. Quieres saber si el padrillo que elijas tiene buenas posibilidades de superar estas dificultades. También querrás saber si alguien con tu experiencia (o falta de ella) podrá manejar al potro resultante.

Nunca cruces un padrillo grande con una yegua pequeña, especialmente si es una yegua virgen. Aparte del sufrimiento que supone para la yegua dar a luz a un potro extragrande, las complicaciones son costosas y pueden provocar la muerte del potro o de ambos animales. Se trata de una cuestión de bienestar. Entonces, cuándo es demasiado grande? La diferencia entre el padrillo y la yegua nunca debe superar las dos manos. Este debe ser el límite absoluto y, preferiblemente, *mucho* menos.

Hay varias razones por las que la gente decide no utilizar un padrillo o comprar su descendencia. Algunas de las razones no tienen nada que ver con los propios animales! Tú mismo puedes decidir si las razones te parecen válidas. Lamentablemente, si un padrillo tiene un mal día en el momento menos oportuno, puede quedarse grabado en la memoria de las personas que quizás lo hayan visto y lo verán solo esa única vez.

Razones en contra del padrillo:

- No sabían que el padrillo existía.
- Pensaban que el padrillo era infértil.
- Enviaron a la yegua al padrillo una vez y no tuvieron éxito, por lo que probaron con otro padrillo.
- Estaba demasiado lejos.
- Estaba demasiado emparentado con la yegua.
- El padrillo no era del color buscado.

- Vieron al padrillo, pero no les gustó su temperamento/conformación/movimiento/descendencia.
- No creyeron que fuera el adecuado para esa yegua en particular.
- No les gustó un pariente del padrillo, propiedad de un amigo.
- Vieron al padrillo (o a su descendencia) en una exhibición o evento y no les gustó su comportamiento.
- Al dueño de la yegua no le gustaba el dueño del padrillo.
- No les gustó la infraestructura del haras, o cómo su dueño cuidaba de su propia tropa.
- Las tarifas de monta o pensión eran demasiado elevadas.
- El contrato de servicio era demasiado complicado.
- Historial: licencia denegada, radiografías rechazadas, sin licencia o con una licencia diferente porque el primer lote no pasó la primera prueba.
- Condiciones genéticas.

Secretheart Silver Echo HSH, padrillo taffy. Foto de Sharleen Flannagan.

Estas son algunas de las razones por las que la gente decide usar un padrillo:

- Conocían al padrillo, lo habían visto competir y les encantaba.
- Investigaron las líneas que complementarían a su yegua y, con suerte, introducirían alguna mejora.

- Fueron a verlo en persona y les gustó.
- Habían visto varios de sus descendientes y les gustaron.
- Sabían que el propietario del padrillo tenía experiencia en la cría, buenas técnicas de cría y cuidaba bien de las yeguas que visitaban su haras.
- El haras tenía buenas instalaciones y buenos cercos para las yeguas visitantes que se encontraban en un entorno desconocido.
- Recomendación de un criador más experimentado.
- Se optó por el servicio natural porque el padrillo era accesible o porque la yegua había tenido dificultades para quedarse preñada con esperma congelado o refrigerado anteriormente.
- Los propietarios habían realizado pruebas de ADN al padrillo y a la yegua, y no había ningún trastorno genético conocido a considerar.
- Estaba "de moda" en ese momento o creyeron en la "exageración" del marketing.
- Les impresionó la publicidad o el historial del padrillo.
- El contrato incluía una garantía de potro vivo.
- Tenía un movimiento espectacular.
- Tenía un color o un patrón particular.

"El temperamento es algo que varía según los distintos propietarios. Lady Hemphill consideraba que Tulira Colman (Connemara) tenía un temperamento excelente, pero cuando se trasladó al Reino Unido, sus nuevos propietarios (acostumbrados a manejar un padrillo que era un auténtico osito de peluche) no pudieron controlarlo, y se escapó en una gran exhibición en el Reino Unido, lo que fue un verdadero papelón! M lo vio y se enamoró de él inmediatamente (y ella era una persona muy emprendedora, como Lady Hemphill) y pensó que era el caballo más brillante que jamás había visto. Más adelante, incluso también lo montaron sus hijos.

Más tarde, ella compró Connaught of Millfields porque pensó que sería similar y un auténtico caballo de competición y buen reproductor, pero cuando lo tuvo en su poder, pensó que era un auténtico holgazán y un caballo de trabajo casi inútil. Sin embargo, probablemente tenía el temperamento ideal para jinetes menos entusiastas.

Nadie puede llevarse bien con todas las personas que comparten la misma pasión, y sería ideal que la gente dejara la personalidad de lado y se enfocara en el negocio, sin embargo, esto influye en las decisiones que toma cada uno. A veces hay varios factores que inclinan la balanza hacia una u otra opción". – Tearna Golston.

Elegir un padrillo a partir de una fotografía es difícil. Es difícil encontrar un anuncio de padrillos en algunas disciplinas que no haya sido manipulado de alguna manera, a veces hasta el punto de tergiversar la realidad. Algunos son fáciles de detectar, por ejemplo, cuando la foto ha sido inclinada. Pide ver las fotos originales o un video del caballo, o mejor aún, ve a verlo en persona, donde podrás pedir ver cómo se mueve y, si es posible, montado. Si en la foto lo han hecho posar de forma extrema, pide ver algunas fotos más naturales.

También hay muchos padrillos retirados por problemas de salud, por lo que es importante que pidas una segunda opinión a personas respetadas, como entrenadores o los propietarios de sus descendientes, sobre por qué podría haber sido retirado (o retirado tan prematuramente).

Antes de seguir adelante con el padrillo que hayas elegido, comprueba que todos sus registros, cuotas de afiliación, pruebas obligatorias y requisitos de raza estén al día. El propietario debería proporcionarte toda esta información, pero compruébala en la página web de la raza. Si no lo ha hecho, es una señal de alarma.

No creas el viejo "una vez que hayas pagado la tarifa del servicio, haremos todos los trámites". Lee la letra chica. Comprueba en el contrato cuándo recibirás el certificado de servicio. Técnicamente, el propietario del padrillo debe entregártelo en el momento del servicio (o en un plazo de 30 días tras solicitarlo), sin esperar a que tengas un potro vivo. No se trata de un certificado de potro vivo, sino de una prueba del servicio. Sin embargo, el propietario no está obligado a proporcionarlo si aún no has pagado la factura en su totalidad.

Comprueba cuándo vence el pago. Puede ser a los 14 días, a los 45 días o cuando te lleves a la yegua a casa. Con la inseminación artificial se te pedirá que pagues por adelantado, así que comprueba qué devoluciones pueden estar disponibles si la yegua no queda preñada en el primer intento.

Chalani Tempo, padrillo ASH propiedad de Janita Edwards. Foto de Kelsey Stafford.

El padrillo Narrangullen Anakin HSH se abre camino hacia la victoria en el "Brumby Catch" - Man From Snowy River Challenge, 2013, con Michael Green. Fotos de Sarah Martin.

21

Trabajo de cría

Una buena relación con una excelente veterinaria o veterinario reproductivo es clave para que cualquier programa de cría funcione bien. Tú le estás pagando por su expertise, no solo por su tiempo. La confianza debe ser mutua.

A menos que tengas un criadero grande en el que el padrillo esté con las yeguas al comienzo de la temporada, lo habitual es que el veterinario examine a todas las yeguas vacías (estériles) en el primer ciclo después del invierno para determinar su aptitud para la cría y si es necesario algún tratamiento. Muchos propietarios de yeguas no reconocen cuándo están en celo porque no lo muestran fácilmente o porque no tienen un caballo adecuado para que se apareen. Si vas a enviar una yegua al padrillo, intenta registrar sus fechas antes de enviarla, para que el propietario del padrillo tenga un historial, y facilítale los resultados de cualquier prueba. Mejor aún si puedes proporcionar un breve historial escrito de las crías anteriores y sus resultados. Nosotros podemos imprimir el nuestro desde HorseRecords.

Una yegua normal entrará en celo cada 21 días y permanecerá así durante cinco a siete días, cuando ovulará 24 horas antes de dejar de aceptar al padrillo o de salir del celo. Al salir del invierno, puede que el celo tarde más e incluso que no ovule. Esto se conoce como "celo de primavera".

El servicio o la inseminación se programan lo más cerca posible de la ovulación. Suponiendo que la yegua queda preñada, se le puede realizar una prueba manual con ultrasonidos desde el día 14 al 18. La razón para realizar la prueba temprano es detectar gemelos o cualquier otro problema. Entonces se puede extraer uno de los embriones o volver a realizar el servicio a la yegua mientras aún es temprano en la temporada. A continuación, se comprueba entre los días 25 y 30 si se ha producido la pérdida del gemelo y el desarrollo del embrión. Si se acumula líquido, es necesario tratarlo pronto o será muy difícil de tratar.

Si la yegua ya tiene un potro, suele volver a entrar en celo siete días después del parto, pero esto depende en gran medida de la yegua. Si retuvo la placenta, tuvo infección, algún desgarro o cualquier complicación en el parto, no conviene servirla en ese primer celo posparto. No es raro que, durante unos días después de parir, tenga una descarga espesa color chocolate; no hay problema mientras haya desaparecido para el celo posparto. La mayoría de los criadores evita servir en ese celo, salvo que la yegua esté muy atrasada en fechas.

Si necesitas que vuelva a ciclar antes, se puede "acortar el ciclo" con una inyección de progesterona. Algunas yeguas directamente no ciclan después de parir o después del primer celo. Esto se llama anestro de lactancia. Son las famosas "yeguas de cada dos años". Esto es hereditario, y ella se lo va a pasar a sus hijas; incluso sus hijos, los futuros padrillos, también podrían transmitirlo.

El procedimiento veterinario más común en un haras es el control folicular para determinar si la yegua está desarrollando un folículo del tamaño adecuado y cuándo es probable que ovule. Los folículos de las yeguas suelen madurar hasta alcanzar un tamaño de entre 40 y 50 mm antes de la ovulación, algo más pequeños en los ponis. Las yeguas no leen el manual, por lo que no es raro que hagan algo diferente. Es un arte, no una ciencia. A veces, incluso ovularán hasta 24 horas después de dejar de mostrarse receptivas al padrillo. Y lo mostrarán claramente al demostrar su desinterés. Una yegua solo debe servirse cuando está "receptiva", ya que ese es el único momento en que su cuello uterino, o cérvix, está abierto.

Skyview Champagne Grace HSH (yegua) y su potro Skyview Honour HSH, de Skyview Stud. Foto de Jenni Phillips.

Yeguas difíciles:

No estoy de acuerdo con forzar la monta de una yegua que se muestra "difícil". Si ella fue trabajada con el teaser de forma respetuosa —o incluso con el mismo padrillo con el que se la va a servir— normalmente va a aceptarlo sin problemas. El trabajo de teasing requiere paciencia y dedicación, sobre todo con las yeguas vírgenes. Algunas están claramente en calor, pero no toleran que las apuren. En todos mis años, solo me crucé con dos yeguas que necesitaron usarles un twitch para poder servirlas. Ambas venían con miedo por experiencias traumáticas previas con un padrillo.

Otra yegua había vivido cinco años con un padrillo y nunca había quedado preñada. Decidimos hacer servicio a mano para ver cuál era el problema. Resultó que era extremadamente sensible al tacto, y no soportaba sentir las manos o las patas del padrillo alrededor suyo. Le pusimos una manta... y en cinco minutos se dejó servir. Quedó preñada.

Otra yegua apartaba sus cuartos traseros del padrillo en el último momento. Esto sucedía una y otra vez. No era peligrosa, pero sabía que algo le molestaba, aunque nosotros no lo supimos hasta que la examinó el veterinario. Tenía la pelvis muy estrecha, probablemente debido a la desnutrición que sufrió durante la sequía cuando era potra. Por desgracia, no era candidata para tener un potro. El dueño se habría ahorrado mucho tiempo si la hubiera examinado antes de enviarla al haras.

A la mayoría de las yeguas se les vuelve a examinar a los 45 días para detectar pérdida embrionaria. Le recomendamos al dueño hacerlo porque, para esa fecha, normalmente la yegua ya regresó a su casa.

Cuándo se debería servir a la yegua?

Esto depende de las preferencias personales de cada criador, pero cuanto más grande sea la cabaña y más popular sea el padrillo, más probable será que se limite a "la temporada". El cumpleaños de un caballo para la mayoría de las razas es el 1 de agosto en el hemisferio sur y el 1 de enero en el hemisferio norte. Esto significa que los haras que operan con fines comerciales les gusta empezar a servir yeguas a partir del 9 de septiembre y del 9 de febrero, respectivamente. Si se adelanta, es muy posible que la yegua termine pariendo demasiado pronto. Los haras comerciales suelen cerrar la temporada en una fecha determinada, así que asegúrate de comprobar cuándo es ese cierre. No tiene sentido enviar a una yegua en su último ciclo antes de la fecha de cierre. Si no queda preñada de inmediato, y muchas no lo hacen porque se inquietan al llegar, se pierde todo un año.

Lo mejor es que el lugar para servir a tus yeguas sea siempre el mismo. Utiliza un cabezal o brida de servicio, que es diferente al que se utiliza para montar al padrillo. De esta forma, se acostumbrará a un solo lugar y no esperará cubrir en ningún otro sitio. Esto le ayudará a comportarse como un caballo normal fuera de su área de monta. Cuando manejes un padrillo o lo uses para servir, utiliza un ramal más largo. Tanto la yegua como el padrillo deben estar en un lugar con buen piso para evitar lesiones. A veces es necesario usar un montículo o rampa cuando hay mucha diferencia de altura entre ambos. Los padrillos suelen estirar bastante la musculatura durante la monta —especialmente hombros y zona pélvica—, así que es buena idea que un terapista corporal (fisioterapeuta equino, masajista, etc.) lo revise antes y durante la temporada.

La forma más práctica y segura es tener un corral pequeño con buena baranda, pegado al potrero o al box del padrillo. La yegua entra allí, se la deja oler al caballo, y él puede hacer lo mismo desde el otro lado.

Si tú crees que la yegua está "en celo" pero está reticente, puedes dejarla un rato en ese corral con algo de comida mientras haces otras tareas, siempre observando su comportamiento. Casi siempre, un rato después se acerca sola al padrillo y empieza a mostrar bien los signos de celo. Nosotros sostenemos a la yegua con una soga larga desde el otro lado del cerco, de modo que quede con el pecho apoyado en la baranda, y dejamos que el padrillo entre por su portón. Así él la cubre en libertad. Si alguno de los dos puede complicarse, usamos un segundo cuidador/auxiliar.

Algunas yeguas no se sienten cómodas siendo "estimuladas" mientras el potrillo está muy cerca del padrillo. Si la yegua tiene cría al pie, el potrillo puede ser contenido por un ayudante o en un corral contiguo.

Señales de que la yegua está lista para el servicio:

La yegua relaja la cola, se para con las patas traseras más abiertas de forma natural, hace "guiños" con la vulva y orina con frecuencia. Acepta que el padrillo la huela y la revise por completo, especialmente en cuello, hombros, flanco y grupa. Cuando realmente está lista para que él la monte, suele acomodar la grupa hacia él por iniciativa propia. Algunas yeguas parecen ignorar al padrillo, pero permanecerán en su "zona" pastando tranquilas. El padrillo levantará la nariz en la postura de Flehmen y mostrará un interés genuino. Estos son comportamientos normales. Cuanto más tiempo lleve la yegua en celo, más probable es que muestre un comportamiento típico. Cuando está entrando o saliendo del celo, puede chillar o mostrarse inquieta a su alrededor o incluso tirar alguna patada cerca del padrillo.

Señales de que la yegua no está lista para ser servida:

La yegua se tensa, echa las orejas hacia atrás, chilla y trata de alejarse. Puede hacer "guiños" con la vulva y orinar, pero en este caso es un signo de miedo o enojo, no de receptividad. Cuando ocurre esto, suele mover la cola de lado a lado, como hace un gato. También puede dar patadas hacia atrás o manotear con las manos. El padrillo, después de unos minutos, pierde el interés porque entiende que ella no está lista.

Si el padrillo es un reproductor comercial —es decir, sirve más de 30 yeguas por temporada— es común usar otro caballo llamado semental "teaser" (o "potro probador") para revisar el celo de las yeguas. Muchas veces es un caballo confiable, que se acerca a oler y mostrar interés en cada yegua que le llevan. Si el teaser es de buen tipo, a veces se ofrece a yeguas externas a una tarifa reducida, para mantenerlo activo y con interés.

Los padrillos que no tienen permitido "probar" o cortejar a sus yeguas aprenden a lanzarse a montar apenas la ven, lo cual es peligroso tanto para las personas como para los caballos. En esos sistemas, es indispensable usar bridas de servicio o botas anticoces, porque nunca sabes si una yegua va a rechazar esa falta de "cortesía" y reaccionar fuerte. En nuestra experiencia, muchas yeguas consideradas "difíciles" están en realidad asustadas o traumatizadas por malas experiencias previas con padrillos. Eso no debería suceder nunca.

Se permite que el padrillo permanezca encima de la yegua hasta que relaje su pene. En ese momento, deberás separar a los dos inmediatamente. Si el padrillo tiende a agarrar el cuello de la yegua para mantener el equilibrio, puedes utilizar un bozal o comprarle un collar para que lo muerda durante la monta. Nunca se le debe permitir morder a la yegua.

No dejamos que un padrillo joven haga monta libre al principio. Primero necesita adquirir experiencia. Un buen manejador de padrillos es una bendición. Un potro joven puede mostrar un montón de conductas antes de lograr completar el servicio. Algunos incluso necesitan toda una temporada para aprender. Pueden morder, patear, excitarse sin lograr la erección, o intentar montar por el lado equivocado, poniéndose tontos o perdiendo el interés. Los caballos retirados a los que no se les ha permitido pensar en las yeguas durante su carrera deportiva, o los que solo están acostumbrados a la monta de potrero, pueden no estar dispuestos a montar al principio. Se necesita paciencia y una yegua paciente.

Algunos propietarios no quieren servir con un potro de 2 años y prefieren esperar a que esté más asentado bajo silla. Nosotros hemos comprobado que no hace la diferencia. Si lo usas con unas pocas yeguas a los dos años, como servicio de prueba, al menos sabrás si es fértil y qué puede producir antes de invertir en una campaña costosa.

En condiciones naturales, un padrillo suele cubrir a dos o tres yeguas al día durante largos períodos. Los padrillos maduros que se encuentran en potreros pueden cubrir hasta 30 yeguas a lo largo de una temporada con buenos resultados si hay suficiente espacio para alojarlas a todas.

En monta de potrero, el padrillo tiende a servir a las yeguas al comienzo de su ciclo. Puede servirla tan seguido como a cada hora. Si tiene otras yeguas por cubrir, se excitará con la siguiente que entra en celo, dejando a la primera. A veces ni siquiera lo verás servir: la yegua puede acercarse solo de noche, cuando el grupo está tranquilo.

Hay que estar atento a cualquier yegua que monopolice al padrillo y no deje que otras se le acerquen. Si varias yeguas en celo lo acosan, tiende a cubrir solo a su "favorita" con regularidad. Hay evidencia anecdótica de que nacen más machos cuando el servicio se sincroniza con la ovulación. Se cree que esto explica por qué la monta de potrero tiende a producir un poco más de hembras que machos. También he conocido varios padrillos que no aceptan a una yegua nueva en el grupo o no la cubren hasta que se haya socializado con el lote. Lo importante es conocer a tu padrillo.

Nuestro protocolo consiste en cubrir a la yegua poco después de que entre en celo, o cuando llega al haras, por si acaso se le pasa antes de que se la pueda volver a servir de nuevo. A continuación, cubrimos cada dos o tres días. Hemos descubierto que la mayoría del semen de los padrillos dura entre cuatro y cinco días en un útero sano, sin necesidad de volver a realizar el servicio. Esto es importante en el caso de las yeguas que "se retiran del celo" antes de ovular, lo que se cree que ocurre en aproximadamente el 10% de las yeguas. Entonces, si se desea, se puede optar por dejarla con él para su monta en el potrero. Asegúrate de incluir esto en el contrato, si permites la monta en el potrero.

Una yegua puede quedar preñada mediante inseminación hasta 6 días antes de la ovulación, y existen registros de supervivencia prolongada de espermatozoides o retrasos en el desarrollo embrionario (hasta 26 días), confirmados por ADN, donde el primer padrillo (padrillo A) resultó ser el padre y no el segundo (padrillo B).

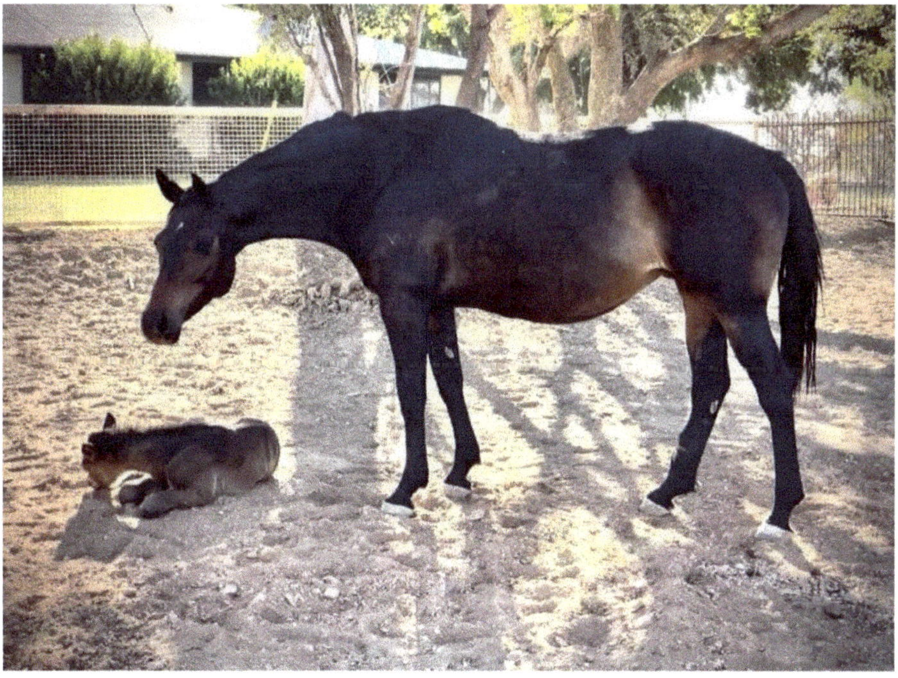

Chalani Maia, ASH. Foto de Kelsey Stafford.

La recomendación general de la industria es servir día por medio; sin embargo, si una yegua es difícil de preñar y requiere tratamiento veterinario, es mejor cubrirla una sola vez, según la recomendación del veterinario.En los haras comerciales, se confía en el veterinario para indicar el momento exacto del servicio, y ese suele ser el único servicio que recibe la yegua durante ese ciclo. Lamentablemente, solo la industria del turf suele llevar estadísticas claras como tasas de preñez, número de nacidos, desempeño de la producción, etc. Por eso, si envías una yegua a un padrillo, debes preguntar por sus tasas de concepción. El servicio natural suele tener los mejores índices, pero con las mejoras en las técnicas de inseminación artificial, la diferencia ya no es relevante. Todo depende más de la fertilidad del padrillo y de la pericia del veterinario que del método en sí. El semen congelado también está acortando la brecha de eficiencia entre métodos.

Los padrillos destinados a la colecta de semen para inseminación artificial, tanto dentro como fuera del haras, requerirán cierto entrenamiento con un "maniquí" o "yegua fantasma" en una clínica especializada. Lo ideal es que esto se haga antes de que el padrillo haya adquirido experiencia en el servicio natural, ya que de lo contrario puede ser más difícil entrenarlo. Algunos criadores nunca realizan la monta natural con sus padrillos. Si no se dispone de un maniquí, se utiliza una yegua en celo. El semen recién recogido se evalúa y luego se insemina en las yeguas. En un padrillo con fertilidad normal, el semen de una eyaculación puede utilizarse en dos o tres yeguas simultáneamente, si es necesario. O bien, puede congelarse para su futuro uso.

Nosotros preferimos enviar y recibir semen congelado, porque el semen enfriado puede traer muchos problemas: retrasos en el transporte, dificultades de coordinación entre dueño del padrillo y dueña de la yegua, o falta de personal capacitado. Con semen congelado, solo se saca del tanque cuando se necesita. Si el padrillo se vende o muere, tú sigues teniendo semen disponible.

Ser propietario de un padrillo al que se le realiza la inseminación manualmente significa que no hay días libres. Si una yegua necesita servicio un día festivo, simplemente hay que hacerlo. Si el padrillo está compitiendo, hay que asegurarse de que vuelva a tiempo para cuando la yegua necesite ser inseminada.

Una vez hecho todo, debes registrar los servicios y la actividad veterinaria. Nosotros preferimos hacerlo en una plataforma como HorseRecords, diseñada como una plataforma fácil de usar para criadores pequeños y grandes. Cuanto más grande sea tu explotación, más complejo será el papeleo y mayor será la necesidad de llevar un buen registro. Incluso si utilizas el potrero como lugar de apareamiento, comprueba diariamente, registra todas las yeguas en celo, los servicios observados y, por supuesto, la entrada y salida de la yegua a lo largo de la temporada.

La logística de manejar un padrillo puede volverse demasiado grande y compleja para un criadero pequeño; en ese caso, puede ser mejor enviarlo a un centro de reproducción para que atienda la temporada allí. Tendrá personal especializado, infraestructura y además puede ser más accesible para los dueños de yeguas. Es una buena opción si encuentras el lugar adecuado.

Eso sí: un centro puede perder su buena reputación muy rápido con los cambios de gestión, así que elige con cuidado. Algunos tienen clientela fija y buenas oportunidades de promoción, ampliando la oferta de yeguas disponibles.

22

Cuidado de la yegua madre

Una buena gestión comienza antes de la concepción. Lo ideal es que la yegua se encuentre en un estado físico ascendente justo después de haber perdido la mayor parte de su pelaje invernal. Sin embargo, esto no es excusa para que la yegua se encuentre en mal estado físico durante el invierno. Una yegua en buen estado físico durante todo el año, pero sin estar gorda, es lo ideal. Las yeguas con sobrepeso, especialmente las que lo han estado durante mucho tiempo, suelen tener más dificultades para quedarse preñadas. Además, pueden tener un exceso de proteínas en las últimas etapas de la gestación, lo que no es bueno para el desarrollo del potro y puede ser una causa importante de patas torcidas o desviadas.

A medida que los días se alargan, la yegua responde mudando el pelaje y entrando en celo. La terapia con luz azul puede ser útil al principio de la temporada, utilizando una máscara de luz azul. La luz artificial tiene como objetivo mejorar la fertilidad estimulando el desarrollo folicular, los ciclos de reproducción tempranos y el estado del pelaje. Proporciona el nivel óptimo de luz azul dirigida a un solo ojo, replicando los beneficios de los largos días de verano. Debe comenzar ocho semanas antes del inicio de la temporada. La máscara es bastante cara, por lo que una mejor opción para varias yeguas puede ser colocarlas bajo luces en un establo o refugio antes del inicio de la temporada. Necesitarás 16 horas de luz brillante al día, por lo que lo mejor es instalar las luces con un temporizador. La luz debe llegar a todos los rincones del box o corral, ya que debe alcanzar los ojos.

Programa una ecografía previa al servicio cuando la yegua entre en celo por primera vez. Esto incluirá el estado de su útero y ovarios y mostrará si se está desarrollando algún folículo o si hay quistes u otras irregularidades. Si su vulva está demasiado inclinada o hundida debido a la edad, la conformación o haber tenido muchos potros, es posible que necesite una "sutura vulvar" después del servicio o un procedimiento de "caslick" tras la confirmación de la preñez. La parte superior de la vulva se sutura para evitar una infección en el útero. Después de que nuestra yegua Chalani Cat Ballou pariera por primera vez, nuestro veterinario sugirió realizarle un caslick, y una vez hecho, hay que repetirlo con cada parto. Para la tercera vez, la anestesia local ya tenía poco efecto, así que decidimos no repetirlo más. Preferimos asumir el riesgo antes que seguir sometiendo a la yegua al procedimiento. De todas formas, terminó criando 16 potrillos vivos.

Una yegua que no primeriza también debe dar negativo en el cultivo mediante un hisopado cuando está en celo. Debe estar libre de infecciones antes del servicio, ya que las infecciones pueden afectar a su salud reproductiva a largo plazo. Esto debe hacerse lo antes posible en la temporada para dar tiempo al tratamiento.

Si la yegua no ha entrado en celo como se esperaba, considera la posibilidad de hacerle una prueba de preñez con una ecografía. Puede que sea necesario administrarle progesterona para estimular el ciclo.

Si la yegua queda preñada, su gestación durará 11 meses y 11 días. Por lo tanto, se considera normal una gestación de 340 días, con un margen de dos semanas más o menos. Algunas razas tienen una gestación media más corta. Existen varias calculadoras de gestación múltiple, pero nosotros utilizamos la calculadora gratuita de HorseRecords. Es poco probable que un potro nacido antes de los 310-320 días sobreviva.

Una vez preñada, la yegua debe pasar a un potrero donde pueda mantenerse lo más tranquila posible y ser revisada y alimentada de manera regular. Nosotros no encaperuzamos, no usamos mantas en las yeguas de cría, salvo que sean muy adultas y necesiten ayuda extra para mantener el peso. Las yeguas con su cría al pie deben mantenerse en un potrero propio, lo que beneficia tanto a la madre como al potro. Si tienes yeguas de pura sangre, es probable que necesiten una alimentación adicional a la que requieren tus otras yeguas. Muchas yeguas pierden su ancho del dorso mientras alimentan a un potro grande, pero nunca se debe permitir que adelgacen. Esto indica que no están recibiendo suficientes proteínas y fibras. La alfalfa puede proporcionar ambos.

Yeguas y potros Chalani

Se puede montar a una yegua preñada? Por supuesto. Si la has montado con regularidad, no hay razón para que no puedas seguir haciéndolo hasta que se vuelva demasiado pesada o lenta, pero yo no la haría saltar. Y si tiene la cría al pie? En algunos países es algo común, especialmente en razas de trabajo o de tiro. Los potrillos suelen acompañar a la madre mientras trabaja. Pero debes ajustar la alimentación y darle al potrillo la oportunidad de ser amamantados.

Asegúrate de que los cuidados dentales y la desparasitación estén al día y de que sus cascos estén en buen estado en todo momento. No deja de sorprenderme que los criadores exhiban sus ejemplares de exhibición, pero dejen a las yeguas de cría en el potrero trasero con un aspecto espantoso. El cuidado de tus yeguas de cría es un indicador de la atención que prestas a tus caballos en general y, en mi opinión, la razón por la que podemos vender la mayor parte de nuestros potros al pie de la madre.

Los abortos fetales suelen producirse entre el quinto y el séptimo mes, pero pueden ocurrir en cualquier momento. Si esto ocurre, es poco probable que la yegua experimente molestias, y tú no te darás cuenta hasta que vuelva a estar en celo al final del invierno. Es posible que el propietario note el desarrollo mamario, algunos signos de trabajo de parto/cólicos o secreciones después de la pérdida.

Cuando la gestación entra en el último tercio, observa cualquier cambio anormal que pueda indicar un problema: edema, pérdida de calostro o leche antes de tiempo (lo que sugiere un parto prematuro), descargas vulvares, hernias, etc. Estos signos requieren atención veterinaria inmediata. Una de las condiciones más complicadas es la placentitis, una inflamación o infección de la placenta. Es común en yeguas de mediana edad que han criado varios potrillos. Requiere monitoreo continuo y tratamiento, porque si no, la yegua puede perder la cría.

Ocasionalmente, algunas yeguas muestran comportamientos similares a los de los padrillos cuando están preñadas, especialmente si se encuentran en un mismo potrero con yeguas en celo. Sin embargo, esto es bastante normal y desaparecerá a medida que se acerque el parto.

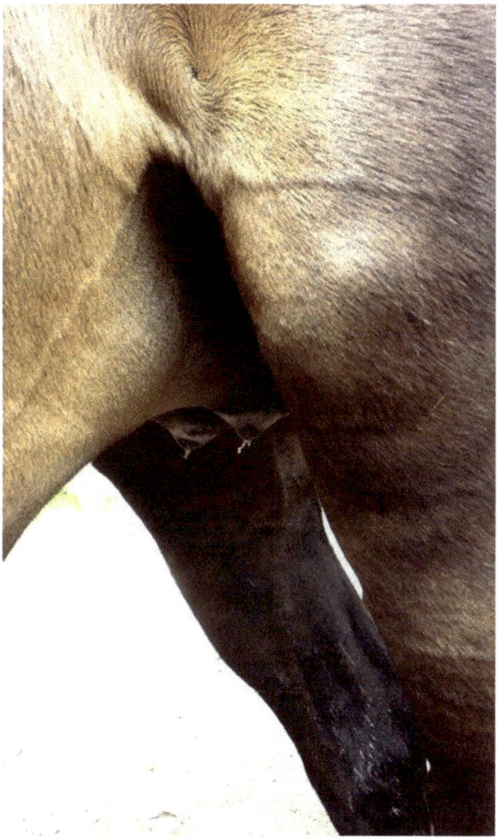

Cera clásica, aproximadamente entre 12 y 24 horas antes del parto

Aproximadamente cuatro semanas antes del parto, se recomienda administrar vacunas contra el tétanos para que la inmunidad se transmita al recién nacido a través del calostro. Si la yegua tiene un Caslick (vulvoplastia), es el momento de quitarle los puntos si se le han puesto. Una buena regla general es que cuando la ubre comienza a llenarse, o "hincharse", parirá tres semanas después, aunque ciertamente esto no es así con todas las yeguas. Siete días antes del parto, es posible que observes síntomas similares a los del cólico a medida que el potro se desplaza hacia el canal del parto.

Desafortunadamente, algunas yeguas pierden leche durante varios días antes de parir y pueden perder gran parte del calostro, la primera leche rica en anticuerpos. Ahora es cuando debes buscar calostro para tenerlo disponible, y no esperar a necesitarlo de urgencia.

La mayoría de las yeguas repiten el mismo patrón cada año. Si una yegua tiende a parir antes o después de lo habitual, lo hará la mayoría de los años. Es bueno llevar un registro de la duración de la gestación de todas tus yeguas, para poder separarlas cuando el parto sea inminente. Nos gusta hacerlo tres o cuatro semanas antes del parto, normalmente en un potrero con otras yeguas que parirán más o menos al mismo tiempo y lo más cerca posible de la casa para poder observarlas. En el último mes, es posible que se sienta muy incómoda y pase mucho tiempo de pie. Sin embargo, es mejor fomentar el movimiento natural, por ejemplo, manteniendo cierta distancia entre el comedero y el bebedero.

Yegua de cría árabe Kalida Al Shaklan y su potro, Karanji True Delight. Alarma conectada al cabestro. Propiedad y foto de Karen Carr.

En estancias grandes algunos criadores permiten que la yegua pare sola y sin vigilancia, incluso en el mismo potrero del padrillo, pero esto no se recomienda en sistemas más intensivos. La yegua no necesita distracciones innecesarias. Nunca permitas que tu yegua pare junto a un caballo castrado ni junto a una yegua agresiva.

Notarás que los músculos pélvicos se aflojan, especialmente en las últimas 24–48 horas, preparando los ligamentos para el parto. En yeguas mayores esto es aún más evidente. Si palpas a cada lado de su cola, podrás sentir estos cambios antes de que sean visibles.

Cuando el parto es inminente, la yegua normalmente tiene la ubre bien tensa, incluso con un tono azulado, sobresaliendo entre los miembros posteriores. En el último día o dos puede tener gotitas de leche en los pezones. Si estas gotas son espesas y secas, como cera, la yegua "se enceró". Estos son indicadores muy confiables de que parirá en las próximas 24–48 horas. Ahora es el momento de programar una alarma de parto, si tienes una. Algunos criadores confían ciegamente en los kits de prueba de parto, pero nosotros nunca los hemos utilizado. Es útil tener el potrero iluminado por la noche. De lo contrario, acostumbra a las yeguas nuevas a la linterna!

Las alarmas más sencillas son las que se fijan a la cabeza y se colocan en la yegua hasta 7 días antes de la fecha prevista para el parto. Las imágenes de la cámara de la yegua se envían directamente a tu teléfono. Hay varios en el mercado que utilizan ondas de radio para emitir un pitido a una unidad base. La aplicación Smart Foal es similar, pero integra monitoreo de actividad y las alarmas a través del teléfono, así como la unidad base. En las clínicas, para los partos asistidos, usan el sistema que se cose en la vulva, el cual activa la alarma cuando la vulva se abre: es prácticamente infalible.

Hoy en día puedes conseguir cámaras con WiFi de excelente calidad en Amazon para supervisar el parto. Son perfectas para yeguas que paren en un establo o corral cercano.

Existen muchos otros monitores y sistemas, desde los más económicos hasta los más sofisticados, que quedan fuera del alcance de este libro. Las ventajas se pueden consultar fácilmente leyendo las reseñas y poniéndose en contacto con el proveedor.

Sistema de alarma Foal App: https://www.foalapp.com/

Yegua árabe Fairview Amira Shaklan, propiedad de Jessie Rae Preece. Foto de Katherine Szalay Evans.

Preferimos que nuestras yeguas paran en el campo a cielo abierto, ya que la mayoría se sienten más cómodas al aire libre. Sin embargo, cuando hace mal tiempo, podemos meter a la yegua y al potro dentro. Es importante preparar una zona cubierta antes de que sea necesaria. Lo ideal es un corral de parto grande, con un cobertizo abierto en un lado que tenga una cama de paja nueva, virutas o arena. Debe estar lo más limpio posible para que la yegua y el potro no contraigan ninguna infección. Si se usa un box debe ser más grande que uno convencional, de al menos 4,25 m x 4,25 m (14 pies x 14 pies). En caso de emergencia, puedes dividir tu galpón para fardos o tu garaje.

A medida que se acerca el parto, la yegua se sentirá cada vez más incómoda, pateará, sudará y dará vueltas. Puede que se levante y se tumbe e incluso se revuelque para ayudar a colocar al potro. Esto puede durar varias horas, o simplemente echarse y parir sin muchas señales previas. Una vez que rompa aguas, el parto debería producirse casi inmediatamente.

La yegua de cría parirá muy rápidamente y, a pesar de tus esfuerzos, no siempre es posible estar presente en el momento del parto. Puede que la tengas en un establo y duermas al lado, y aun así te lo pierdas mientras te preparas un café! Si ese es el caso, casi siempre parirá sin complicaciones. En mi caso, pasaron 10 años antes de que viera nacer a mi primer potro.

Tu yegua de cría es el activo más importante de tu plantel. Trátala como a una reina.

Arriba: Reysn Hope, caballo castrado Quarter Horse (cuarto de milla), con Wayne Hinder. Fotografía de Ken Anderson. Abajo: Lil Rey Of Hope, yegua QH (cuarto de milla), campeona del NCHA Futurity 2012 con Jason Leitch. Fotografía de Wild Fillies. Hermanos completos criados por Karen Thrun.

23

El parto y los primeros días

Ahora llega la parte emocionante que has estado esperando: el nacimiento del potro. La mayoría de las yeguas parirán de forma clásica y el potro se levantará y beberá en dos horas. Las yeguas dan a luz rápidamente, lo cual es un mecanismo de supervivencia de la naturaleza contra los depredadores. En comparación con el ganado bovino, la proporción de complicaciones en el parto en equinos es mucho menor, pero si justo alguna vez algo sale mal, debes reaccionar muy rápido para determinar si se necesita ayuda. Una vaca puede pasar horas con un parto difícil, probablemente sin que ni ella ni el ternero sufran ningún daño. No ocurre lo mismo con los caballos. Si algo no parece ir bien dentro de los primeros 20 minutos, probablemente sea así. Busca ayuda inmediata.

Si dudas de tu capacidad para manejar las complicaciones, o si el veterinario más cercano está a kilómetros de distancia, te sugiero que reserves una cita para la yegua en una clínica reproductiva que ofrezca un servicio de atención de partos por una tarifa. Si se prevén complicaciones, se puede inducir el parto de la yegua de forma segura con una dosis baja de oxitocina. Esto no garantiza que el potro nazca vivo, pero te da la tranquilidad de saber que contarás con la mejor ayuda disponible.

Las yeguas que paren antes de término no suelen tener tantas complicaciones como las que paren muy tarde. Esto se debe a que el potro suele ser un poco más pequeño, lo que facilita el parto. Pero las yeguas no siempre siguen las reglas: todo es posible. He aprendido que cada temporada de cría es un nuevo desafío y un aprendizaje constante.

Si vas a asistir al parto tú mismo, ten a mano jabón o gel desinfectante, guantes, una toalla limpia, algodón y yodo. Es esencial tener las manos limpias.

Entonces, cómo es un parto "normal"? La primera señal es la presencia de la "bolsa" del potro, que contiene el líquido amniótico. La yegua suele echarse y levantarse varias veces durante esta fase, tratando de ponerse más cómoda. Poco después, deberías ver aparecer las patas delanteras del potro, una ligeramente por delante de la otra. Esto permite que los hombros se estrechen para pasar por el arco pélvico. (Esta podría ser la razón por la que los caballos sean diestros o zurdos). Contrariamente a un mito muy extendido, el potro no viene con las patas unidas. En un parto normal, en cinco minutos deberías ver el hocico y luego la cabeza del potro. En este momento, debes observar si la presentación es la correcta. No hay necesidad de intervenir en una presentación correcta.

Si los cascos aparecen nivelados, tira de uno de ellos hacia delante. Si solo se ve un casco, es posible que tenga la otra mano doblada hacia atrás. En este caso, el asistente debe ponerse guantes, empujar al potro hacia atrás e introducir un brazo para extender la extremidad y colocarla en la posición correcta. Haz lo mismo si no aparece el hocico.

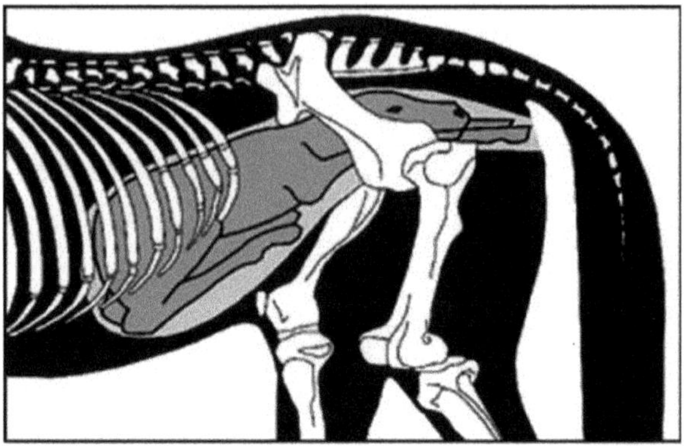

Posición normal del potro durante el parto. (De Evans, The Horse, 1990)

Cualquier otra situación es probable que no puedas resolver por tu cuenta. Mientras esperas a que llegue el veterinario, una regla general para la "distocia", o los problemas de parto, es resistir la tentación de intentar corregirlo tú mismo si no estás seguro de lo que debes hacer o si hasta ahora lo has intentado sin éxito. Lo ideal es mantener a la yegua caminando hasta que llegue el veterinario para ayudar a detener el progreso. A veces, esto puede incluso hacer que el potro retroceda lo suficiente por el canal del parto como para corregirse por sí solo. Las presentaciones difíciles requieren la asistencia inmediata de un veterinario, y algunas requieren anestesia, una cesárea o la disección del feto, llamada "fetotomía". Los potros que han muerto en el útero a menudo no se presentan correctamente.

Otra afección es el parto con "bolsa roja". La placenta se ha separado parcial o totalmente del revestimiento del útero antes de que nazca el potro. Lo primero que se ve es la placenta rojiza, en lugar del potro. En este caso es probable que el potro se asfixie, ya que deja de recibir oxígeno. Se requiere URGENCIA. Corta rápidamente la bolsa roja gruesa con unas tijeras o un cuchillo, arranca la placenta con las manos y ayuda en el parto. Esta es la causa principal de muerte fetal de los potros. (La otra son las infecciones).

La parte más difícil para la yegua es empujar para pasar los hombros a través del canal del parto. Por lo general, está echada y empuja con mucha fuerza. Puede ser necesaria cierta ayuda si esto parece llevar más tiempo de lo normal o si el potro parece grande. Sujeta al potro por las patas delanteras, manteniendo la longitud desigual, y tira con firmeza hacia abajo en dirección al suelo, al ritmo de las contracciones. Una vez que los hombros han salido, el potro suele deslizarse rápidamente hasta la longitud de la pelvis, mientras la madre y el potro se toman un descanso.

En este momento, retira el saco del hocico del potro si aún no se ha roto.

Si tienes la mala suerte de que el potro nazca muerto, lo mejor que puedes hacer por la yegua es retirarlo antes de que se levante. (Utiliza una carretilla). Si no, es posible que tengas que dejarlo con ella durante unos días hasta que se aleje o proporcionarle un huérfano para que lo críe.

La yegua suele relinchar suavemente al potro antes de levantarse y puede permanecer echada un rato para recuperar fuerzas. Déjala hacerlo; de lo contrario, el cordón umbilical podría romperse prematuramente. El cordón umbilical transfiere los últimos nutrientes al potro a través del flujo sanguíneo mientras está echado, y se romperá de forma natural cuando el potro se levante. A continuación, rocía o utiliza un algodón con una solución de yodo para limpiar el muñón umbilical del potro. Esta es una precaución recomendada contra una infección articular llamada Joint Ill. Se trata de una enfermedad muy grave, difícil de tratar y que a menudo provoca la muerte del potro. Cualquier potro nacido en un lugar donde se crían otros potros habitualmente puede contraer alguna infección, incluso en un entorno limpio.

Se recomienda a las personas que atienden partos de yeguas con regularidad que usen ropa protectora. Esto se debe a que hay bastantes infecciones que pueden transmitirse a los humanos.

Cuando la yegua se pone de pie, lo más probable es que lama al potro. Si no lo hace, lo mejor es frotar al potro con una toalla para estimular la circulación y los reflejos. Deja que lo haga, ya que es su momento de vinculación. Al hacerlo, se estimula la producción de la hormona oxitocina, que a su vez estimula la bajada de la leche, la contracción del útero y la expulsión de la placenta. Incluso puede mordisquearlo. Esto es normal.

Permite que la yegua lama al potro - Yegua y potro de Brooke Allen. Foto de Emma English.

La placenta normalmente se desprende por sí sola cuando la yegua se levanta o dentro de la primera media hora siguiente al parto. No me gusta esperar más de tres a cinco horas porque la infección puede desarrollarse rápidamente. La retención de placenta es una emergencia en los caballos. No es aconsejable retirarla tú mismo, ya que podrías dejar sin querer un trozo desgarrado en el interior. Es mejor que el veterinario realice este procedimiento de extracción manualmente, combinándolo con una inyección de oxitocina. Mientras tanto, si las membranas han bajado más allá de los garrones, átalas con un nudo para evitar que se arrastren o se desgarren si la yegua las pisa.

Una vez que tengas la placenta, extiéndela para comprobar si tiene un tamaño y color normales. Es posible que observes un objeto redondo y gomoso peculiar, llamado "hippomane". Está compuesto por los desechos fetales que se acumularon durante el embarazo. También es posible encontrar una bola calcificada, que ahora se reconoce como el resto calcificado del saco embrionario (en lugar de un gemelo momificado, como se creía anteriormente).

Una placenta sana, un hippomane y un saco embrionario grande.

A continuación, comprueba si la yegua presenta desgarros o rupturas anormales. Puede tener un hematoma o, lo que es peor, un prolapso uterino. Ambos casos son extremadamente raros en los caballos, pero requieren atención inmediata. Otra complicación poco frecuente es la ruptura del recto o del ano, causada por la penetración de las extremidades del potro en el intestino durante el parto. Por lo general, se puede reparar con cirugía, pero es mejor retirar a la yegua de la reproducción, ya que es probable que vuelva a ocurrir debido a la debilidad residual del tejido.

Durante los días siguientes, hay que estar atento al dolor, los cólicos, el sangrado, la temperatura elevada, la fiebre u otros signos anormales. Las hemorragias internas o rupturas ocurren con más frecuencia en yeguas de edad avanzada y suelen resultar en la muerte de la yegua y un potrillo huérfano.

Algunas yeguas, casi siempre primerizas, dificultarán la lactancia del potro, balanceándose o mostrándose inquietas. Esto se debe casi siempre a un dolor abdominal o a una hipersensibilidad de la glándula mamaria. En ocasiones, alguna puede rechazar al potro. Muy pocas no responderán a la intervención y la paciencia humanas. A algunas les puede distraer la comida. Otras pueden necesitar una inyección de oxitocina hasta que se establezca una rutina.

Ten cuidado con las raras yeguas "enloquecidas por su potro". Si nunca has tenido una, no te darás cuenta de lo peligrosas que pueden ser, pero pueden atacarte salvajemente o inmovilizarte contra una pared en un instante. Lo mejor es mantenerse alejado de ella durante los primeros días o semanas, hasta que estés seguro de que se ha calmado. Si te toca una yegua así, yo no volvería a criar con ella.

El potro recién nacido

El potro suele ponerse en pie antes de que la yegua se levante. Me gusta ver al potro mamando dentro de las dos horas siguientes al parto. Algunos lo hacen en tan solo unos minutos. Puede verse delgado o "arrugado", pero se "estirará" al cabo de unos días. Es habitual que tenga las patas temblorosas y torcidas, pero normalmente se enderezarán al cabo de unas semanas.

Un potro suele beber entre 250 y 500 ml. por toma. Ingieren poco y muy seguido, aproximadamente cada 30 minutos. La falta de succión es la primera señal de que algo anda mal.

Madigan Squeeze a un potro recién nacido

Si el potro no hace ningún intento serio por mamar o parece no tener "reflejo de succión", puede tener el síndrome del "potro tonto". Se cree que esto se debe a la falta de oxígeno durante el parto, a un parto muy rápido o difícil, o a una placentitis en la yegua. En este síndrome, los potros parecen distantes, confusos, indiferentes o inadaptados. Se han obtenido muy buenos resultados en su tratamiento mediante el Madigan Squeeze, una técnica fácil de aplicar que reproduce la compresión del canal del parto. Consiste en envolver la parte superior del torso del potro con lazos de cuerda y aplicar presión durante 20 minutos. Por lo general, el potro solo necesita una sesión. Más información sobre esta técnica utilizada en recién nacidos con síndrome del potro tonto aquí: Video con el Dr. Madigan: https://youtube/IlVwUhwuHXk

El potro debe recibir el calostro o primera leche, que es ligeramente amarillenta. Los potros nacen sin anticuerpos y solo los reciben de la yegua a través del calostro. Si tiene dificultades para mamar, puede ser necesario ordeñar a la yegua y alimentarlo manualmente con una jeringa limpia. Puedes ordeñar a mano o utilizar una "bomba de ubre", que se puede comprar en la mayoría de tiendas de suministros ganaderos. Puedes fabricar una tú mismo cortando el extremo de una jeringa de plástico de 60 cc con un cuchillo afilado. Introduce el émbolo por el extremo cortado. Coloca el otro extremo sobre el pezón y tira suavemente del émbolo hacia abajo.

Vale la pena tener una reserva de calostro en el congelador, recogido de varias yeguas a lo largo de la temporada. Colócalo en pequeños recipientes separados y fechados (de hasta 300 ml), ya que no conviene descongelar todo de una vez. Debes descongelarlo lentamente a temperatura ambiente, ya que de lo contrario destruirás los valiosos anticuerpos que contiene. Es posible que tengas que alimentarlo varias veces durante 24 horas antes de que el potro beba por sí solo, ya que después se produce el cierre completo del intestino y el potro ya no puede absorber los anticuerpos. Los potros muy difíciles necesitarán que tu veterinario les administre un sustituto del calostro por sonda gástrica o incluso una terapia intravenosa con plasma.

Signos vitales del recién nacido:

- Temperatura: 37,7-38,8 grados C (99,5-102 grados F).
- Pulso: 80-100 latidos por minuto.
- Respiración: 20-40 respiraciones por minuto.

Si la yegua ha estado produciendo leche antes del parto o el potro parece débil, solicita a tu veterinario una prueba de IgG para ver si ha absorbido suficientes anticuerpos. Un nivel normal es superior a 800 mg/dl. Algunos criaderos realizan pruebas rutinarias a todos los potros en las primeras 12 a 16 horas. Yo recomendaría a los nuevos criadores que, independientemente de ello, lleven a la yegua y al potro al veterinario para que les realicen una prueba de IgG entre 12 y 16 horas después del parto, sin excepción. Los potros son propensos a la hipotermia, ya que no pueden regular muy bien su temperatura corporal durante los primeros días de vida.

A las pocas horas de empezar a mamar, el potro debe evacuar por primera vez, lo que se conoce como meconio. Esta primera evacuación es pegajosa y de color marrón anaranjado. Se oscurecerá progresivamente y adquirirá consistencia al cabo de unos días. Si tiene dificultades para evacuar, notarás que hace fuerza, con la cola levantada, y que no lo consigue. Es posible que experimente un dolor considerable. Una solución es utilizar un enema que puedes adquirir en la farmacia. Cuanto más tiempo lo dejes, más probable será que no lo expulse por sí solo.

Por otro lado, es posible que notes que el potro está con diarrea. La diarrea en los potros puede ser muy grave. Debido a la pérdida de agua, pueden sufrir rápidamente una deshidratación que pone en peligro su vida. Esto puede deberse a parásitos o, si se trata de una infección, se manifestará con una frecuencia cardíaca o temperatura superiores a lo normal y requerirá la intervención de un veterinario.

La diarrea suele aparecer entre cinco y siete días después del nacimiento. Antes se pensaba que era una respuesta al celo posparto de la yegua, pero ahora se relaciona con el hecho de que el potro comienza a explorar los sabores y los alimentos de su entorno a los pocos días de nacer. El intestino se inunda de nuevos microbios y puede responder con diarrea. Es fundamental que el potro coma el estiércol de su madre, ya que así obtiene los probióticos y las enzimas intestinales que necesita para digerir eficazmente estos nuevos alimentos. (De hecho, antiguamente a los caballos enfermos se les solía dar a beber estiércol). Incluso los potros huérfanos siguen padeciendo "diarrea por celo del potro", lo que demuestra que no está directamente ligada al celo de la yegua. Rara vez supone un peligro para su vida. Todo depende, nuevamente, de tener un entorno de parición limpio, ya que estas diarreas casi no se ven en potreros limpios y bien empastados.

Los potros prematuros requieren cuidados adicionales. A menudo son demasiado débiles para ponerse de pie y mamar por sí solos. Es probable que su sistema inmunológico esté comprometido y que necesiten líquidos intravenosos. Es posible que necesiten una lámpara de calor en una esquina del establo. Es conveniente cubrir al potro con una manta si la yegua lo acepta, pero, sorprendentemente, no todas lo hacen. He conocido a una yegua que atacó a su potro porque estaba cubierto con una manta. Puede que lo mejor sea dejar a la yegua y al potro en una clínica con personal especializado.

Los potros nacidos tras una gestación prolongada se conocen como "dismaduros". Esta afección se debe a un entorno de crecimiento intrauterino deficiente que retrasa el desarrollo. Por lo tanto, el potro requiere una observación cuidadosa, similar a la de los potros prematuros.

Los potros con isoeritrólisis neonatal (NI), anteriormente conocidos como síndrome de ictericia del potro (JFS), padecen una afección que se produce cuando los tipos de sangre del potro y de la yegua son incompatibles. La yegua desarrolla anticuerpos contra el tipo de sangre de su potro. Es más común en los pura sangres. Después del nacimiento, el potro ingiere estos anticuerpos a través del calostro, pero rápidamente desarrolla síntomas de letargo, debilidad y anemia en un plazo de 72 horas. Si se sospecha de NI, hay que ponerle un bozal al potro o separarlo inmediatamente para que no pueda beber de la yegua y buscar tratamiento. Si se detecta a tiempo, el potro tiene buenas posibilidades de sobrevivir y puede volver con la yegua después de aproximadamente 48 horas, cuando el intestino del potro ya no puede absorber anticuerpos. De lo contrario, los potros gravemente afectados pueden necesitar ser hospitalizados durante varios días, especialmente si requieren oxígeno y transfusiones de sangre. Las yeguas pueden ser examinadas para ver si es probable que tengan potros con NI en el futuro.

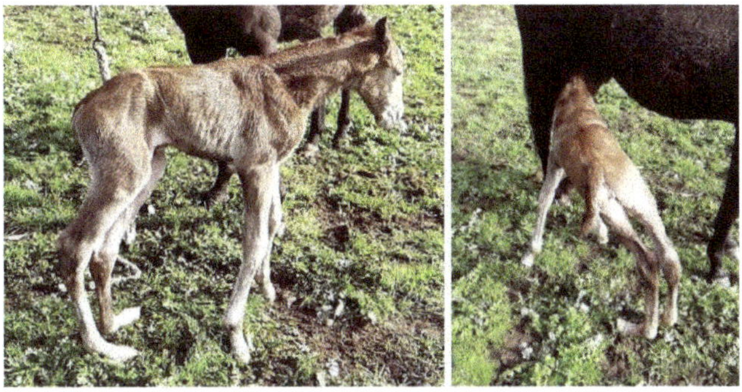

Potro con conformación "windswept" a la hora de nacer, abajo, a los 4 años, Chalani Skywalk HSH.

El problema más común en los potros son las extremidades desviadas. Muchas se enderezan por sí solas o simplemente encerrando a la yegua y al potro en un establo durante un máximo de diez semanas, para que el potro no pueda correr y ejercer presión sobre sus articulaciones. Si los tendones están contraídos, de modo que no puede mantenerse en pie correctamente, será necesario entablillarlo y vendarlo. Las férulas pueden ser dolorosas. El potro puede pasar la mayor parte del tiempo echado, así que asegúrate de que tenga una cama blanda y analgésicos. Mantente atento para evitar las llagas por presión. Por lo tanto, los vendajes suelen cambiarse cada uno o dos días. También es útil aplicar unos masajes suaves tres o cinco veces al día sobre la articulación en la dirección en la que deseas que se enderece.

Las extremidades giradas hacia fuera y hacia dentro responden bien a un simple limado del casco cada semana o cada quince días. Debes rebajar la cara externa de una pata girada hacia fuera o la cara interna de una pata girada hacia dentro. En casos más complejos, es posible colocar extensiones o "caps" adheridas con resinas para facilitar el proceso de corrección, aunque esto puede resultar costoso. Los casos más difíciles, como los potros con las extremidades torcidas (conformación windswept, que significa "azotado por el viento") o los metacarpos caídos (laxitud de los tendones), es mejor que los sigan un veterinario y un herrador. Esto tiende a ocurrir en potros más grandes de lo esperado para el tamaño de la yegua. No es raro que un potro tenga una hernia umbilical. Por lo general, esto no será evidente durante unas semanas, ya que el ombligo tarda ese tiempo en cerrarse de forma natural. Palpa el agujero a través de la piel. Si mide más de dos dedos de ancho, lo más probable es que no se cierre por sí solo y deba vigilarse cuidadosamente. Si se acumula comida en esa zona, se formará un bulto duro y existirá el peligro de estrangulamiento intestinal, lo que probablemente sea mortal. En este caso, busca ayuda urgente. Las hernias se pueden corregir fácilmente con cirugía, por lo que es mejor operar a los tres o cuatro meses si no has notado que remita.

La desparasitación de los potros no se realiza antes de las seis semanas de edad, pero comprueba la etiqueta, ya que algunos medicamentos no deben administrarse a potros menores de seis meses. Sin embargo, las vacunas habituales contra el tétanos, la papera equina, etc., pueden administrarse a partir de las seis semanas. En Australia, los potros jóvenes pueden sufrir estrés por calor o "golpe de calor". Su estado empeora rápidamente. Asegúrate de que haya suficiente sombra y agua. Los síntomas pueden incluir respiración rápida y superficial, fosas nasales dilatadas, caminar tambaleante y temperatura corporal elevada. Nunca desparasites a los potros en climas cálidos, ya que esto puede aumentar el estrés.

Los potros jóvenes beben mamar inmediatamente después de despertarse. Si no lo hacen, es una señal de alarma. Comprueba si la ubre de la yegua está llena, lo que es un signo claro de que no ha bebido durante un tiempo; si es así, tómale la temperatura y ponte en contacto con tu veterinario. Cuanto antes se actúe, mejor!

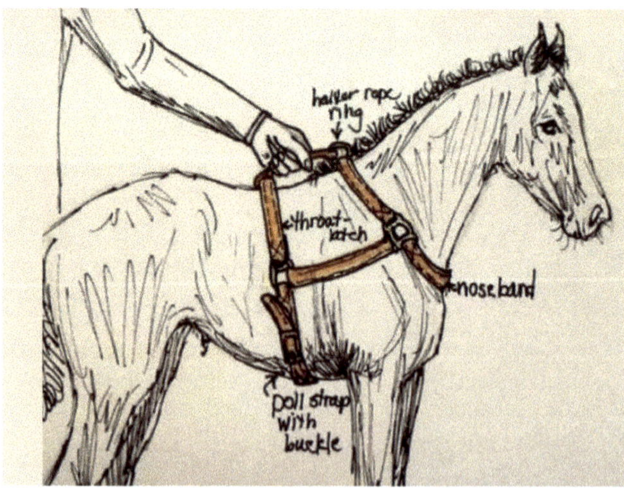

Suitcasing: técnica para sujetar o guiar a un potro joven. Lo más fácil es utilizar un cabestro con una hebilla en la muserola, para no tener que pasarlo por la cabeza del potro. Cortesía de Red River Reproduction Clinic. Visita su página de Facebook para obtener excelente información.

24

Cuidado del potro huérfano

Inevitablemente, si has criado muchos potros, tendrás algún huérfano. Nosotros hemos tenido dos, uno cuya madre murió de insuficiencia renal a los 10 días de vida. Inmediatamente lo pasamos a alimentar con leche de un cuenco que le dábamos con la mano y, más tarde, con un balde. Luego pusimos al potro con una potranca de un año tranquila. Pronto descubrimos que la potranca de un año también bebía del balde!

El segundo huérfano rechazó el balde y fue difícil establecer una rutina de alimentación. Otra yegua parió unos días más tarde y, mientras mi hija observaba el parto, tomó la decisión repentina de llevarle al huérfano. Frotó los fluidos placentarios por todo el potro. Cuando la yegua se levantó, pensó que tenía gemelos y se encariñó con ambos.

Si es un recién nacido, el huérfano necesitará recibir una infusión de calostro y/o una transfusión de plasma. Esto es importante para que crezca y reciba anticuerpos protectores. Una yegua nodriza puede proporcionárselo si ha perdido a su cría en las últimas 24 horas; de lo contrario, hay que recurrir al almacenamiento de calostro congelado (descongelándolo lentamente a temperatura ambiente). Un veterinario puede administrárselo por sonda nasogástrica si es necesario. En estas circunstancias, es imprescindible realizar una prueba de IgG.

Los caballos necesitan anticuerpos *equinos*, por lo que el calostro bovino en polvo no les ayuda a alcanzar sus niveles de IgG. Por eso es importante tener calostro almacenado o recurrir al plasma (que también se puede administrar por vía oral en las primeras 24 horas, pero es caro). En los Estados Unidos, pueden utilizar Seramune, que es una inyección o pasta oral para recién nacidos que sustituye al calostro, pero no está disponible en Australia. Se debe administrar plasma antes de darles sustituto de leche, ya que pueden tener una reacción adversa a la proteína bovina que absorben en el sustituto de leche durante las primeras 24 horas.

"Comparto esta historia para dar a otros el valor de probarlo si alguna vez se encuentran en esta situación. Mi yegua favorita tenía cáncer. El veterinario me dijo que le quedaba poco tiempo. Así que pensé en intentar tener un potro más, ya que el último había muerto, y nunca la había criado mucho porque siempre había querido montarla. Angel quedó preñada como la buena chica que siempre había sido, pero el cáncer progresó más rápido de lo que pensábamos. Al final de la gestación, era obvio que no aguantaría otros seis meses.

Empecé a planear la transición de Angel a su mejor amiga, Janara Glamour. Glamour había tenido un potro el año anterior, pero ya estaba destetado. Se le administró a Glamour un tratamiento hormonal de 10 días para inducir la producción de leche. Empecé a ordeñarla tres veces al día a partir del cuarto día. Durante los seis días siguientes, me preocupaba que Angel se angustiara, que Glamour rechazara al potro, que el potro se hiciera daño, etc. Sin embargo, nada de eso ocurrió.

El veterinario, mi hija y yo nos quedamos asombrados con la calma con que se lo tomó Angel y de lo bien que salió todo. Angel nos ha dejado a Glamour y a mí la tarea de criar a su hijo. Y, si se parece en algo a su madre, va a ser un caballo extraordinario". – Janelle Groeneveld

La mayoría de los criaderos hacen una "convocatoria" para encontrar una yegua nodriza que haya perdido a su potro o que haya sido puesta en lactancia mediante intervención veterinaria. La presentación del potro debe hacerse con mucho cuidado. Lo mejor es que el tamaño y la etapa de lactancia de la yegua nodriza coincidan con los de la madre del huérfano. Se puede "engañar" a la yegua rociando abundantemente al potro con su propia orina y estiércol, incluso vendándole los ojos. Es posible que sea necesario sedarla. Si no hay ninguna yegua disponible, se han obtenido buenos resultados con una cabra lechera colocada sobre una plataforma como sustituta.

Si decides criarlo tú mismo, aliméntalo cada tres o cuatro horas con una fórmula sustitutiva de la leche en un biberón calentado con tetina para cordero o en un recipiente. El tracto digestivo de un potro muy joven está poco desarrollado y requiere pequeñas comidas frecuentes. De lo contrario, es probable que desarrolle diarrea. Su tracto digestivo madura a medida que cambian sus necesidades alimenticias. Al principio, debe alimentarse al menos entre seis y ocho veces al día. Si desarrolla una barriga prominente o "panza de potro", es probable que no estés fraccionando las comidas lo suficiente. Cuando comience a comer bien, puedes sustituir el polvo por gránulos o pellets sustitutos lácteos. (No disponibles en Australia).

El huérfano necesitará compañía, aunque sea solo poder ver a otro caballo en el box de al lado, de lo contrario, estarás preparando el terreno para posibles problemas de conducta y un potro "malcriado". A partir de las dos semanas, cuando empiezan a salirles los dientes, puedes ofrecerles cantidades muy pequeñas de alimento a libre elección, como heno de buena calidad, alfalfa con hojas (las picotearán) y pellets. Ofrécele de modo que siempre quede un poquito para la siguiente revisión: así te aseguras de que no te estás quedando corto con la ración. Puedes dejar de darle leche al comienzo del tercer mes, aunque es mejor hacerlo más tarde.

Chalani Laura con su propio potro (marrón) y su potro adoptado (bayo). Foto de Kim Ide.

25

La crianza del potro

Manejo, entrenamiento y destete

Es importante disponer de un conjunto de técnicas diferentes en función de la edad y la cantidad de manejo que haya recibido el potro. Esto también dependerá de tus instalaciones y del personal disponible. Pero, vale la pena hacerse una simple pregunta: por qué un caballo debería querer dejarse agarrar? Muchas veces, ser atrapado significa lecciones, montas (calor, sudor, cansancio, boca sensible), quedar atado por largos períodos, subir al tráiler, o visitas del veterinario o herrero.

La solución obvia es atrapar al caballo varias veces cuando no se produzca ninguna de estas situaciones. Esto debería hacerse durante los controles diarios de salud y seguridad. Lleva zanahorias o un balde con alimento. Empieza por estar cerca de tus caballos desde que son potros. Simplemente entra al potrero, muévete entre ellos y crea un ambiente agradable y amistoso con regularidad. Cada vez que entren, especialmente en el caso de los caballos sensibles y difíciles de atrapar, déjalos estar de pie con el alimento delante. El alimento puede ser una distracción, una atracción o un momento de relajación. Cualquier caballo que se niegue a comer cuando está atado está estresado y necesita oportunidades frecuentes para aprender a relajarse. Mejor aún, haz que un compañero coma a su lado.

Nunca dejes un cabestro puesto a un caballo porque no se pueda atrapar, especialmente si no lo revisas a diario. Los cabestros sin supervisión son uno de los elementos más peligrosos para un caballo. Solo hay que preguntar a los veterinarios qué lesiones ven porque se ha dejado puesto un cabestro. He visto potros con la cabeza encajada en el cabestro y que no podían masticar correctamente debido a malas prácticas. Si debes dejar algo puesto a un caballo que es difícil de atrapar, utiliza una cincha de cuello cerca de la mandíbula o un collar especial que se desprenda. Incluso puedes dejar colgado un trozo de cuerda trenzada para facilitar tomarlo.

Cómo colocar correctamente un cabestro

Suena fácil, verdad? Sin embargo, muchos lo hacen incorrectamente, incluso personas que llevan años trabajando con caballos. Es una prueba práctica que haría si estuviera pensando en contratar a alguien. La forma en que realizan esta sencilla prueba me dice mucho. La técnica correcta debe ser un hábito para evitar lesiones y hacer el trabajo de forma eficiente y sin dramas. Debería enseñarse en los clubes de ponis y en los centros de equitación. Así que aquí va. Acércate al hombro, nunca de frente a la cabeza. Nota: la mano más cercana (la izquierda) pasa por debajo del cuello, transfiriendo el extremo del cabestro a la mano derecha por encima del cuello en el lado opuesto. Con la mano izquierda, mantén abierta la muserola para que el caballo meta el hocico por sí mismo. Una vez colocado ajústalo rápido, suave y sin tirones. Este es el método más rápido, seguro y con menor riesgo de que el caballo se dé vuelta o tire hacia atrás.

Otro truco es darle de comer con una bolsa para la nariz o morral. El potro se acostumbra a tener algo sobre las orejas y la cabeza. Pronto podrás añadirle un cabestro. Si esto o el método del balde no funcionan, intenta traer otro caballo y haz que el potro lo siga. No te llevará más tiempo y suele resolverlo todo.

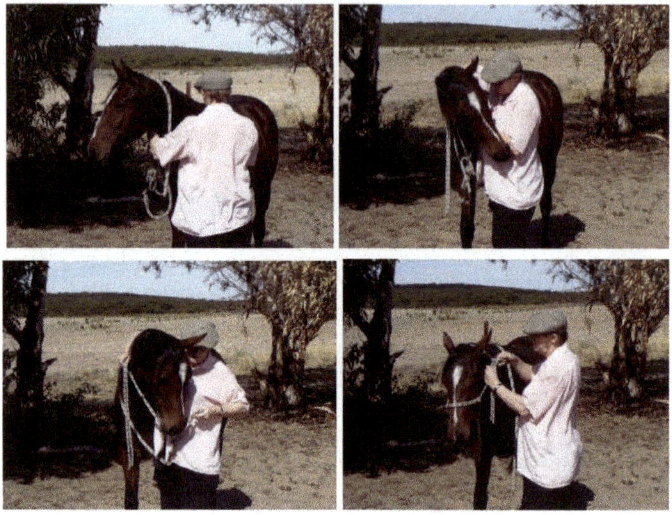

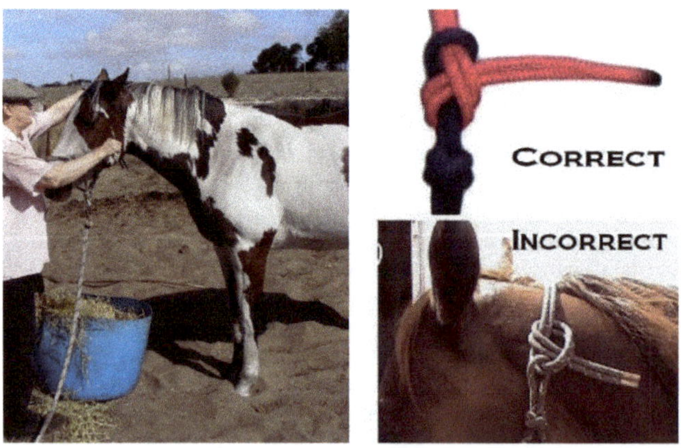

Cómo ponerle un cabestro a un caballo y cómo no hacerlo.

Lleva ropa con cinturón para poder sujetarlo en caso de emergencia. Nunca persigas a un caballo que no se deja atrapar, ni agites los brazos o generes más caos del necesario. ¡Y no les hagas clic! Esto solo refuerza los problemas y aumenta tu nivel de frustración. Sé paciente y tómate tu tiempo. Planifica con antelación.

Un corral adecuado es la única opción para los caballos que son difíciles de atrapar. Por lo general, se necesita una rampa, manga o pasillo que se estreche gradualmente hacia el corral. Será más atractivo si los caballos son alimentados regularmente en este corral. Será más fácil de manejar si los caballos se alimentan regularmente en ese corral. Déjalo comer allí hasta que se relaje; no lo atrapes de golpe y lo retires sin recompensa.

He visto caballos mayores correr por el corral como si estuvieran libres, y entonces solo hay que decir "whoa" (o "alto") y se detienen. Enséñale a dejarse acariciar con la fusta (moviéndola arriba y abajo como el arco de un violín) y luego sube la fusta hasta tocar el cuello del caballo, sin dejar de frotar arriba y abajo. Deja caer suavemente la fusta al otro lado del caballo. Acércate un poco hasta poder tomar el extremo de la fusta por debajo del cuello. Si es necesario, puedes atar el extremo a un anillo o cuerda para controlarla mejor sobre el cuello del caballo.

Puedes hacer una "pinza" entre el caballo difícil y otro. Puedes montar otro caballo, acercar al difícil al cerco y colocarle una cuerda sobre el cuello. Kel Jeffery usaba un poste con un lazo de cuerda al final. Cada caballo puede requerir un truco distinto, así que ten varias estrategias a mano para situaciones particulares.

Atrapar al potro

Cuando quieras atrapar a un potro tímido por primera vez, vale la pena acorralarlo entre la yegua y la pared de un box o corral. Ata a la yegua. Coloca a alguien junto a la cabeza de la yegua para que el potro no se escabulla por debajo. A continuación, acércate a la parte trasera del potro y deslízate lentamente hacia su hombro. A esta edad, deberías poder sujetar al potro por los hombros y los cuartos traseros como si formaras una pequeña jaula sin tocarlo. A continuación, agáchate y hazte más pequeño, animándolo a que te olfatee. Si intenta huir, sujétalo con firmeza hasta que deje de forcejear y dale tiempo suficiente para que se relaje mientras lo acaricias suavemente. La mayoría de los potros aceptan el contacto si encuentras un punto sensible e incluso pueden intentar "rascarte" a su vez.

Gira al potro para que te mire y te permita acariciarlo por delante en el cuello. Si se resiste, coloca su parte trasera en la esquina del box o corral. La mayoría de las personas cometen el error de intentar acariciar primero la cara del potro, y este salta o se aleja. Deja que te olfatee durante los descansos.

Me gusta poner una cuerda ligera alrededor del cuello del potro y otra alrededor de la grupa para empezar a guiarlo a moverse en círculos a mi alrededor. Esto le animará a avanzar antes de ponerle el cabestro. Es mucho más fácil ponerle el cabestro si responde a la cuerda del cuello antes que al cabestro. Esto significa que puedes detenerte y girar sin tirar de la cabeza. Algunos potros reaccionan a la presión en la cabeza corriendo hacia atrás o incluso volteándose, por lo que es mejor dar este paso primero.

A los potros avanzados y a los que ya han sido manejados anteriormente se les puede poner el cabestro inmediatamente. Muchos potros aceptan la cuerda de guía, pero reaccionan cuando les pones el cabestro. Simplemente pónselo de todos modos y sigue caminando. Pronto se acostumbrará. El paso final es atar la cuerda de guía y enseñar al potro, mientras está quieto, a inclinar la cabeza hacia ti en ambos sentidos. Además, me gusta pasar la cuerda por detrás de la grupa del potro, por el lado opuesto, inclinando la cabeza hasta que haya dado una vuelta completa para mirarme. Hasta que no lo haga con suavidad, es mejor no intentar enseñarle a caminar con el cabestro. Sigue utilizando la cuerda de la grupa para dirigirlo hacia adelante hasta el destete, si es necesario.

Cada sesión debe ser breve, alejándote del potro después de unos minutos y repitiendo la operación cuando se haya relajado y masticado por el otro lado. Utilizando la técnica de acercamiento y retirada, comienza a frotarle las patas y a levantarle los cascos. Si el potro se arrodilla cuando le tocas las patas o muestra cosquilleo, levántale la pata por la articulación del menudillo en lugar del casco y, cuando la tengas levantada, acarícíale la pata de arriba abajo.

Sostén lo cascos durante breves períodos hasta que el potro se relaje un poco y luego vuélvelos a colocar rápidamente en el suelo. Pídele que espere a que le bajes la pata en lugar de apartarse de ti. El aprendizaje se produce al liberar la presión. Eso significa que si no liberas la presión, el caballo no aprenderá. Puedes fomentar la relajación haciendo círculos con el pie mientras está en el aire, manteniendo la pata más alta y sujetando al potro por debajo del cuello con la mano libre, para que no pierda el equilibrio. Hazlo con las patas delanteras y traseras. Si forcejea, acompáñalo, mantén la pierna más arriba y flexiona el casco hasta que se equilibre, usando la pared de un lado para limitar el movimiento, y luego suelta. Coloca el casco en el suelo tú mismo, no dejes que el potro lo haga.

El último paso es caminar con el potro a tu lado. Puedes empezar guiando a la yegua delante del potro, o haciendo señales con la cuerda de la grupa antes de pedirle con el cabestro. Tu mano izquierda va sobre la rienda, mientras que tu mano derecha sujeta la cuerda de la grupa sobre su lomo, para que puedas darle ligeros tirones que lo animen a avanzar. Otros utilizan el método de doblar ligeramente la cabeza para que dé varios pasos. Después de eso, empezará a seguir la cabeza y a dar pasos más largos. Cualquiera de los dos métodos funciona bastante bien. Descubre cuál es el que mejor funciona para cada potro en particular. Vuelve siempre a los pasos anteriores antes de pasar a uno nuevo.

Chalani Ripple ASH a los 3 días. La cuerda pasa por la muserola, no por el anillo.

Enseñar a conducir a un potro no es tan difícil si se hace de forma constante y metódica. No es conveniente entrar en una lucha de arrastre, ya que esto causa daños en el cuello y no enseña nada. Vuelve a doblar suavemente la cabeza si el potro empieza a arrastrarse y dale unos tirones con la cuerda de la grupa para reforzar la respuesta si es necesario. Aleja al potro de su madre, poco a poco, hasta una distancia con la que ambos se sientan cómodos. Aumenta gradualmente la distancia con el tiempo. De vez en cuando, hazlo retroceder ejerciendo presión sobre el pecho, justo en la hendidura del cuello, seguida de una ligera presión sobre el hocico.

Este es el primer paso para enseñar al potro a detenerse con una ligera presión sobre el hocico. Sin embargo, el objetivo final es que se detenga con tu cuerpo, antes de que sea necesaria la presión sobre el hocico, lo cual se consigue si mantienes la rienda floja. El mayor error que cometen los principiantes es sujetar constantemente la rienda manteniéndola tensa, lo que adormece al potro, en lugar de mantenerlo suave y receptivo.

Con la mayoría de los potros, todo esto se puede lograr en una semana con sesiones diarias cortas, pero tienden a retroceder si no se repite varias veces al mes (nosotros lo hacemos cuando les damos de comer). Durante años no tuvimos establos y hacíamos todo esto en un rincón del potrero.

Para los potros difíciles de atrapar que ya han recibido algunas lecciones, apriétalo entre la yegua y una pared. Cuelga una cuerda larga con un anillo en el extremo sobre el potro, desde la parte trasera de la yegua. El potro se lanzará hacia adelante o hacia atrás. En cualquier caso, debería llevarse la cuerda consigo. A continuación, puedes tomar la cuerda desde cierta distancia, deslizarla por el anillo y colocarla sobre el cuello. Un tirón y una liberación a *solo* 90 grados del cuello le harán cambiar de opinión, por lo que podrás acercarte lentamente y colocarle el cabestro.

Los potros jóvenes, que se encuentran en corrales seguros, como un picadero o redondel, pueden llevar un cabestro y una cuerda larga y gruesa durante el día, siempre y cuando estén bajo observación. Haz esto durante varios días seguidos. Esto les anima a detenerse cuando la pisan y a ignorarla cuando se arrastra. Se trata de una técnica de presión y liberación muy eficaz que conecta directamente con la mente del potro. De esta forma, aprende a pensar antes de reaccionar para liberar la presión que ha creado al pisar la cuerda.

Si utilizas cualquiera de los dos métodos, asegúrate de ponerle un cabestro al potro cuando lo atrapes. Si no lo haces, en cuanto le quites la cuerda, seguirá sin haber aprendido a llevar el cabestro y volverás al punto de partida.

Las explotaciones más grandes tienen métodos en los que se ata a un potro mayor a la yegua y se lleva a esta de un lado a otro. Esto se hace después de que haya aprendido a ceder en la cabeza.

La yegua lleva un tubo de goma blanda alrededor del cuello, y el potro es conducido de manera que pueda ser detenido en cualquier momento. Foto del Dr. Kerry Mack.

Puedes dar un primer paseo en remolque antes del destete simplemente llevándolo junto a su madre dentro del remolque. O puede que tengas que meterlo en el remolque haciendo una "carretilla", con una persona en la cabeza y dos personas sosteniéndolo por detrás levantando ligeramente sus patas traseras del suelo y empujándolo por las patas delanteras. Si necesitas cargar un potro más grande, por ejemplo, para llevarlo al veterinario, esta es una técnica muy útil.

Algunos criadores prefieren manejar a sus crías solo después del destete. Para procedimientos rutinarios como la desparasitación antes del destete, se necesitan mejores instalaciones para hacerlo de esta manera y, por lo general, más experiencia en el manejo de caballos sin domesticar. Creo que el mejor enfoque es manejarlos desde temprano, y además, sé que eso facilita su venta.

> *"Durante muchos años hemos trabajado de esta forma con potros que no habían sido manejados mientras estaban con sus madres. Primero, atrapas al potro destetado, haciéndolo quedarse quieto y acercándote a él, luego lo tocas con una vara larga y fina y lo mantienes quieto mientras le colocas el cabestro. Es sorprendente lo sencillo que puede ser esto si tienes la capacidad de leer al potro y, a la primera señal de preocupación, simplemente retrocedes y vuelves a intentarlo. En ocasiones, atamos con una cuerda a alguno si es realmente "nervioso" y lo dejamos correr por el patio sin presionarlo hasta que se detenga. Lo dejamos pensar un poco y luego comenzamos a acercarnos. Lo mismo hacemos para retroceder cuando se inquieta, pero sin ejercer presión sobre la cuerda.*
>
> *Solo hay que enseñarle a quedarse quieto por voluntad propia hasta que podamos acercarnos, tocarle brevemente el cuello un par de veces y ponerle el cabestro. Si sale corriendo, solo hay que esperar a que se detenga y volver a acercarse. No hay que preocuparse si se enreda en la cuerda. Es un proceso muy desestresante una vez que aprende que puede salir de ello por sí mismo. Es posible que tengas que soltar la cuerda y volver a recogerla si se enreda mucho, pero sin ejercer presión sobre el cuello. Siempre utilizamos un cabestro de cuerda normal con cierta firmeza (no uno blanda y floja) y una cuerda muy larga atada al cabestro, sin esos ganchos giratorios que distraen".* - Merrie Elliott.

Una buena yegua de cría no tolerará tonterías de su propio potro y, si se ha criado con otros potros, habrá aprendido habilidades sociales, lenguaje y límites. Pero tú eres quien debe seguir adelante, siendo justo pero firme. No hay nada mejor que un caballo bien educado. Ahorrarás mucho dinero si puedes hacerlo tú mismo. Los modales garantizan la reputación de un haras, y todo empieza con el potro.

Destete

El destete se considera el momento más crítico en la vida de un caballo debido al estrés, las posibilidades de lesiones y las posibles enfermedades. Si has dado a tus potros acceso a alimento concentrado y los has acostumbrado al manejo, el proceso de destete causará pocos problemas. De hecho, te sorprenderá lo sencillo que puede ser. El estándar en el sector es destetar a los seis meses de edad, pero puedes hacerlo antes o después, según tus preferencias. Nos gusta que todos nuestros potros nazcan al comienzo de la temporada para que disfruten de la hierba primaveral; todos se destetan más o menos al mismo tiempo y podemos suplementar su alimentación si es necesario.

Hay varios métodos eficaces. Uno consiste en tener a todas las yeguas y potros en un potrero cercano y luego llevar gradualmente a cada yegua, una por una, hacia otro más alejado, preferiblemente fuera del alcance del oído del potro. Puede que haya algunos gritos, pero normalmente se acaba en unos días y el potro se queda cómodo con sus compañeros.

El segundo método consiste en disponer de corrales dentro del potrero de destete. Separa a la yegua y al potro para alimentarlos y que se acostumbren al corral. A continuación, deja al potro en el corral (o puedes hacerlo al revés si lo prefieres). La yegua es libre de vagar a su antojo y solo se la lleva al corral para que el potro pueda mamar. Después de unos días, el potro permanece en el corral y la yegua puede volver a su potrero original, mientras que el potro se queda con sus otros amigos destetados. Antes de retirar a la yegua, dedica un poco de tiempo a manipular al potro, asegurándote especialmente de que puedes acariciarlo mientras come su alimento concentrado.

Revisa dos veces las ubres de tu yegua durante unos días y ordeña un poco si parece incómoda. Si están muy calientes, es posible que tenga mastitis, lo cual, aunque es poco común en las yeguas, puede ocurrir y, sin tratamiento, puede enfermarse gravemente.

Si solo tienes un potro, intenta destetarlo con un pony dócil o un caballo retirado de más edad. Los potros destetados deben permanecer separados de sus madres durante al menos seis semanas (algunos necesitan más tiempo), o provocarán que la yegua vuelva a iniciar su lactancia.

Entrenamiento del potro destetado

Es el momento de guiarlo con una cuerda más larga e introducir la fusta de doma o palo de trabajo (tubo de polietileno/bandera/simple varilla flexible) para enseñarle la lección de "avanza". Llevamos una fusta y prescindimos gradualmente de la cuerda de la grupa. Si no llevas una, es posible que tengas que dar un golpecito con el extremo de la cuerda de guía. Puedes comprar incluso un "puntero de maestro" extensible por Internet por unos 10 dólares. El caballo tiene que aprender la diferencia entre "avanza" y "acércate", dependiendo de dónde te encuentres.

Un potro puede caminar bien guiado del cabestro, pero no saber detenerse. Toma un cabestro de entrenamiento con cuerda y tira con más fuerza de su nariz. No es conveniente que te rodee si esa es la única forma de detenerlo. Agita la fusta o el palo de trabajo delante de su cara como si fuera un limpiaparabrisas y deja que le toque la nariz si es necesario. Luego pídele que retroceda hasta el punto donde le pediste que se detuviera por primera vez, usando el extremo del palo de trabajo para empujar suavemente el pecho. Repite esto cada vez para que comience a prestarte atención y escucharte. Esto también tiene la ventaja de enseñarle a quedarse quieto.

A un potro destetado que intente pasarte por encima se le puede sujetar el cuello alrededor de la garganta o darle un "golpe de kárate" con el canto de la mano por debajo del cuello. No hay excusa para que un potro te empuje con la cabeza o con el hombro. Enseñar al caballo a alejarse de ti con el más mínimo toque, utilizando un palo para golpearle suavemente en el cuello, suele resolver este problema. Otra opción es llevar el extremo de un cepillo cerca de tu cadera: así, cada vez que quiera invadir tu espacio, chocará contra el cepillo. Debe ser algo que lo note claramente. El potrillo sabe que la cerca no lo lastima... a menos que él se tire contra ella. Haz que entienda que contigo es igual que con la cerca.

Una rutina mínima consiste en enseñar al potro destetado a caminar junto a tu hombro al paso, quedarse atado, permitir que le levanten las patas, subir a un tráiler y dejarse llevar tranquilo en él.

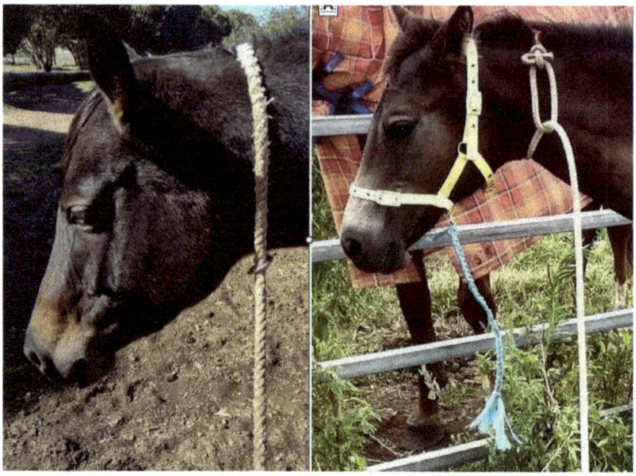

Cuerda con una argolla. Izquierda: posición correcta en la base de la garganta para que se afloje cuando se suelte la cuerda. Derecha: incorrecta. A continuación, ponle el cabestro O pasa la cuerda por la nariz y átala al lazo que rodea el cuello para crear un cabestro improvisado. (Esto se conoce como "brida de guerra" o "come-along").

El atado

Atar es solo una extensión natural de todo lo anterior. Cada vez que sujetas al potro mientras está de pie es, en esencia, una sesión de atado. Siéntate en un neumático o un tronco y déjalo allí de pie un rato. Luego, cada vez que se mueva, llévalo de nuevo al mismo lugar girándole la cabeza, igual que si estuviera atado. No atamos al potro hasta que haya sido destetado y solo cuando responde al 100% a la orden "adelante". Entonces, atarlo no supone ningún problema.

Primero, practica el "atado" con una cuerda larga enrollada alrededor de un poste, sujetando tú el otro extremo a cierta distancia. Así podrás soltarlo fácilmente si es necesario.

A continuación, coloca una cuerda larga en la grupa, ya que esto le anima a avanzar si se inclina hacia atrás. La cuerda de la grupa se pasa por el cabestro. Toma un collar para el cuello del tamaño de un potro destetado y ata la correa a través de la nariz del cabestro también, a algo firme a una altura justo por encima de la cruz. El collar ancho del cuello distribuye la presión, a diferencia de un cabestro sin distribución. Esto garantiza que pueda relajarse mientras está atado, pero si tira hacia atrás, el collar está a la altura adecuada para no dañarle el cuello. La cuerda de la grupa debe atarse lo suficientemente corta como para que sea la primera cuerda que sienta y vuelva a avanzar inmediatamente, y en segundo lugar el collar del cuello si tira más fuerte hacia atrás.

Utiliza siempre un nudo de liberación rápida y permanece cerca para vigilar. Al principio, átalo durante períodos cortos y aumenta gradualmente el tiempo.

Puedes atarlo a un árbol, a un poste con neumáticos alrededor o a un anillo de neumáticos de goma instalado para tal fin, que permite un poco de elasticidad, o a la parte superior de un poste o a la estructura de un galpón. El suelo debe ser blando, ya que pueden resbalar con las patas traseras si se ponen muy nerviosos. Pocos lo harán, aunque algunos harán una especie de "berrinche", como dar patadas, antes de darse cuenta de que están allí para quedarse. Un caballo especialmente inquieto o nervioso puede ser atado con una correa cruzada si dispones de las instalaciones adecuadas.

No uses corrales o mangas donde puedan meter las patas entre los palos: no sirven para enseñar a atar. Y tampoco ates a una altura baja, como los típicos rieles de amarre; son demasiado bajos para entrenar a un destete. Nunca los amarres con un cabestro de entrenamiento fino. Estos solo sirven para guiarlos, no para atarlos firme. Los quiroprácticos equinos tratan muchas lesiones en el cuello causadas por caballos que tiran hacia atrás cuando han sido amarrados con cabestros finos. Si dudas de la seguridad de atar firmemente en un lugar concreto, átalos a un lazo de cuerda (hilo para enfardar). Y nunca los asustes deliberadamente para "enseñarles a no tirar hacia atrás".

Nos gusta darles una bolsa de heno, una vez que se han calmado un poco, para que se convierta en parte de su rutina. El último paso es atarlos tanto fuera como dentro de un remolque con un comedero, con un amigo comiendo cerca. Nunca los ates con una cuerda lo suficientemente larga como para que puedan pasar la pata por encima o meter la cabeza por debajo.

Otro método consiste en atar la pata delantera a una correa corta de sujeción. Los defensores de este sistema dicen que es un método mucho más fácil y suave que ejerce una presión mínima sobre el cuello. Se enseña una vez que aprenden a caminar y saben cómo avanzar. Lo bueno de este método es el movimiento de balancín (sube y baja), de modo que cuando retroceden, la pata delantera se adelanta automáticamente, lo que significa que el caballo tiene que avanzar para volver a apoyar la pata en el suelo. El primer día se hace con la pata delantera cercana, al día siguiente con la pata delantera lejana, para que se mantengan equilibrados, y luego se alterna hasta que hayan aprendido y puedan atarse normalmente.

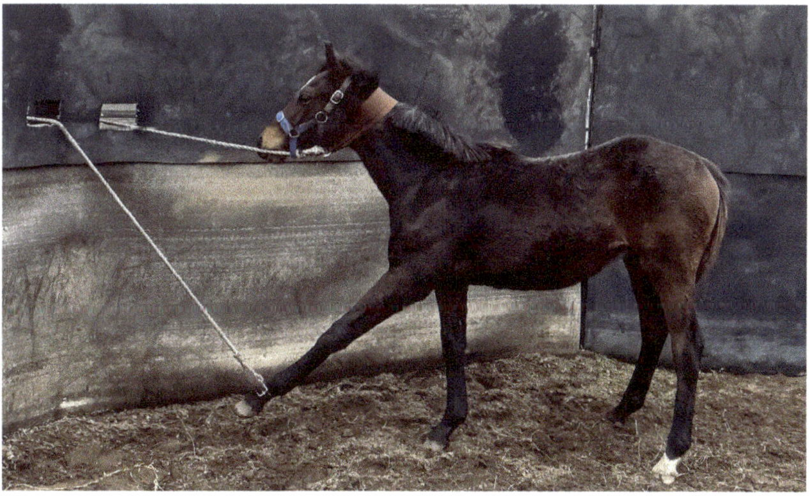

Observa la pared revestida de goma y la superficie de arena blanda. Foto: Peter Haydon

26

Entrenamiento adicional

Qué debería saber un caballo joven?

Tras el destete, lo mínimo que debería saber un caballo joven antes de irse con su nuevo propietario es: seguir la rienda, quedarse atado, comer de una bolsa de heno, dejarse levantar las patas, subir a un remolque y haber viajado en remolque. Utiliza siempre una cuerda larga y suave, con un extremo empalmado para que se sienta bien firme en la mano. Sin el nudo en el extremo, es fácil que la cuerda se te escape de la mano. Sin longitud, es probable que te encuentres en una mala posición porque no puedes soltar la cuerda cuando lo necesites.

Manguereado y baño

Esta es una de las mejores enseñanzas que puedes dar a un potro. Aprende aceptación; aunque al principio lo odie, basta con acompañarlo mientras se mueve hasta que se rinda y entienda que no pasa nada. Empieza tranquilamente por las patas antes de pasar al cuerpo. No lo laves con manguera en un día frío, a menos que tengas agua tibia y el caballo esté acostumbrado a usar manta. Ráspalo. Sé considerado, pero tampoco permitas mañas: simplemente ignóralas y continúa hasta que tolere el agua. No le mojes el cuello ni la cabeza hasta que ya esté cómodo con las primeras sesiones, y cuando lo hagas, que sea con un chorro suave.

Uso de mantas

La cuestión de cubrir o no, o cubrir en exceso, es principalmente un problema australiano, ya que en el resto del mundo se utiliza más a menudo establos o galpones como refugio. El estabulado de caballos requiere mucha mano de obra y aumenta los costos, además de ser antinatural para los caballos. Tenemos disponibilidad de terreno y una cultura de mantener a los caballos al aire libre con mantas neozelandesas. Asegúrate de elegir una marca que se ajuste bien, con broches y correas resistentes. Las mantas ayudarán a los caballos mayores a mantener su peso. Incluso los caballos de exhibición pueden mantenerse las 24 horas del día con un régimen de mantas. Exhibimos nuestros caballos durante años sin tener nunca un establo.

Esto supone un problema para quienes trabajan fuera del recinto, ya que deben poner y quitar las mantas según el clima. Nos gusta utilizar mantas de tela sombreada o malla, cuando hace calor, ya que permiten la circulación del aire y protegen del sol y los insectos, pero permiten que el pelaje del caballo respire y se mantenga limpio. Si la manta se moja, no importa. A los caballos les va muy bien con estas mantas y, gracias a su protección, pueden permanecer más tiempo fuera alimentándose.

Si vas a ponerle manta a un potro por primera vez, ten presente que algunos salen corriendo al sentir las correas de las patas. Por eso, hazlo en un corral redondo o espacio cerrado la primera vez y déjalo caminar con ella puesta. Otros la aceptan bien al ponerla, pero se asustan cuando se la sacas, así que las primeras veces átalo para mayor seguridad.

Amarre y látigos de trabajo

El uso de trabas, trabones o maneas es excelente para entrenar a los caballos a quedarse quietos si alguna vez se enredan en alambres, ya que de lo contrario podrían entrar en pánico y lesionarse gravemente. Son útiles para los padrillos que podrían saltar los cercos y perder peso, o para los caballos que escarban el piso cuando están atados. Primero hay que enseñarles en una zona blanda. Es bueno enseñarles desde el principio como una extensión del proceso de atado, o pedirle a tu domador que lo haga. Algunos domadores lo hacen de forma habitual, así que compruébalo siempre. Puedes atar a los caballos más viejos que son difíciles de atrapar con una traba de pastoreo o una atadura lateral. Esto se hace cuando se conduce el ganado, para que los caballos puedan pastar durante la noche y se les pueda encontrar al día siguiente. Observa cómo lo hace un "veterano" antes de intentarlo tú mismo. También puedes chasquear un látigo de trabajo a su alrededor. Este es un método excelente para enseñar a un caballo a quedarse quieto y confiar en ti mientras hay ruido y movimiento.

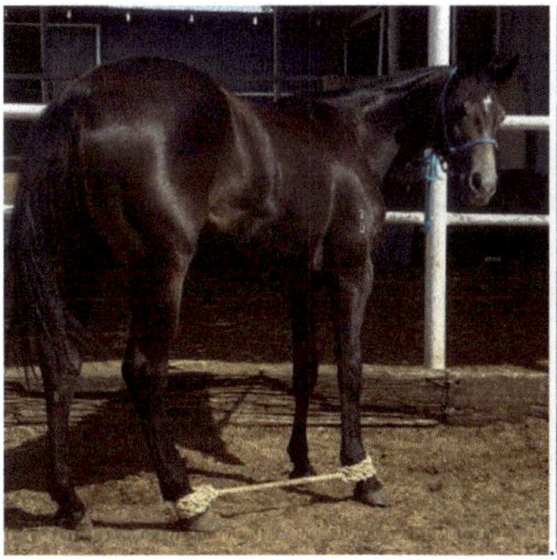

Dos tipos de trabas. Izquierda: lateral. Derecha: trabas de domador. (Keystone equine)

Carga en remolque

Si tu caballo responde bien a la presión en la nuca con las órdenes "adelante" y "avanza", te seguirá a casi cualquier lugar. Llévalo a caminar entre obstáculos, sobre lonas, cemento, dentro del galpón, por arriba de varillas, escalones, charcos, cubiertas, puentes... todo lo que se te ocurra. El último desafío es el tráiler (o remolque). Enseñarle a subir es de las tareas más sencillas si el caballo está realmente bien llevado de la cuerda.

Primero, asegúrate de que el tráiler esté bien enganchado al vehículo. Si después de varios intentos duda o se frena, recuérdale que avance usando la soga por la grupa. Súbelo y bájalo varias veces, siempre premiándolo con un bocado cuando esté adentro. Si solo tienes un potro destetado, ponle un pony tranquilo como compañero para el viaje. Un paseo corto, aunque sea solo dar la vuelta a la manzana, suele ser suficiente la primera vez. La mayoría lo toma con mucha naturalidad, pero si sospechas que pueda intentar saltar la barra delantera, coloca una segunda soga de amarre pasada por debajo de la barra de pecho y sujetada al aro frontal. Así limitas la altura a la que puede levantar la cabeza. Nosotros usamos una soga corta con un mosquetón de apertura rápida, para liberar al caballo sin necesidad de subir al tráiler en caso de emergencia. Siempre viajamos con los caballos embozados (protecciones) y con su ración de heno. Nunca viajes dentro del tráiler junto con el caballo.

Cuando se sienta cómodo haciéndolo, entre y salga con facilidad y haya dado uno o dos paseos cortos, empieza a enseñarle a subir solo. En la mayoría de los casos, necesitarás una fusta larga o un tubo liviano (como de polipropileno) para enseñarle y una cuerda más larga. Nosotros utilizamos el método de Tom Roberts, que es excelente y funciona muy bien por su simpleza. El principio es no permitir que la cabeza del caballo se mueva a ningún sitio excepto hacia el remolque y nunca alejarlo ni darle vueltas para cambiarlo de posición. Puede entrar en el remolque desde cualquier ángulo si mantienes su cabeza apuntando hacia el remolque. Al principio, esto puede requerir dos personas. La persona que está delante debe estar lo suficientemente atrás para que el caballo no se confunda con su presencia. La persona activa es la que lleva la fusta.

La idea no es golpear, sino generar una molestia leve, como haría una mosca, dando pequeños toques rápidos en los flancos o la grupa. El caballo lo siente, y tarde o temprano se moverá: hacia un costado, hacia atrás o hacia adelante. A menos que sea hacia delante, sigue golpeando suavemente mientras lo acompañas en el movimiento. Pero si se mueve hacia delante, aunque solo sea medio paso, detente inmediatamente. Si baja la cabeza para olfatear el portón trasero, eso significa que ha avanzado. Detente inmediatamente. Espera a que mastique. Vuelve a intentarlo, repite. Como ya ha subido varias veces antes, lo más probable es que este paso lo aprenda sin mayores complicaciones.

Los potros de Braeview Stud practicando el transporte en remolque. Foto de Jen Redgen.

El paso final es retirar a la segunda persona y guiar tú mismo al caballo para que suba por la puerta trasera, apartándote para darle un golpecito con el palo y empujarlo un poco si es necesario. He reentrenado a muchos caballos difíciles de subir al remolque con este método. Funciona.

Nunca permitas que el caballo salga corriendo cuando se baje la puerta trasera. *Por seguridad, desata siempre primero la cuerda.* Debe esperar hasta que le pidas que salga tirando de la cola y, si es necesario, tirando de la cuerda de guía. Si no lo haces, aprenderá que la señal de que se desata la barra trasera es la señal para salir, lo que te expondrá a un caballo que sale disparado hacia atrás. En los tráileres de carga en ángulo este problema es menor, pero igual pueden girarse y saltar hacia afuera antes de que estés listo. Lo mejor es evitar el hábito haciéndolo retroceder siempre con tu señal.

Siempre hay que darse tiempo suficiente para completar el entrenamiento. Si tienes prisa, te saldrá el tiro por la culata. La primera vez que vayas a un evento o espectáculo no debe ser la primera vez que los entrenes para viajar en remolque.

De un caballo de un año, el comprador puede esperar que se deje llevar con fluidez, trote y haya estado expuesto a obstáculos, una progresión de su experiencia como potro destetado. Debe comportarse bien con el herrador y saber atarse, ser cepillado, manguereado, y quizás usar una manta. Cuando tiene más de un año, se le puede dar cuerda y guiar desde otro caballo (ponying). Nos gusta llevar potros de un año con nuestros caballos de exhibición para que se expongan y se acostumbren al remolque. Utiliza siempre una cuerda larga para entrenarlos y, de ser posible, guantes.

Atar la pata delantera

Con una correa de estribo o una cinta de amarre, puedes atar una mano hacia arriba, incluso a partir de las primeras semanas de vida. Esto resulta especialmente útil cuando el veterinario necesita trabajar, como medida de SEGURIDAD, ya que el caballo se mantiene en pie y no puede dar patadas correctamente al estar sobre tres patas. Es un método antiguo y probado —como se ve en la foto de la yegua ordeñada en Kirguistán— y puede ser lo primero que hagas cuando debas tratar a un caballo o realizar cualquiera de las múltiples tareas que requieren inmovilidad. Especialmente para los cuidadores con menos experiencia, elimina gran parte del riesgo. También es útil para reeducar a un caballo para el herrador.

Las exposiciones de raza son una excelente experiencia para un caballo joven. Presentarlos "a la mano" ayuda a dar a conocer tu criadero y, al mismo tiempo, les da un entrenamiento muy valioso. Requiere bastante trabajo previo, tanto para enseñarles a quedarse quietos como para presentarse, o sea, posar correctamente frente al juez en la postura formal. Puedes acostumbrarlos a los ruidos poniendo la radio o música dentro del establo. Si todo ese trabajo está hecho en casa, mostrar un caballo no será nada difícil; de lo contrario, necesitarás mucha más exposición previa. Nosotros nunca los llevamos a una exposición sin antes haberles enseñado a trabajar con la cuerda y a llevar la brida para presentarse, si es necesario.

No me gusta cortarles la crin a los caballos "como parte de su entrenamiento". Basta con encender la maquinilla y dejar que sientan las vibraciones. Y, por supuesto, tampoco a las yeguas de cría ni a los caballos que están en los potreros. Lo mismo opino del recorte excesivo en cabezas y cuellos de potrillos solo para fotos. Son cuestiones de bienestar animal. Uf!

Límites

Desde que es un potro, está aprendiendo de ti. No tengas miedo de establecer límites. Al fin y al cabo, al fin y al cabo, su madre y su manada se los marcan todo el tiempo. Observa el lenguaje corporal y aprende de las señales que se dan entre los caballos: orejas echadas hacia atrás, un manotazo, una coz, un amague de corcovo... ese es su idioma natural y parte del juego entre ellos. En cambio, los humanos no tenemos orejas para echar hacia atrás, y vivimos "alzando las manos" y avanzando hacia ellos, lo que puede confundirlos. A veces las personas hablan sin parar, diciendo cosas que para el potrillo no significan nada, o hacen clics y chasquidos de forma inconsistente, y eso puede hacer que se sienta presionado o confundido.

Nosotros no alimentamos a los potros con nuestras manos, solo en el balde Si un potro empieza a mordisquear o a tirar de la ropa, puede parecer gracioso al principio, pero pronto puede volverse peligroso. Si es un mordisqueo suave, basta con un toque leve para corregir. Si es un pellizco fuerte, se corrige con un manotazo firme en el hocico o donde alcances, como sus costillas. Lo justo para que lo registre. La corrección debe coincidir con la falta. No lo vas a lastimar más que cualquier compañero de potrero. Sí, puede que se aparte, así que deberás volver a hacerte amigo de él.

A un potro que embiste hay que golpearlo firme con un palo liviano, azotarlo con una fusta o tirarlo hacia arriba con una cuerda Jeffery. Algunos propietarios no establecen límites, especialmente en lo que respecta a los niños o los perros. Como resultado, el potro se molesta o ve al niño como un juguete. Ten mucho cuidado con cualquier caballo que esté cerca de niños y nunca permitas que estén sin supervisión. Otro mal comportamiento es permitir que un potro te dé la espalda para que le rasques. *Por qué permitir algo que luego tendrás que "desenseñar"?*

Nunca te enfades con tu caballo, es una señal de que no tienes las herramientas para seguir adelante. Detente. Desaprenden tan rápido como aprenden. Muchas veces puedes volver a empezar al día siguiente y no tener ningún problema. Ten cuidado con permitir inadvertidamente comportamientos como inquietud o empujones en casa y luego pretender que se comporten de manera excelente en otros lugares. Sé coherente.

> *"Los caballos siempre nos están hablando. Nuestro trabajo es estar lo suficientemente atentos como para escuchar e interpretar sin reaccionar desde la emoción. Mucho del trabajo con caballos nos pide dejar el ego a un lado y construir una relación basada en la confianza y el respeto —algo que se logra con límites claros y constantes, que a su vez generan expectativas claras— y con una conexión real.*
>
> *Para crear una relación respetuosa, tenemos que incorporar el concepto de límites. Los límites sanos generan seguridad, claridad, confianza y respeto dentro del vínculo. 'Mimar' a un caballo sin enseñarle a respetar límites termina en conductas peligrosas... especialmente cuando hablamos de un animal de 600 kilos que vive con instintos de presa, siempre preparado para huir.*
>
> *También necesitamos adaptar nuestra forma de comunicarnos y tener estabilidad emocional para trabajar con caballos. Con un liderazgo claro, ayudamos a que ellos se fortalezcan mental y emocionalmente, convirtiéndonos en ese referente estable en el que pueden confiar. No ayudamos a un caballo a ganar seguridad ni a tomar mejores decisiones si tratamos de controlar cada resultado. Lo único seguro en esta vida (además de la muerte) es la incertidumbre.*
>
> *Así que los guiamos para que aprendan a manejarse dentro de esa incertidumbre. No podemos robarles sus experiencias formativas intentando controlar todo ni hacer las cosas por ellos. Hay que entrenar la mente de un animal de presa, un cerebro preparado para huir, pelear y sobrevivir, para que pueda desenvolverse solo y mantenerse tranquilo en momentos inseguros o inciertos. Necesitan espacio para equivocarse y la guía para volver a un lugar donde puedan intentar otra vez y tomar una mejor decisión.*
>
> *La manera en que manejamos sus errores influye enormemente en si ganan confianza o si, por el contrario, se bloquean o explotan con conductas indeseables. Seguimos hablando de caballos? Entrenar caballos es muy parecido a criar hijos."* – Jess Keenan, Leading Change Experiences.

Un potro joven no aprenderá los límites si no haces nada para enseñárselos. Llévalo a diferentes lugares. Gánate su confianza manteniendo la calma y siendo coherente durante todo el entrenamiento. Corrígelo. Deja que aprenda las reglas. Todo esto se hace para que tus caballos sean agradables y seguros. No esperes que el domador haga todo el trabajo por ti. Tardará más tiempo y costará más, y cuando lleves el caballo a casa, volverá a caer en sus viejos hábitos.

> *"Así como un niño no tiene la madurez para comprender las consecuencias de sus decisiones, nuestros animales tampoco. Es responsabilidad nuestra —los adultos que sí vemos el camino y las posibilidades— ayudarlos a desarrollar herramientas y criterio para enfrentar las dificultades cuando aparezcan. Si no lo hacemos, fallamos en nuestra responsabilidad de tutela,*

y esa responsabilidad no es poca cosa.

Sí, mi caballo o mi hijo pueden molestarse conmigo porque no les pido permiso y, en cambio, exijo obediencia. Pero ese pequeño enojo es infinitamente menor al dolor mental o físico que podrían sufrir si no los preparo. Puedo escuchar sus emociones y reconocerlas, pero aun así cumplir con mi responsabilidad como guía. Exigir obediencia no tiene por qué ser duro ni frío... pero sí tiene que existir." - Adam Till.

Diviértete entrenando a tus caballos: potro de un año Braeview Sterling HSH con Dan Redgen. Foto de Jen Redgen.

Un caballo es un accidente en potencia. Una emergencia no es el momento adecuado para educar a tu caballo.

27

Comenzar el trabajo con la silla de montar

Para el caballo, el inicio bajo silla no es más que una progresión lógica del trabajo a tierra que ya se le dio. Siempre repasa primero todo el trabajo de base. Nosotros jamás montamos un caballo antes de los dos años, y a veces esperamos hasta los tres. Esto le da tiempo para madurar, especialmente porque el esqueleto del caballo —incluso en razas que se consideran más precoces, como los pura sangre y los cuarto de milla— no termina de desarrollarse por completo antes de los cinco años. Incluso nuestros caballos de Futurity no se empiezan antes de los dos. Yo nunca compraría a conciencia uno que haya sido domado antes, aunque fuera solo a modo de protesta.

Si vas a mandar el caballo a un domador, haz muchas preguntas y, de ser posible, consigue referencias de gente que le envía caballos regularmente. A veces hay que reservar con bastante anticipación. No elijas solo por precio. Visita el lugar para ver las instalaciones y al domador trabajando con sus caballos. Trabaja con empatía o simplemente "aprieta" al caballo? Qué incluye exactamente el proceso de doma? Qué adicionales se pueden contratar? Las instalaciones están en buen estado y parecen seguras? Usa protectores de caña? Qué tipo de alimentación da? Si más adelante el caballo se va a presentar a una venta como caballo montado, el entrenador que lo preparará será la misma persona que lo domó?

No envíes a un potro débil o inmaduro y comprueba si el caballo joven tiene dientes de lobo o fundas. Éstos deben ser eliminados antes de avanzar.

No querrás que el caballo vuelva con bajo peso, asustado o "arruinado". Si el proceso es demasiado rápido, puede volver confundido, fatigado, apagado o con miedo. Puede haber sufrido molestias por rozaduras de la cincha, lastimaduras en la boca, dolor en los cascos o incluso comenzar a formar férulas. Si es la primera vez que el caballo sale de tu establecimiento, puede demorar en acostumbrarse a comer y beber; esto es un signo claro de estrés, que puedes reducir con una buena preparación previa. Se lo debes al caballo. No quieres que vuelva odiando la experiencia o con problemas que no tenía.

La mayoría de los entrenadores valoran muchísimo un caballo con excelentes modales a la mano. Pero no te engañes: que sea "bueno" en casa no siempre significa que tenga buenos modales; puede que simplemente esté habituado a tu forma de manejarlo. El domador quizá tenga que empezar de cero para enseñarle modales correctos. En estos casos, muchos prefieren un potro con poco manejo previo antes que tener que deshacer malos hábitos.

Ellos también deben contemplar el trabajo posterior que el caballo recibirá cuando salga de sus manos, su uso futuro y el nivel general del jinete. La educación bajo silla recién empieza en la doma; no debería terminar ahí. Procura montar un par de veces al caballo en el establecimiento del entrenador antes de llevarlo a casa. Si no es posible, pide videos.

Te advierto que no conviene dejar al caballo sin montar por demasiado tiempo después de haberlo iniciado, sobre todo si tú mismo vas a montarlo. Si notas que, una y otra vez, tus caballos quedan meses sin trabajar en el potrero, pregúntate si se debe al miedo o simplemente a la falta de motivación. No caigas en el error de seguir criando mientras tus potros de 3 y 4 años, y los que vienen detrás, están parados sin avanzar en su educación. Los caballos no se venden solos, y menos si no los estás trabajando o enviando a alguien que continúe su doma. Los compradores quieren ver un caballo iniciado y montado. Si tú no vas a hacerlo, entonces revisa seriamente si deberías seguir criando. No tiene sentido que el orgullo te impida tomar decisiones sensatas; ya sabes lo que dicen: el orgullo precede a la caída.

En mi caso, ahora es mi hija quien se encarga del entrenamiento, y por eso nunca se concentra todo en un período rígido como las típicas 4 a 8 semanas de un domador convencional. Aquí el caballo nunca es presionado. Sin plazos fijos, recibe descansos naturales por cuestiones de clima, enfermedades, competencias, compromisos familiares y todo lo que surge en la vida real. Así, el caballo se acostumbra a quedarse parado algunos días, semanas e incluso meses, antes de retomar su proceso de doma.

Trabajo a la cuerda

El trabajo a la cuerda se puede realizar en un picadero redondo, en un corral cuadrado, o a campo abierto. En nuestros comienzos lo hacíamos a campo abierto, simplemente porque no teníamos instalaciones. Siempre usa protectores de caña cuando trabajes a la cuerda y, a veces, también campanas si el caballo se excede, algo muy común en animales jóvenes que aún están desbalanceados. Primero pídele que trabaje cerca tuyo, a tu alrededor, con una soga larga. A medida que vaya entendiendo lo que le pides, ve aumentando la distancia para que pueda caminar y trotar con comodidad. Cuanto más grande sea el caballo, mayor será la distancia necesaria para que lo haga cómodamente.

Rara vez hemos utilizado órdenes verbales hasta que comienza el trabajo a la cuerda, ni utilizamos mucho la voz en nuestra interacción con los caballos, confiando casi exclusivamente en el uso del lenguaje corporal. Utilizamos las órdenes "camina", "trota", "galopa" y "alto", con tonos diferentes para cada una, de modo que sean muy distintas. "Buen chico" se utiliza después de un "alto" o al acercarnos al caballo para acariciarlo. "Buen chico" suele ser la única palabra que conocen antes de esta etapa. Estas palabras se refuerzan con el lenguaje corporal y la fusta o látigo de doma (o una bandera, aunque muchos caballos se insensibilizan rápido a la bandera). Observa a los entrenadores de trabajo en libertad: nunca usan banderas.

El mayor error que cometen los novatos es asumir que su voz es importante. Rara vez se utiliza de forma coherente, ni tampoco el clic (o chasquido). Nosotros no chasqueamos porque los compradores suelen hacerlo de manera indiscriminada y el caballo no entiende nada. A menudo pregunto a los visitantes: "Por qué chasqueaste? Qué significa para ti?". Casi nunca saben explicarlo. Si usas señales que no son universales, cada nuevo dueño obligará al caballo a reaprenderlo todo desde cero. Es un verdadero mérito de su inteligencia que aun así consigan adaptarse.

Si no crees en la importancia del lenguaje corporal, párate en el centro del picadero sin girar ni seguir al caballo, usando solo la voz. Muy pocos caballos responderán, y los que lo hagan suelen estar mucho más avanzados en su educación general. Son animales que ya aprendieron a leer tu intención por tu postura y tu mirada.

Pedirle al caballo que se detenga es muy sencillo: solo muévete hacia adelante, colocándote en su línea de avance hacia el cerco, bloqueando su camino mientras dices "alto". Enseñarle la detención rápida también es fácil: simplemente corre más rápido hacia el bloqueo. La orden "alto" se transferirá sin dificultad más adelante, cuando lo montes. Si intenta acelerar cuando te adelantas para bloquearlo, elige un punto más lejos y corre hacia ese punto mientras bloqueas con el látigo. Cada vez que el caballo se detenga, acércate a él para darle una palmada o acariciar su frente, incluso cerrándole suavemente los ojos. Te sorprendería saber cuántos caballos tienen dificultad para dejar que camines directamente hacia ellos y les des una palmada en el hombro, hasta que lo repites varias veces. Espera siempre a que haga el gesto de masticar, normalmente acompañado de un coletazo: es su señal de liberación y alivio.

La pausa es tan importante como cualquier otra parte del entrenamiento.

Detener al caballo contra el cerco, sin permitir que se meta hacia adentro, es una parte clave de su entrenamiento. Queremos que se detenga cuadrado, quieto y atento. El caballo solo debe entrar en el centro cuando se lo pidas transmitiendo esa intención con la sensación de "adelante" de la rienda de trabajo. La razón por la que utilizamos una rienda de trabajo, en lugar del trabajo suelto, es porque se puede transferir fácilmente a una pista de exhibición o a cualquier lugar que no disponga de instalaciones adecuadas. Puedes trabajarlo con un cabezón de trabajo (lo más recomendable), un cabestro, o directamente del bocado si el caballo es muy fuerte. Cuando ya da cuerda con fluidez para ambos lados, podrá trabajar suelto con paradas y giros sin problema.

Puedes hacerlo pasar sobre una barra, una lona o incluso atar sacos al rodillo para añadir algunas variaciones.

Trabajo a la cuerda con bocado, Kyabra Park Simply Red - propiedad/foto de Tegan McKenzie

Entre ejercicio y ejercicio, frótale el cuerpo con la fusta para confirmar que no le tema. Cuando lo comprenda, puedes pasar a trabajar con el rodillo. Ajústalo flojo al principio usando una pechera (o enganchando las riendas fijas adelante) para que no se deslice hacia atrás. A medida que observes su reacción, puedes ir ajustándolo más. No lo aprietes de golpe, porque podrías asustarlo y hacerlo corcovear.

Un caballo que "corta la esquina" generalmente lo hace porque mete el hombro hacia adentro o huye de la presión. Es importante que mantengas la flexión con la rienda de trabajo para que no haga de esto un hábito. Mueve la rienda hacia él para enviarlo nuevamente hacia afuera, o dale un pequeño toque con la fusta en las costillas, detrás de la cincha, para recuperar la flexión. Puede que necesites acercarlo bastante para doblarlo desde la nariz —por eso el cabezón es tan útil en el trabajo clásico a la cuerda— o, según el caso, alejarlo para lograr la flexión. Hasta que pueda doblar manteniendo el diámetro del círculo, no está realmente equilibrado. Lo verás encontrar su equilibrio cuando baje la nariz, olfatee el piso o estire el cuello hacia abajo sin cambiar el ritmo. Si logra hacerlo durante un círculo completo, mejor aún!

Los beneficios de trabajar a la cuerda son enormes: acondicionamiento, ejercicio general, estado físico y rehabilitación, mejora del equilibrio, desarrollo de la línea superior, fomento para que el caballo redondee y se estire, y aprender las órdenes de voz. Para ti, además, es una excelente forma de evaluar su potencial, sus aires, su aptitud atlética, su carácter, su progreso y su disposición para aprender.

Introducción a la embocadura

Progresa hasta introducir la brida y el bocado. A mí me gusta usar mosquetones o clips en la testera para sujetar el bocado y las riendas, así puedo quitarlos fácilmente y ajustarlo para distintos caballos. El proceso de acostumbramiento al bocado funciona mejor si lo alternas con el trabajo a la cuerda, o lo usas como un descanso entre sesiones. Un caballo que nunca fue bridado siempre va a masticar el bocado un buen rato, hasta que entiende que no hace falta. Nosotros no usamos muserola.

No debe quedar espacio entre la argolla del bocado y las comisuras de la boca, porque eso permitiría que el bocado se deslice. No hacen falta bocados especiales para esta etapa, pero sí es fundamental que sean cómodos. Un filete con anilla en D es ideal porque evita que se corra y ayuda a guiar al caballo en los giros aplicando una ligera presión en el lado opuesto. Otros utilizan una correa labial para lograr el mismo efecto. Asegúrate de que el bocado esté limpio, liso y sin óxido. Si el caballo tiene tendencia a pasar la lengua por encima del bocado, súbelo uno o dos agujeros, o cambia el tipo de embocadura. Algunos caballos con paladar muy bajo no toleran bien un filete partido y trabajan mejor con una media luna. Para iniciar, suelo preferir una embocadura relativamente fina, porque la boca del caballo joven suele ser demasiado pequeña para un bocado grueso. Sin embargo, un caballo con la boca muy sensible puede sentirse más cómodo con un bocado más grueso.

El paso siguiente es pasar las riendas por encima del cuello, tal como lo haces cuando montas, o sea "riendas sobre el cuello". Sujeta una fusta de adiestramiento del lado opuesto. Si el caballo es tan alto que no llegas, puedes hacerlo por debajo del cuello, cuidando siempre de sostener las riendas con el mismo ángulo que tendrías al montar. Pídele suavemente que gire la cabeza aplicando una presión ligera y liberando apenas responda. Debe acostumbrarse a mantenerse quieto. Una vez que logres eso, podrás pedirle un poco más de flexión. Entre cada ejercicio, dale un golpecito con la fusta y pídele que avance usando la orden "camina". Para detenerlo, dices "alto" y te detienes, esperando pacientemente a que él también se detenga. Repite el proceso hasta que pueda flexionar, girar, avanzar, detenerse y retroceder con un contacto suave de la mano, desde ambos lados.

Este es el mejor momento para enseñarle a apartarse de una presión detrás de la cincha. Usa el pomo de la fusta para pedirle que se desplace lateralmente alejándose del toque, imitando la acción de tu talón o tu espuela. Lo que buscas es que cruce los posteriores, tanto con la cabeza flexionada como sin flexionarla. Hazlo de los dos lados.

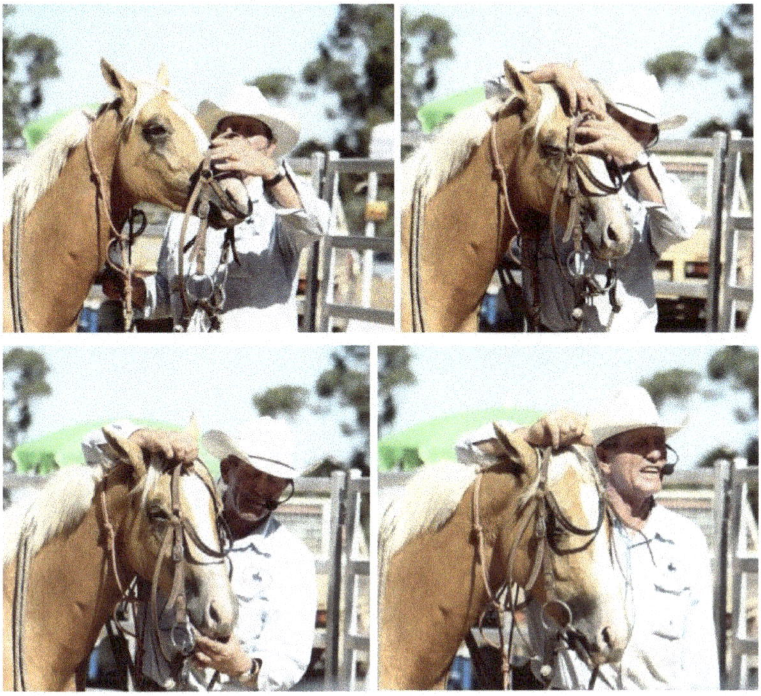

Cómo colocar correctamente una brida, con Col Byron. Fotos de Catherine Mahnew

Solo después de esto deberías pasar al trabajo en la cuerda con riendas auxiliares deslizantes, al trabajo a dos riendas desde el suelo, o a ambos, según tus preferencias. Si utilizas riendas de atar o riendas laterales, asegúrate de que la rienda exterior quede bastante más larga, para que el caballo pueda flexionar el cuello. Con riendas de atar, riendas auxiliares o un martingala tipo market harborough, la idea nunca es tirar de la cabeza hacia adentro o hacia abajo, sino evitar que el caballo la lleve demasiado alta o que saque la nariz en exceso. Al hacerlo, el caballo empieza a descubrir que puede tomar las riendas con suavidad y mantener un contacto ligero dentro de su postura natural, sin interferencia de las manos del jinete. Queremos que encuentre por sí mismo su punto óptimo entre las dos riendas.

Solo entonces deberías pasar a trabajar con riendas largas, o conducir desde el suelo, o ambas cosas, según tus preferencias. Si utilizas riendas laterales, asegúrate de que la rienda exterior sea mucho más larga, para que el caballo pueda seguir doblando el cuello. Con riendas laterales, riendas largas o un market-harborough, el objetivo *nunca* es tirar de la cabeza hacia dentro o hacia abajo, sino impedir que el caballo mantenga la cabeza demasiado alta o saque demasiado el hocico. Al hacerlo, el caballo empieza a darse cuenta de que puede tomar las riendas con suavidad y establecer un contacto ligero y constante en su postura natural, sin la interferencia de las manos del jinete. *Queremos que el caballo encuentre su propio punto óptimo entre las riendas.*

En esta etapa llevamos al potro en doma a la par de otro caballo —tanto con montura como sin ella— para que se vaya acostumbrando a la altura real de un jinete y a la sensación de la silla con los estribos colgando. Además, lo sacamos así fuera del corral para que vea el entorno y empiece a familiarizarse con lo que encontrará cuando lo monten por primera vez.

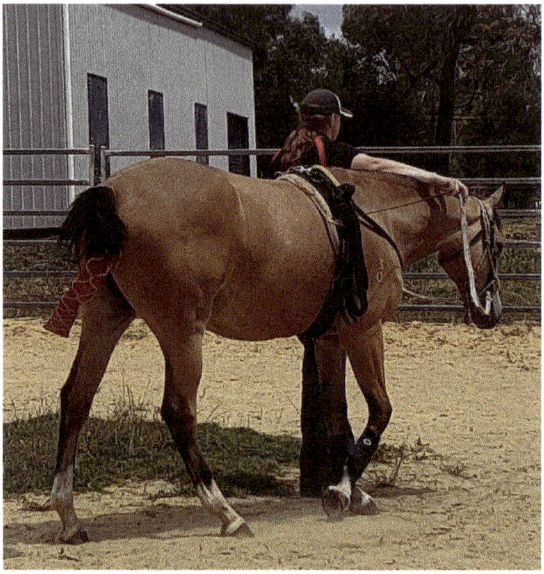

Conducido al cuello, Kim Ide con Chalani Topaz

La idea es que avance con la cabeza cerca de la rodilla del jinete. Puede que al principio no lo entienda, así que puedes llevar una segunda persona con una fusta larga para acompañar desde atrás si hace falta, o llevar tú mismo una fusta y darle un toque para corregirlo. Si se abre hacia afuera, sigue la línea del cerco: pronto entenderá lo que le pides.

Guiando a un potro desde otro caballo. Kim Ide en Chalani.

Asegúrate de que la montura le calce bien. Si tiende a moverse, usa una pechopetral en "Y" para evitar que gire o se deslice hacia atrás. Una montura que no ajusta correctamente crea problemas innecesarios. Usa un banquito o un montador para inclinarte sobre la montura por ambos lados. También puedes hacerlo desde un riel del corral si el caballo es alto. Sube al estribo y baja repetidamente, sujetándote del borrén delantero. Frótalo por todas partes y apoya tu pierna sobre la grupa. La mayoría de los caballos se moverán en algún momento para recuperar el equilibrio. Mantén la postura, acompáñalo hasta que se quede quieto. Acarícialo del lado contrario y deslízate hacia abajo. Repite esto hasta que el caballo permanezca inmóvil. Hazlo también del otro lado. Hasta que no se quede completamente quieto al montarte, no avances a la siguiente etapa.

En este punto, muchos entrenadores también introducen las maneas y el látigo de trabajo, aunque algunos solo lo hacen si tú lo pides.

Primeras montas

Cuando todo esto ya está logrado, se trata simplemente de unir cada paso. Si lo prefieres, puedes tener a un ayudante a la cabeza del caballo, guiándolo al inicio, mientras tú te recuestas sobre él. Al día siguiente repasa todo nuevamente, cada vez tomándote un poco menos de tiempo y pasando más rato en la silla. Al principio, limítate a pedir las flexiones de la cabeza que ya conoce del trabajo a pie, dejándolo que te huela mientras estás montado.

En algún momento sentirás la confianza suficiente en su actitud como para pedirle que avance, combinando la orden de voz "camina", un toque suave con la fusta detrás de la cincha y una presión liviana con las piernas. Comienza con círculos amplios y algunas paradas a una rienda desde el paso, siempre acompañadas por la voz, aumentando de a poco lo que le pides. En los días siguientes, pide el trote y, cuando este sea parejo y relajado, el galope. Si el caballo no está muy entusiasmado, suele ser mejor salir del patio o corral y trabajar en una pista, siguiendo a otro caballo. Mejor aún, salir a dar una vuelta con otro caballo adelante; de esta manera se afirma, gana confianza y entiende las ayudas con mayor rapidez. Muchas veces el primer galope resulta más fácil de pedir así. No te preocupes por la mano del galope hasta que regreses a la pista; después de unas cuantas montadas, eso se acomoda solo. Nos gusta llevar siempre una fusta, ya que es una herramienta que el caballo conoce del trabajo en tierra; aunque rara vez se necesita, el día que no la llevas suele ser cuando más la extrañas.

Las detenciones en las primeras etapas deben hacerse siempre con la parada a una rienda, acompañada del "whoa" o "alto" que ya conoce del trabajo previo. Si empieza a olvidarse, se pone un poco rebelde o sientes que algo no está del todo bien, repite este ejercicio hasta recuperar suavidad y control. Asegúrate de poder hacerlo hacia ambos lados. Si es necesario, puedes pedir la flexión de la cabeza hasta llevarla a tu rodilla y mantenerla allí hasta que se relaje y deje de moverse.

Al inicio es mejor hacer trabajos largos y tranquilos, con salidas serenas, obstáculos naturales y paseos calmos, alternando de vez en cuando con sesiones de pista para trabajar círculos y seguir puliendo detalles con cavaletti, salidas al campo o siguiendo ganado. El tiempo invertido en todo el trabajo preparatorio hace que el proceso completo de amansar y domar sea continuo y sin sobresaltos. Dale un pequeño premio de alimento cuando le quites el equipo. Tener un balde con agua en el lugar donde desensillas permite enjuagar el bocado antes de guardar el cabestro. Si al final observas sacudidas de cola, movimientos bruscos de cabeza, o el caballo va por debajo o por encima del contacto del bocado, algo no está bien y conviene revisarlo. NO PRESIONES demasiado a tu caballo. El objetivo es terminar la jornada con un caballo tranquilo y contento. Existen muchas maneras de amansar caballos, pero esta es simplemente la forma en que nosotros lo hacemos, porque está probada y funciona en caballos de todo tipo. Cuando recién comenzaba, y por falta de instalaciones, amansé todos mis caballos en un potrero abierto y con una silla de doma clásica, sin ningún inconveniente, justamente gracias al extenso trabajo previo en tierra.

La doma inicial es el entrenamiento más importante que recibe un caballo. Aporta valor a los buenos ejemplares, pero rara vez suma valor económico a los caballos de mala calidad. Tu trabajo como criador es producir caballos bien conformados, sanos, equilibrados y felices, correctamente preparados para el futuro que les toque.

Preparación antes de la primera montada. Breaker (por Nonda Charlie Peno) y el caballo líder (por Chalani Sunstream), ambos criados por Bridgette Hasting, jinete Lily Johnson. Foto de Priscilla Oberreiner

Cómo embridar a un caballo asustadizo:

Abrocha una correa alrededor del cuello. Pasa la argolla o las riendas por detrás de esa correa y coloca el lazo alrededor del hocico. Tira suavemente hacia abajo hasta que el lazo haga presión sobre los huesos blandos de la nariz. Mantén una presión firme para evitar que el caballo levante la cabeza. Con la otra mano, ponte a colocar la brida. Si no puedes hacerlo solo, pídele a alguien que mantenga la presión del lazo sobre la nariz. Cuando la brida esté en su lugar, desabrocha las riendas en su unión y sácalas desde abajo, por detrás de las carrilleras. No hace falta usar fuerza excesiva, y la mayoría de los caballos deja de dar problemas después de que los embridan un par de veces de esta manera. Si la dificultad persiste, revisa siempre los dientes y la nuca.

Clases para caballos jóvenes para Chalani Scotch HSH, con Cody Wilson.

Glencoe Sure Thing HSH con Aiden Elliott, de 14 años, Lissadel Station, foto de Kelli Elliott, y arriba, con Lachlan Glasser. Foto de Melinda Fanning.

28

Rutinas del criadero

Es mejor que digan: "Me pregunto por qué castraron a ese potro", que "Me pregunto por qué no lo castraron".

Castración

La razón principal para castrar es el rendimiento. Los caballos castrados son más fáciles de manejar, se concentran más en su trabajo y pueden vivir una vida más tranquila junto a los demás caballos.

El procedimiento habitual para nosotros es castrar y marcar a todos los potros justo antes del destete. El potro vuelve entonces con su madre en busca de consuelo y olvida rápidamente lo sucedido. Esto también ayuda a evitar la inflamación, ya que el potro se mueve junto a su madre. Si lo haces después del destete, puedes perder gran parte de la confianza que has desarrollado con el potro durante el destete. Lo hacemos entonces porque la mayoría de nuestros caballos irán con sus nuevos propietarios una vez destetados.

Un potro puede castrarse a cualquier edad, incluso cuando ya es un padrillo adulto. Algunos se castran porque se pellizcan los testículos o porque se han vuelto demasiado pesados en la parte delantera, lo que afecta a su rendimiento. Esto ocurre con bastante frecuencia en las carreras y en el polo. Los cuellos pesados están mal vistos en el mundo de los caballos de trabajo debido a la presión adicional que ejercen sobre las extremidades delanteras. Es mejor castrar a los padrillos que venderlos a lugares donde tendrán un uso limitado y se mantendrán aislados durante la mayor parte de su vida.

Debe ser el criador quien decida cuáles pueden permanecer enteros, no el nuevo propietario.

La mayoría de las castraciones se realizan con el animal echado, pero algunos veterinarios prefieren hacerlo de pie. Esto puede ser un problema si el potro tiene una hernia escrotal y parte de su intestino desciende inesperadamente. Si el potro es monórquido (o "rig"), es obligatorio extirpar ambos testículos simultáneamente, por lo que se requiere una cirugía abdominal para extirpar el testículo no descendido. Nunca utilices un rig como reproductor, ya que se cree que esta condición es hereditaria.

Todos los criadores deben tomarse muy en serio la responsabilidad de castrar. Hay demasiados potros que no son de buena calidad, lo que repercute negativamente en el criador y en la raza. Si decides que vale la pena mantener uno entero, críalo tú mismo y véndelo más tarde si sigue cumpliendo tus estándares y tienes un comprador adecuado. En caso de duda, cástralo.

Nosotros siempre hemos puesto especial cuidado en asegurar que los pocos machos enteros que vendemos realmente lo merezcan y vayan a hogares responsables. En 50 años, casi siempre hemos vendido solo padrillos que antes probamos en casa como reproductores genuinos, junto con unos pocos potros que, con el tiempo, demostraron que teníamos razón porque sus dueños lograron producir buena cría con ellos.

> *"Como criadores, creo que tenemos la responsabilidad de garantizar los mejores hogares para nuestros potros en su vida adulta, por eso tenemos la política de NO VENDER MACHOS ENTEROS.* - Peter Woodger.

Ten cuidado con los compradores que prometen castrar. A menudo, esto no se lleva a cabo. Asegúrate de que en los documentos del caballo figure "castrado". Creo que si todos los criadores castraran a todos los animales antes de venderlos y anunciaran una política de "no vendemos potros enteros", los compradores tendrían que demostrar por qué deberían venderles un potro como futuro padrillo, cuando no lo harían con nadie más.

Desgraciadamente, esto no impedirá que la gente compre potros enteros en las subastas, ya que parece habitual que los criadores inscriban potros en las subastas de razas y dejen que el comprador decida si los mantiene enteros o no. En algunas subastas de razas, parece que al menos la mitad de los machos inscritos son potros enteros. Los criadores deben ponerse de acuerdo y saber que si un potro no es de la calidad de lo que tú mismo conservarías y usarías, no debería venderse como entero!

La única excepción a esto podría ser una venta de alto rendimiento o en la industria de las carreras, donde ya tienes una sólida reputación como criador.

> *"Los potros que producimos son de alta calidad, pero como se vendieron en la subasta NCHA como potros añales tardíos, nos pareció demasiado pronto para castrarlos, preferimos permitir al comprador decidir una vez que el potro madure para ver cómo se adapta al aumento de testosterona y su capacidad para concentrarse en su entrenamiento al mismo tiempo. Teníamos en muy alta estima a uno de esos potros, pero no fue capaz de concentrarse, por lo que decidieron castrarlo. De los cinco potros que criamos, solo dos se mantuvieron enteros y uno de ellos también fue castrado posteriormente. Dado que vendíamos a un mercado específico y a personas con conocimientos, la competitividad era lo primero y más importante para ellos".* – Karen Trun, criadora de caballos de corte.

Hay algunas razas en las que un caballo castrado tiene poco valor. Históricamente, esto se debe a que se mantienen demasiados potros enteros, y solo las potrancas se consideran valiosas. Si la raza considera que sus castrados tienen poco valor, y los criadores continúan criando potrancas para producir más potrancas, se genera un ciclo interminable donde los castrados pierden valor. Algunos criadores mandan todos sus potros enteros a ventas locales solo para no gastar en castrarlos y entrenarlos, porque no podrían recuperar la inversión. Esto es un claro ejemplo de crianza irresponsable, señalada por defensores del bienestar animal, que perjudica a todos los criadores.

Si los caballos castrados se venden a buenos precios, se los promociona por su desempeño o potencial. Un buen promedio de castrados refleja cómo el público percibe a la raza en general. Eso augura un buen futuro para la raza. Los criadores necesitamos elevar el nivel de nuestras yeguas reproductoras, manteniendo solo aquellas con calidad suficiente como para producir potros con potencial de sementales. Sin ese potencial, quizás no están a la altura para formar parte de un buen plantel de cría.

Herrería

Un buen caballo castrado siempre será un buen representante de la raza. El caballo castrado Waler Wendara Silver Lining, propiedad de Penny Bieber, montado por Emily Wonka. Foto de Katy Driver.

Un buen herrador comprenderá de conformación y movimiento y empatizará con los caballos. También debe tener un excelente conocimiento anatómico de la pata del caballo y estar bien formado en su oficio. Debe ser capaz de explicar lo que está haciendo para que tú comprendas los procesos, y tú debes ser capaz de explicarle cualquier cambio que hayas notado, como alteraciones en su paso desde la última herrada o recorte. Los herradores pasan poco tiempo con el caballo, generalmente lo ven cada 5-8 semanas, por lo que es importante comunicarles cualquier problema de dolor o cambios en sus cascos. También debe ser confiable, porque si no lo es, pronto solo le quedarán los caballos difíciles o dueños complicados que ningún otro herrador quiere atender.

Un buen propietario debe tener a sus caballos atados a su llegada, bien cuidados y en un lugar protegido de las inclemencias del tiempo. En explotaciones más grandes, esto puede no ser posible y los caballos se tratan en el campo, posiblemente en un potrero de espera. El propietario debe reservar la próxima cita y no cancelarla a último momento, y también pagar a tiempo!

No importa si eres un fanático de los caballos "descalzos" o un defensor de las herraduras; lo que importa es que la pezuña tenga la forma adecuada para la conformación, la postura y la forma de moverse del caballo, y que este se sienta cómodo en las superficies en las que trabajas. Si siempre se apoya sobre las patas delanteras, se inclina hacia atrás, tiene un paso acortado o una pezuña deformada, todo ello debe evaluarse y debe iniciarse un programa de corrección. Esto comienza con el potro de aproximadamente dos semanas de edad y continúa a partir de entonces según sea necesario, especialmente si pisa hacia dentro o hacia fuera, se apoya en los talones o muestra signos de pie zambo. La mayoría no necesitará ningún tratamiento hasta que empiecen a superar la etapa de potrillo, aproximadamente a los tres o cuatro meses de edad, momento en el que bastará con un simple limado. Por esta razón, probablemente puedas ocuparte tú mismo de la mayoría de tus caballos jóvenes durante el primer año; simplemente cómprate una buena lima y un cortacascos. (Se recomienda la marca GE, cara pero vale la pena). Pide a tu herrador que te enseñe cómo hacerlo, de esa manera podrás trabajar con los potrillos cada dos semanas, en lugar de esperar al herrador.

Lo que más suelen notar los jueces son los cascos malos o un mal trabajo de herrado. Ninguna de las dos cosas debería pasarse por alto. Cuanto mayor sea el nivel de rendimiento esperado, mayor será la importancia de prestar atención a los detalles para optimizar el rendimiento del caballo. Es importante que la columna ósea esté correctamente alineada y que la pezuña esté equilibrada con respecto a esta alineación, tanto vista desde delante como desde el lateral. Es importante alinear correctamente la columna ósea y equilibrar el casco según esa alineación, viéndolo tanto de frente como de lado. Los herradores deben corregir fallas caudales en caballos herrados (que a menudo tienen una base conformacional), respetando siempre la cápsula del casco, para crear y mantener la comodidad general del caballo.

Pies zambos en ambas patas delanteras, junto con una postura inclinada hacia atrás, lo que indica incomodidad en los miembros delanteros.

Los problemas más comunes que observan los herradores se deben a que los propietarios no revisan los cascos de sus caballos entre cada recorte, como por ejemplo la candidiasis o "infección de la ranilla". Se trata de una infección que se da especialmente en ambientes húmedos y que se corrige fácilmente si se detecta a tiempo, con una mezcla a partes iguales de vinagre de manzana y agua, y a veces añadiendo un poco de sulfato de cobre para ayudar a secar la pezuña. Las pezuñas deben limpiarse regularmente para asegurarse de que no haya objetos extraños atrapados en los laterales de la ranilla.

Puedes hacer tu propia grasa para cascos fundiendo grasa de cordero sin sal que te proporcione tu carnicero y añadiéndole aceite de pata de vaca a partes iguales, pero esto variará según sea verano o invierno. Aplícala regularmente en la corona y la parte inferior de los cascos de tus caballos con un pincel rígido. Utiliza siempre aceite de pata de vaca natural, no las marcas falsas elaboradas con productos químicos. Ten a mano un recipiente para cuando traigas a tus caballos para manipularlos. En condiciones de sequía extrema, a veces puede ser útil colocar deliberadamente un "charco de barro" alrededor del bebedero para que tus caballos tengan que pisarlo. Tus caballos y tu herrador te lo agradecerán.

Salud dental

Es importante comprender que muchos problemas de comportamiento comienzan como problemas dentales. Tom Roberts solía decir que, siempre que se presenta un problema de entrenamiento, primero hay que revisar los dientes! Los dientes de los caballos se desgastan al pastar debido al efecto abrasivo de los pastos, pero los caballos que reciben alimentación manual pueden no desgastarlos al mismo ritmo que la naturaleza ha diseñado. Los dientes del caballo están en constante erupción para equilibrar el desgaste, pero a medida que envejecen, queda menos raíz en las encías, lo que puede hacer que los dientes se aflojen o se pierdan por completo. La mayoría de los caballos mayores pierden condición física debido a problemas dentales, por lo que es fundamental manejarlos con cuidado para evitar esto.

Los caballos viejos pueden tener dientes ondulados, boca "de goma", dientes desgastados hasta las encías, reabsorción radicular o dientes ausentes. Los caballos jóvenes pueden tener dientes de lobo que hay que extraer, encías doloridas y abscesos cuando les salen los dientes nuevos, y las llamadas fundas o tapones dentales. No es raro encontrar un "tapón" en el comedero. Los caballos adultos pueden tener dientes fracturados, un diente perdido, algo atrapado entre los dientes o en el lado de la boca, caries o formaciones inusuales que causan úlceras, por nombrar solo algunos problemas.

Esto puede causar un dolor considerable, pérdida de condición física y problemas de comportamiento. Algunos indicadores pueden ser que el caballo tenga dificultades para masticar la comida, sea incapaz de morder una zanahoria, deje caer el alimento, sea tímido con la cabeza o pierda rendimiento (por ejemplo, salirse de la pista). También pueden presentarse cambios en la postura de la cabeza (torceduras, inclinaciones, movimientos bruscos, apoyo excesivo, salivación, babeo, bostezos). Además, pueden aparecer anomalías extrañas, como el "diente de oreja". Y la lista sigue.

Si no se tratan, pueden derivar en problemas de salud y debilitamiento más graves, como infecciones, atragantamientos, úlceras gástricas o cólicos.

Nosotros revisamos rutinariamente los dientes de nuestros caballos de manera anual, a partir de los dos años, incluso para aquellos que no están en trabajo, con un veterinario especializado en odontología equina, de modo que se puedan administrar sedantes y cualquier otro tratamiento necesario. También los pesamos durante esta cita. Todo se registra en HorseRecords. Nos tomamos muy en serio el cuidado de sus bocas para evitar complicaciones futuras.

Marcaje

En el pasado, el marcaje era un proceso bastante aterrador, ya que los jóvenes caballos eran marcados como adultos, traídos sin haber sido manejados previamente, y muchas veces esta era su primera experiencia con los humanos. Las fotografías mostraban grandes cantidades de humo, caballos salvajes y hombres fuertes realizando la tarea, diseñadas por el fotógrafo para impresionar al lector de la revista.

Hoy en día, es bastante diferente. El marcaje por congelación o criomarca es ahora el método preferido, y las marcas son mucho más pequeñas. Se recorta el pelo y se le aplica aceite, por lo que la plancha no necesita sostenerse durante mucho tiempo. El caballo se marca cuando es joven, utilizando una simple sujeción mediante una cuerda o lazo en el cuello, en un espacio controlado, como un establo. Cualquier reacción generalmente ocurre después de que se retira la marca. Un buen marcador sabe hacer su trabajo y es muy rápido. Al cabo de uno o dos días, se puede frotar el área sin que el caballo sufra molestias.

Solo implantamos microchips si el nuevo propietario lo solicita. Se trata de un procedimiento sencillo que consiste en cortar un pequeño cuadrado en la parte superior del cuello y presionar la pistola de microchips sobre ese punto. El veterinario registra el número en ese momento y lo inscribe en HorseRecords.

Trabajo corporal

La acupuntura, los masajes y la quiropráctica son importantes a tener en cuenta después de la doma y durante el trabajo habitual. Esto también beneficiará a los padrillos en servicio o a cualquier otro caballo que no actúe del todo "correcto", como los que se asustan con la cabeza, los que se resisten a la cincha o los que cojean de forma intermitente. Muchos caballos sufren problemas pélvicos y de isquiotibiales una vez que se les pone a trabajar. Pueden tener dificultades para levantar las patas traseras. Mi hija es especialista titulada en masajes y, además, contamos con una persona con credenciales de quiropráctico que viene regularmente a revisar nuestros caballos de monta.

No subestimes el valor de esta forma de tratamiento. Utilizamos por primera vez la manipulación corporal en nuestros caballos hace 40 años, tras una lesión por tirón muscular de uno de nuestros caballos de carreras de velocidad cuarto de milla, que le habría impedido participar en una carrera. El terapeuta corporal "lo manipuló" tres días antes de la carrera y, para nuestra sorpresa, salió caminando sin problemas. Ganó la carrera.

Muchos defienden el uso de máquinas de masaje, cintas de kinesiología y otras terapias, pero asegúrate de utilizar productos de buena reputación y de contar con personas calificadas en su campo. El agua helada para las piernas es excelente para prevenir la hinchazón, al igual que los astringentes y los productos de arcilla caolín, disponibles en las tiendas de artículos ecuestres. La natación también es excelente para el acondicionamiento físico y la rehabilitación. Considera incluir cabalgatas por la playa como parte del entrenamiento del caballo.

Vacunas

Además de la vacuna contra el tétanos, la vacuna contra el estreptococo equino (estrangulosis) es otra que se administra de forma rutinaria. La inmunidad de los potros proviene del calostro si la yegua ha sido vacunada entre dos a cuatro semanas antes de parir. El potro puede comenzar su propio esquema a partir de las seis semanas, cuando la inmunidad materna empieza a disminuir. Se requiere un refuerzo al año de vida y, después, según lo recomiende tu veterinario. La vacunación contra el tétanos es esencial, ya que los caballos son la especie más propensa a contraer esta enfermedad, y casi siempre resulta fatal.

Algunas vacunas se administran "en función del riesgo" a determinadas poblaciones tras evaluar los riesgos y los beneficios, dependiendo de la variación regional de la enfermedad, la competencia o los requisitos de transporte. El estreptococo equino es una de ellas, requiere tres dosis, con un intervalo de dos semanas a un mes, y un refuerzo anual, que pueden administrarse juntas como "dos en uno con el tétanos".

Desparasitación

La mayoría de los haras administran un desparasitante en pasta y rotan los productos según indique su veterinario. Se recomienda hacer un conteo de huevos en heces al menos una vez al año, tomando muestras de cada potrero o de los caballos sospechosos. Algunos haras realizan el conteo de huevos por su cuenta. Esto permite determinar qué caballos tienen mayor carga parasitaria y cuáles tienden a "eliminar huevos" más fácilmente.

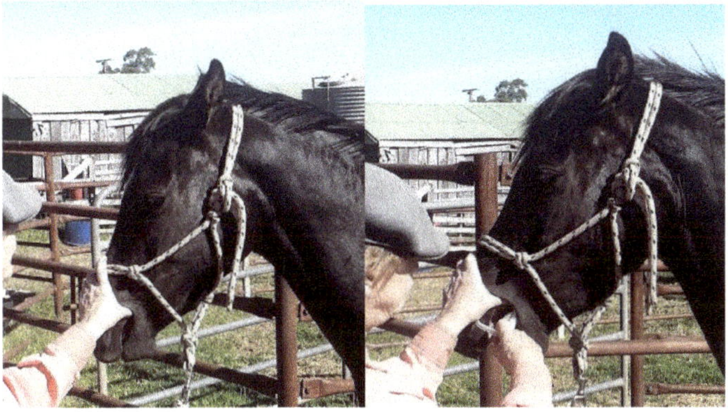

Cómo desparasitar correctamente a un caballo con el pulgar en la boca.

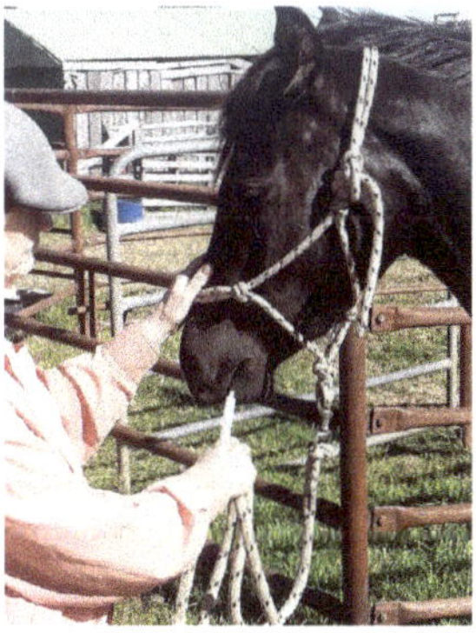

Incorrecto

Un buen conteo se encuentra entre 0 y 200 EPG (huevos por gramo), y un conteo moderado está entre 201 y 500. Si constantemente obtienes cifras más altas de lo normal, es posible que ya tengas un problema de resistencia en tu rebaño, o que un individuo tenga una inmunidad más baja que otros. Debes adoptar un programa de desparasitación específico y realizar seguimientos de los conteos de huevos fecales en esos caballos.

Otro enfoque consiste en realizar un recuento antes de desparasitar y otro dos semanas después. El recuento debería haber descendido aproximadamente un 80%. Comprueba también que no estás desparasitando en exceso o que tu caballo no está escupiendo el antiparasitario. Si sospechas lo segundo, prueba ponerle el antiparasitario en la comida. La mayoría de ellos son mucho más agradables al paladar que antes. Por último, comprueba en la etiqueta contra qué es eficaz tu antiparasitario y durante cuánto tiempo. Por ejemplo, algunos pueden no ser eficaces contra los gusanos o las tenias.

Los gusanos rojos pequeños (vermes) y los estróngilos grandes (gusanos de sangre) son los más comunes en los adultos. Las larvas pueden "enquistarse" y penetrar rápidamente en el revestimiento intestinal. Pueden causar cólicos graves al provocar obstrucciones o destruir las paredes arteriales, los vasos sanguíneos, los órganos y los tejidos, a menudo con consecuencias fatales. Los gusanos rojos, o vermes, pueden aparecer como pequeños trozos de hilo en los excrementos de tu caballo. Son muy cortos, delgados y pueden ser difíciles de ver. Son blancos si aún no se han alimentado y rojos si ya lo han hecho. La pérdida de peso, la diarrea o los cólicos pueden ser indicadores tempranos; no los ignores. Los gusanos rojos pequeños enquistados no se detectan en los recuentos de huevos de gusanos. Solo dos antiparasitarios actúan contra los gusanos rojos enquistados: el fenbendazol y la moxidectina. No lo confundas con la ivermectina. El único antiparasitario que contiene moxidectina es Equest, mientras que PanacurGuard de cinco días contiene fenbendazol. Equest es también el único que no daña a los escarabajos peloteros.

Ten cuidado con los productos químicos que utilizas en tus pastos, ya que pueden afectar a las abejas y a los escarabajos peloteros, que sin duda son amigos de la naturaleza.

Los caballos jóvenes durante su primer año son más susceptibles a los ascáridos, o gusanos redondos grandes, que pueden proliferar rápidamente y causar un debilitamiento grave o incluso la muerte. Entre sus síntomas encontramos letargo, barriga hinchada, pérdida de peso y diarrea. Programa una de tus desparasitaciones un mes después de la temporada de moscas bot, para que puedas tratar cualquier larva en el estómago antes de que cause úlceras.

Club ecuestre Fannie Bay, Darwin. Caballos retirados y ancianos que siguen dando placer. El agua de mar es excelente para las afecciones de la piel.

Otros parásitos

Las garrapatas se tratan mejor aplicando un insecticida en spray a base de piretro. Espera aproximadamente una hora y luego aplica la solución nuevamente. Las garrapatas deberían caer, o retíralas con pinzas, ya que deberían estar muertas.

Picazón dulc) es una reacción alérgica a la saliva de las picaduras de mosquitos, que crea bultos que pican intensamente. En casos crónicos, la piel se engrosa y se vuelve corrugada. Se recomienda un lavado diario con piretro durante una semana y luego una vez por semana hasta que la condición esté bajo control. Cubre al caballo con una sábana o una manta de tela para sombra, con una cubierta para el cuello adjunta para obtener los mejores resultados. Algunos caballos sufrirán de esto cada año, lo que es extremadamente difícil de manejar. A menos que este caballo sea muy importante para ti, puede ser mejor venderlo más al sur. No olvides que tal sensibilidad probablemente sea hereditaria.

Los antiparasitarios con ivermectina han demostrado ser bastante eficaces en el tratamiento de parásitos externos, como piojos, garrapatas y larvas de parásitos que viven en la piel, como Onchocerca y Habronema. Son relativamente seguros para los caballos. Si observas parásitos externos en la piel, es recomendable lavar al caballo con un champú medicado una vez a la semana durante dos semanas, dejando actuar el champú durante aproximadamente 10 minutos antes de enjuagarlo. A continuación, enjuaga bien.

Cuando esto no sea posible, puedes utilizar un polvo antipiojos. Pon en cuarentena a cualquier caballo afectado por piojos. Para cualquier otro tipo de picazón no específica o no identificada, hemos utilizado aceite de Calafea para caballos con buenos resultados.

Condiciones infecciosas

Las afecciones cutáneas fúngicas, incluida la tiña, se propagan a través de la indumentaria como riendas, fajas y mantas de silla, durante el transporte o cuando están alojados en un recinto de exhibición. El equipo necesitará ser tratado, al igual que los caballos. Estas infecciones son altamente contagiosas. Los humanos pueden transportar virus en la piel, ropa y zapatos, y transferirlos a otros caballos. Grupos enteros de caballos pueden resultar infectados. Tu veterinario puede tomar un cultivo para determinar el tipo de infección y comenzar el tratamiento. Los caballos con condiciones contagiosas tienen prohibido viajar o competir, pero a menudo no se percibe que tienen la condición hasta aproximadamente tres semanas después de la infección. Se necesitarán lavados antifúngicos, a menudo varios diferentes, antes de encontrar uno que sea eficaz. Levanta suavemente las costras con una esponja abrasiva para que el tratamiento pueda alcanzar el área debajo de ellas. Aplica el tratamiento según las instrucciones.

Las verrugas juveniles son una infección viral que suele aparecer semanas antes de que el caballo muestre síntomas. Casi siempre afecta a caballos jóvenes o que no han estado expuestos a la enfermedad anteriormente. Las verrugas tienden a crecer por todo el hocico y, en casos extremos, alrededor de los ojos. Pueden ser bastante dolorosas. Pon en cuarentena al caballo afectado. El tratamiento es limitado. Con el tiempo, se caerán espontáneamente al cabo de unos meses y el caballo no volverá a contraerlas. Es posible que necesite alimentación adicional si le resulta difícil pastar. Una vez que esté en tu establecimiento, es probable que tengas brotes repetidos con cada nueva camada de potros hasta que desaparezca por completo.

Los resfriados son contagiosos, pero sobre todo en los caballos más jóvenes, ya que los más viejos han adquirido inmunidad. Las bacterias o los virus causan los resfriados. El potro puede estar bastante letárgico y tener secreción nasal o secreción espesa, y es posible que tenga tos. Comprueba si tiene fiebre y, si es así, habla con tu veterinario. No trabajes con un caballo resfriado. Aíslalo para que no contagie a otros caballos.

Si sospechas de alguna enfermedad infecciosa, aísla al caballo inmediatamente. Cualquier caballo nuevo que traigas a tu propiedad, un caballo comprado o una yegua para tu padrillo debe ser puesto en cuarentena, alejado de otros caballos, durante 14 días, a menos que sepas exactamente de dónde proviene. No permitas el contacto nariz con nariz con otros caballos durante este tiempo. Toma precauciones adicionales si el caballo procede de una zona en la que se sabe que hay un brote, como estrangulosis. Comprueba el estado de vacunación y asegúrate de que tus caballos también estén vacunados.

Reflexiones sobre la posibilidad de sobrecargar el sistema inmunológico

"Por precaución, nunca combino varias vacunas, sedantes o desparasitantes, ni los administro sucesivamente en un breve período de tiempo. Por qué? Combinar o administrar

sucesivamente compromete el bienestar general de tu caballo. También supone una gran cantidad de desafíos para el sistema inmunológico, lo que debilita su capacidad de responder de forma eficaz. El sistema inmunológico es como un ejército. Si la mitad de los soldados están luchando contra los efectos adversos o reaccionando adecuadamente a una vacuna, la capacidad de responder a amenazas adicionales se reduce.

Vacunas: si las combinas y tu caballo tiene una reacción adversa, es posible que no puedas determina a qué vacuna se debió, ni determinar si deberías volver a utilizar esa marca. Además, la eficacia de la vacuna puede verse comprometida si el sistema inmunológico del caballo no es capaz de responder adecuadamente.

Sedantes/tranquilizantes: los efectos secundarios pueden incluir, entre otros: salivación, sudoración, diarrea, elevación de la glucosa en sangre, disminución de la motilidad intestinal, dificultad para respirar y reducción del ritmo cardíaco. Estos efectos suponen batallas adicionales que el sistema inmunitario debe librar.

Desparasitación: La combinación del químico con la muerte de los parásitos, que libera endotoxinas parasitarias, puede representar una carga tóxica significativa. Muchas veces, los caballos con alta carga parasitaria ya están comprometidos y pueden sufrir cólicos por impactación debido al volumen de parásitos que deben eliminar".

– Del blog Hay Pillow (recurso altamente recomendado sobre cuidado y nutrición) https://www.thehaypillow.com/blogs/news

Caballo pura sangre castrado Strategic Glass, practicando el tent pegging con estilo. Propiedad/montador: Tim Goodes. Foto de Teena Goodes.

29

Primeros auxilios

Cómo tratar lesiones y enfermedades

Los primeros auxilios pueden ser simples o complicados, dependiendo de cuánto acceso tengas a tu veterinario y de cuánto puedas hacer por tu cuenta. Las yeguas reproductoras viejas que nunca salen del lugar pueden quedarse con cicatrices de por vida sin que importe demasiado. Cortes semi-graves pueden necesitar solo enjuague con agua, spray antibiótico o aceite de Flint, y repelente de insectos hasta que cicatricen. Las heridas que necesitan puntos requieren la visita oportuna del veterinario, ya que si la piel se seca demasiado rápido, no se podrá salvar el colgajo. La mayoría de las heridas necesitará vendas, especialmente si están sobre una articulación, y si hay fuga de líquido articular, antibióticos. Probablemente puedas quitar los puntos tú mismo con tijeras bien afiladas.

Sabes cómo vendar correctamente a un caballo? Si no es así, haz un curso o pide a tu veterinario que te enseñe. Llamar al veterinario cada vez que hay que cambiar un vendaje es demasiado caro. Lo mismo ocurre con las inyecciones. Tu veterinario te puede indicar cómo administrar una inyección intramuscular.

Los vendajes serán esenciales para los animales jóvenes, los que participan en exhibiciones y pueden quedar con cicatrices, o heridas profundas. Asegúrate de que las vacunas contra el tétanos estén al día. Dependiendo de la gravedad, por lo general puedes dejar un vendaje estable durante cuatro o cinco días. Si hay mucha supuración o pus, hay que cambiarlo con más frecuencia. Deja espacio para la hinchazón con algunos cortes verticales en la parte superior e inferior del vendaje, ya que no querrás que actúe como un torniquete. Si tienes dudas sobre cualquier procedimiento, consulta a tu veterinario.

Ten a mano un buen número de vendajes elásticos, gasas y algodón. Nosotros hemos conseguido algunos caducados a través de un contacto en un hospital. Las piscinas de natación suelen tener toallas en su departamento de objetos perdidos que estarían encantadas de donar. Piensa de forma creativa en cómo puedes conseguir artículos útiles.

Ten un suministro de jeringas de diferentes tamaños, agujas, cuchillas estériles (para cortar vendajes y tejido sobrante), vacunas y un refrigerador para almacenarlas. Los frigobar, esos refrigeradores pequeños, son muy baratos hoy en día. Un poco de cristal de sulfato de cobre, mezclado con pomada tópica, es excelente para aplicar sobre el tejido exuberante. Sin embargo, la herida debe curarse primero; de lo contrario, retrasarás la curación. Es posible que tengas otros suministros para padrillos, como progesterona, oxitocina, antibióticos y pastas, previo acuerdo con tu veterinario. Ten siempre un termómetro en tu botiquín de primeros auxilios. Otros artículos adicionales son cremas antisépticas, spray morado, crema de zinc para la nariz, tratamientos para talones, spray contra moscas, cuchillas de bisturí, tijeras, guantes desechables, jabón y baldes limpios.

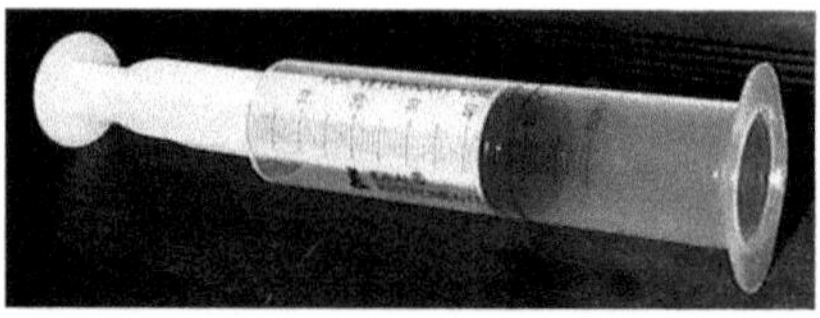

Jeringa para usar como bomba para ubres.

Ten un par de "twists" o trinquetes de repuesto, uno para adultos y otro para jóvenes. También puedes comprar un twist de metal para la nariz, que no necesita que un asistente lo sujete. Es muy eficaz en algunos caballos, ya que te permite tratarlos sin necesidad de otra persona. Me gusta tener un cubo de basura justo al lado del establo y la zona del veterinario.

Los signos vitales de un caballo normal son:

- Temperatura: de 37,2 a 38,5 grados centígrados (de 99,0 a 101,4 grados Fahrenheit).
- Pulso: 28-44 latidos por minuto.
- Respiración: de 10 a 24 respiraciones por minuto.
- Membranas mucosas (encías): húmedas, de color rosa saludable.
- Llenado capilar: dos segundos o menos.

Etiqueta esto en tu botiquín de primeros auxilios para tu familia o personal, y proporciona una lista de contactos de emergencia. También conviene tener en el botiquín artículos de primeros auxilios para humanos, como curitas, pinzas, protector solar, etc. Mantén un botiquín de emergencia extra en tu trailer o auto. Una caja de herramientas o de pesca sirve muy bien como contenedor de artículos de primeros auxilios.

Utiliza pomadas oftálmicas solo cuando te las recete el veterinario, ya que caducan rápidamente y pueden no ser adecuadas. Una pomada inadecuada puede no surtir efecto y, en cambio, retrasar la curación. Es mejor dejar los tratamientos oculares en manos de los expertos.

El atragantamiento significa que un caballo no puede tragar su comida adecuadamente. Por lo general, se nota primero como una descarga verde abundante de las fosas nasales del caballo y un rechazo a comer. El caballo puede estar tosiendo. Masajea el cuello del caballo para encontrar el bolo alimenticio y ver si puedes desalojarlo pasando la mano firmemente a lo largo de su cuello. Puedes enjuagar su boca para intentar agregar algo de lubricación, pero no fuerces agua por su garganta; no quieres que el agua ingrese a los pulmones por accidente. Si el caballo no responde a tus esfuerzos, es hora de llamar al veterinario.

Si se trata de un caso de cólicos, tómalo en serio. Si tu caballo está inquieto, se levanta y se echa, o se revuelca, llévalo a pasear hasta que llegue el veterinario. Si está tranquilo, comprueba su temperatura y sus encías. Las encías pálidas pueden ser un signo de shock.

El pulso o el ritmo cardíaco son un buen indicador del dolor y su gravedad. Puedes palpar un pulso normal debajo de la mandíbula, cerca de la papada o en la parte posterior de la cuartilla. Un caballo que sufre dolor tiene una frecuencia cardíaca superior a 60 latidos por minuto (lo normal es 48 o menos). Puedes llevar al caballo a dar un paseo en remolque para ver si puede defecar. Pero, aparte de eso, lo mejor es llamar al veterinario antes de que los síntomas se agraven. En este caso, tanto tú como el veterinario se alegrarán mucho si resulta ser una falsa alarma.

Otras lesiones, como una patada en el pene de un padrillo, también deben tomarse muy en serio. Sin tratamiento, puede desarrollarse colitis, que es inducida por el estrés y a menudo mortal. Además, el padrillo puede volverse infértil durante este tiempo debido a la inflamación y la fiebre.

Con el cambio climático y las variaciones meteorológicas, estamos viendo más abscesos y problemas en las patas, como el talón graso. Un absceso crece debido a la expansión (humedad) y contracción (secado) de la pared de la pezuña, lo que acaba rompiendo la barrera protectora de la pezuña y permitiendo la entrada de microbios. También puede entrar a través de la pezuña seca, donde la pared de la pezuña se separa de la suela. Los abscesos pueden ser muy dolorosos, lo que a menudo lleva al propietario a pensar que el caballo se ha roto una pata. Los abscesos menores se rompen en la corona después de unos días y el caballo vuelve a la normalidad. Los abscesos crónicos y los caballos en activo necesitarán que el veterinario o el herrador los drenen y les administren antibióticos y analgésicos. Es posible que tengas que vendar la pezuña con una cataplasma, que se puede adquirir en la mayoría de tiendas de productos veterinarios, y mantener al caballo en un corral o establo.

La dermatitis en la cuartilla (también llamada talón graso o agrietado y fiebre del barro) provoca grietas, a veces sangrantes, y costras o cicatrices detrás de la corona y la cuartilla o corvejón, especialmente en caballos con marcas blancas. Está influenciado por la luz ultravioleta. Puede ser difícil de tratar y la infección puede aparecer con bastante rapidez, provocando que la pata se hinche. Los caballos pueden incluso presentar infección sistémica, lo que a veces provoca la muerte. Hemos comprobado que las lociones verdes que se recetan a menudo tienen una utilidad limitada y hemos tenido más éxito con Filtabac, una crema antibacteriana con filtro solar. También es excelente para las quemaduras solares en la nariz. En casos graves, venda la zona afectada y trátela con antibióticos. Bag Balm es el mejor preventivo para los caballos susceptibles. Los propietarios confían ciegamente en este producto.

Es recomendable tener una lista con los contactos de emergencia, los lugares seguros en caso de incendio u otros desastres, tu plan de emergencia y los horarios de alimentación en la sala de monturas, el galpón de alimentos y cerca del teléfono, donde el personal u otros miembros de la familia tengan acceso. Pueden estar en una pizarra blanca o en un tablón de anuncios. Es fácil imprimir una lista de cada uno de ellos desde HorseRecords. No puedo dejar de insistir en la importancia de llevar un buen registro. Puede que ahora no lo necesites, pero agradecerás haberlo previsto si algo sale mal durante unas vacaciones u otra ocasión en la que estés fuera.

Todo propietario de caballos debería tener un remolque en buen estado para llevar a su caballo a la clínica veterinaria en caso de emergencia. (No me gusta vender a personas que no tienen un remolque). En algunos casos, se puede utilizar como manga de contención. Para el criador, la compra de una manga de contención debería ser una prioridad, después del tractor. Desgraciadamente, cuando se crían caballos, uno se acostumbra a administrar primeros auxilios en colaboración con el veterinario, por lo que es importante establecer una buena relación con él. Eso incluye pagar a tiempo!

Tu plan de manejo de desastres

Piensa con antelación en la posibilidad de que se produzcan desastres naturales y emergencias.

> *"La propiedad, los potreros y los alrededores han sido cortados al ras hasta dejar el pasto a solo un centímetro de altura, se han instalado correctamente todas las mangueras contra incendios con los irrigadores y aspersores correspondientes y todas las zonas se han regado anoche y esta mañana, los sopladores de hojas están llenos de gasolina y listos, las radios tienen las pilas preparadas y todos los teléfonos y tablets están cargados para escuchar los escáneres, el remolque de agua está lleno y listo para ser colocado en nuestro coche de repuesto.*
>
> *Todos los caballos tienen las mantas y las máscaras quitadas y los cabestros puestos, todas las puertas aseguradas, todos los ganaderos están avisados y tienen nuestro plan contra incendios en una pizarra blanca aquí listo por si necesitan venir a ayudar, incluyendo saber qué ropa ponerse y qué hacer si vienen a la propiedad, los refrigeradores están llenos de agua fría, la casa cerrada para mantenerla fresca y segura con todas las mascotas dentro... y ahora solo resta esperar...y cruzar los dedos para que esto sea solo otro simulacro de incendio durante los próximos 3 días!!!"* – Glenferrie Stud.

Saca mucho al joven caballo en amanse, llévalo a montar a menudo. Kelsey Stafford sobre Tarrawonga Phoenix

30

Control del peso

Nutrición simplificada

En el pasado, se recurría al veterinario principalmente para tratar lesiones y enfermedades. La prevención y la recuperación de enfermedades se centraban principalmente en la nutrición. Aunque no se sabía mucho sobre nutrición, los criadores experimentados sabían que una dieta equilibrada era la clave para la longevidad y la salud. La gente alimentaba a sus caballos de forma sencilla, sin muchas dificultades y sin necesidad de suplementos. Hoy en día, con todo el bombo publicitario, los propietarios a menudo se sienten culpables si no alimentan a sus caballos con la última fórmula mágica. No hay ninguna necesidad de hacerlo.

Si compras heno, pregunta si ha sido analizado. En primer lugar, pide al departamento de agronomía local que analice tu suelo para ver qué minerales hay que equilibrar. El análisis del heno o del pasto es más preciso que el del suelo, si ya tienes un campo. Planta pasturas que se consideren las más adecuadas para los caballos de tu zona. Los caballos no necesitan un alto contenido de azúcar en su dieta y, de hecho, esto puede ser bastante perjudicial para los dientes de los caballos y las razas propensas a la laminitis o la resistencia a la insulina. Se nota mucho más desgaste dental cuando los henos de cereales son la principal fuente de fibra.

Cada tipo de alimento tiene sus ventajas y desventajas. Pequeñas cantidades de trébol no hacen daño; la alfalfa es una forma estupenda de añadir calcio. La cebada y el raigrás tienen el problema adicional de que las semillas y las aristas de la hierba se introducen en los ojos. El trigo puede causar cólicos o diarreas. El salvado no debe administrarse en zonas con poco calcio o con un exceso de fósforo. La proporción de calcio y fósforo debería ser de 1:1 a 4:1. Este equilibrio es importante para la fortaleza de los huesos, la función celular y la salud muscular. El calcio y el fósforo constituyen aproximadamente el 70% del contenido mineral del cuerpo. En las yeguas de cría, la producción de leche aumenta la demanda de calcio. La sobrealimentación con fósforo puede causar la enfermedad de la cabeza grande, un problema típico en las zonas tropicales y semitropicales.

Las leguminosas como el heno de alfalfa (también llamado lucerna) son una buena fuente de proteínas de calidad, al igual que los lupinos o las habas, que son buenos para los caballos con laminitis. Lo ideal es elegir heno de alfalfa de tercer corte, ya que menos tallos significan más proteínas. Los caballos que no disponen de pastos de buena calidad son propensos a tener deficiencias de proteínas. Los caballos con desregulación de la insulina o EMS (síndrome metabólico equino) pueden no tolerar el alto contenido de proteína bruta de la alfalfa, por lo que no es adecuada para todos los caballos.

Históricamente, el heno se picaba en forma de paja o "picado" para que los caballos de tiro pudieran comer de las bolsas nasales. No es económico dar heno picado hoy en día, y Australia debe ser de los últimos lugares en el mundo donde se alimenta regularmente de esta forma. El mejor picador es el propio diente del caballo. Tus caballos estarán mejor, y su digestión también. La mejor forma de alimentar es mantener sus dientes en buen estado con revisiones dentales regulares. El picado sirve principalmente para caballos mayores con problemas dentales o potrillos jóvenes.

No alimentamos con avena entera porque, con demasiada frecuencia, hemos encontrado semillas sin digerir en el estiércol. (Un amigo considera que esto es una ventaja, porque las cacatúas rompen el estiércol en busca de ellas). La avena triturada es buena si se da fresca. De lo contrario, su valor nutricional se deteriora rápidamente.

El heno de pasturas (pradera) y el heno de avena/trigo son buenas opciones para la mayoría de los caballos, y el heno de teff para los ponis con sobrepeso. Permitir que todos los caballos, excepto los más voraces, coman libremente el heno es la forma ideal de alimentarlos. Satisface la necesidad del caballo de comer casi las 24 horas del día y evita el aburrimiento. El intestino del caballo está diseñado para comer alimentos fibrosos (a granel) como fuente principal de alimento. La saliva del caballo tiene una digestibilidad limitada. Sin embargo, actúa como amortiguador del ácido clorhídrico del estómago. Por lo tanto, limitar el tiempo de masticación del caballo probablemente provocará úlceras gástricas. Si sospechas que un caballo tiene úlceras, debes consultar con tu veterinario mediante una laparoscopia, ya que los diferentes tipos requieren tratamientos diferentes. Hemos encontrado que el suplemento Boost (Optigut) es muy útil.

Si un caballo tiende a tragar la comida a lo loco, pon un ladrillo dentro de su comedero para obligarlo a comer más despacio y reducir el riesgo de "atragantamiento". Los caballos no pueden devolver el contenido del estómago; una vez que la comida entra, necesariamente debe seguir su recorrido.

El caballo está diseñado para alimentarse "poco y continuo". Su estómago es pequeño para su tamaño y se vacía en 30 minutos si come continuamente. Sin embargo, si está en ayunas, puede tardar hasta 24 horas. En el estómago se produce una digestión relativamente escasa. Se liberan ácido clorhídrico y pepsina, lo que inicia el proceso de digestión de las proteínas. Si se permite que el estómago se vacíe, lo que ocurre con las prácticas modernas de alimentación y transporte, es probable que las células estomacales desprotegidas sufran úlceras. Hasta el 80% de los caballos que no pastan tienen alguna úlcera. Esto puede influir en su apetito, comportamiento o rendimiento, e incluso puede favorecer la aerofagia.

El estómago solo constituye el 10% del sistema digestivo. La frase "poco y continuo" es especialmente pertinente en el caso de los caballos.

La mayor parte de la digestión se produce en el intestino delgado y el intestino grueso. El intestino delgado y el páncreas liberan enzimas que descomponen las proteínas, las grasas, los almidones y los azúcares. Es importante alimentarlos con proteínas de buena calidad. Los caballos, a diferencia de las vacas, son propensos a sufrir cólicos porque las sustancias tóxicas entran en el intestino y se absorben en el torrente sanguíneo antes de que puedan ser desintoxicadas. Por lo tanto, es importante no alimentarlos con alimentos de mala calidad o mohosos.

La bilis fluye constantemente desde el hígado hacia el intestino delgado, ya que los caballos no tienen vesícula biliar para almacenarla. La bilis descompone las grasas que pueden absorberse y ayuda a eliminar toxinas y residuos metabólicos.

Una vez que los alimentos llegan al intestino grueso, la mayor parte de la digestión se produce a través de microbios que producen fermentación. El ciego es el equivalente al apéndice humano, pero es enorme. Tiene una capacidad de entre 28 y 36 litros (piensa en un bidón, pero más grande). Puede agrandarse o encogerse según la dieta del caballo y la cantidad de fibra que ingiera. Por eso, un caballo puede ganar "barriga de heno" o "barriga de hierba" cuando está en el pasto y perderla cuando está en el establo con alimento duro. No te dejes engañar pensando que, porque tenga barriga, está gordo. Puede que lo esté, pero utiliza su línea superior como indicador. El ciego puede causar problemas si el caballo come mucho alimento seco sin agua suficiente, lo que le predispone a sufrir cólicos.

La forma menos laboriosa de alimentar con heno es utilizar fardos cilíndricos, lo que permite a las yeguas de cría y a los potros comer libremente. Son difíciles de distribuir sin utilizar un tractor, pero existen algunos dispositivos que se pueden comprar para remolcarlos detrás de un vehículo. Durante muchos años utilizamos neumáticos de cosechadora con gran éxito, colocando varios fardos cuadrados a la vez en ellos.

Dado que los microbios pueden tardar entre dos y tres semanas en adaptarse, cambia la alimentación de forma gradual. Los microbios intestinales producirán todas las vitaminas que necesita un caballo si sigue una dieta equilibrada que incluya hierba fresca. Si no es así, la sal, el omega 3 y la vitamina E son suplementos esenciales, especialmente para yeguas de cría, padrillos y caballos de trabajo. El omega 3 y la vitamina E se encuentran en fuentes de grasas insaturadas como las semillas de lino, el germen de trigo o los aceites de salvado de arroz, que también aportan calorías adicionales para aumentar el peso. Añádelos poco a poco, hasta llegar a una taza al día aproximadamente.

Los microbios también ayudan a regular la temperatura a través del proceso de fermentación, por lo que alimentar a los caballos con heno en invierno es una buena forma de mantenerlos calientes. A los caballos les resulta más fácil mantener la temperatura en climas fríos que refrescarse en climas cálidos. Afortunadamente, pueden sudar, pero asegúrate de proporcionarles mucha sal en forma de bloques para lamer y agua, incluso a los caballos que están descansando. Revisa regularmente los bebederos para comprobar que estén limpios y que no haya algas, animales muertos (aves) o incluso hielo. Si el agua está muy fría, no les gusta beber y pueden deshidratarse. Los peces de colores son una buena forma de mantener limpios los bebederos.

La mayoría de los nutrientes producidos en el ciego se absorben en el intestino grueso. Este está formado por bolsas que facilitan la digestión de grandes cantidades de fibra. Desgraciadamente, las bolsas pueden retorcerse o llenarse de gas fácilmente debido a la fermentación. El último tramo es el intestino delgado, que conduce al recto y al ano. Su función es absorber el líquido y devolverlo al cuerpo. El resto, el material no digerido, se expulsa en forma de estiércol.

El proceso de digestión dura entre 36 y 78 horas. El estrés, como el destete, el uso de antibióticos, los viajes, las enfermedades y las lesiones, puede contribuir a trastornos digestivos. Intentar imitar el patrón natural de pastoreo de un caballo es la mejor manera de reducir los problemas asociados con su sistema digestivo único.

Es importante tratar a tus caballos como individuos y gestionar sus necesidades alimenticias en consecuencia. Agrupa a tus caballos según sus necesidades. Los caballos jóvenes pasan por períodos de crecimiento acelerado que pueden hacer que adelgacen repentinamente si no se ajusta su dieta. Por ejemplo, si uno sigue la misma dieta, se come toda su comida y ahora está perdiendo peso, debes aumentar su ración. Dale de comer de forma que empiece a dejar un poco. Así sabrás que le estás dando suficiente comida.

Comedero de heno con neumático

Un comedero para potros es una excelente idea para los criaderos, ya que complementa la alimentación del potro. El comedero permite que el potro entre, pero no la yegua. Suele ser un corral con una barra superior un poco más alta que la altura del potro, que luego se puede aumentar a medida que el potro crece. Los comederos para potros permiten que estos se acostumbren a comer alimentos sólidos antes del destete, lo que reduce el estrés. Si alimentas al potro junto a su madre, existen en el mercado pequeños comederos con barras espaciadas uniformemente sobre la abertura que impiden que el hocico más grande de la yegua alcance el alimento para potros. Ten cuidado de no sobrealimentar al potro, ya que esto podría afectar a sus articulaciones.

Los caballos más mayores, especialmente los padrillos y las yeguas de cría, requieren una alimentación adicional. Puede ser la diferencia entre tener un último potro o no. Es posible que observes que sus dientes están deteriorados o incluso ausentes. La mayoría de los caballos añosos pueden mantenerse en buen estado ajustando su régimen alimenticio a alimentos "blandos" (como purés) y, si pueden comerla, paja picada, ya que es poco probable que puedan comer heno. Ofréceles comida varias veces al día y en la cantidad que estén dispuestos a comer. Añade aceites para aumentar calorías. Algunos aún logran arrancar pasto tierno con los labios. Ayuda mucho colocarles una manta. No hay razón para dejar que un caballo anciano decaiga por falta de alimentación: debe estar bien atendido, abrigado, y disfrutar de una vejez tranquila o, si corresponde, una eutanasia digna.

No hay nada malo con los alimentos preparados y procesados; estos deben cumplir las normas de calidad y estar debidamente equilibrados. Sin duda, reducen el tiempo de mezcla y se pueden triturar. Los que vienen en cubos, que se pueden recoger del suelo cuando se caen, producen menos desperdicio que los pellets. Muchos propietarios no entienden bien las categorías básicas: ración concentrada (alimentos duros), ración completa o una combinación de ambas. Las concentradas se usan como complemento cuando el heno o el pasto no aportan suficiente proteína, ya sea por estación o por calidad deficiente.

Sin embargo, las raciones completas están diseñadas para caballos con poca o ninguna alimentación natural. Los potreros para caballos se "cansan" fácilmente y pierden sus propiedades naturales. Las raciones completas ya tienen fibra añadida, lo que las hace más caras que dar un complemento de alimento duro con heno. Los propietarios cometen el error de dar ración completa como complemento, cuando en realidad se necesita un balanceado concentrado.

Las raciones completas suelen ser adecuadas para los ponis cuya dieta debe ser restringida. Los ponis que siguen regímenes de alimentación lenta pueden beneficiarse de Fibre Beet, un producto que les permite mantenerse saciados y sentirse llenos sin ingerir muchos azúcares. Hay que añadirle agua y dejar que se hinche antes de dárselo. No soy partidaria de utilizar redes de alimentación lenta con fardos redondos, debido al mayor riesgo de desgaste de los dientes frontales.

Comprueba siempre la etiqueta de los alimentos procesados para saber su propósito. El mayor contenido de proteínas lo tendrán los concentrados para yeguas de cría/padrillos. Estos pueden administrarse a los potros en crecimiento. Los alimentos con menor contenido en proteínas son para caballos en trabajo, y las raciones completas suelen tener los niveles más bajos de proteínas debido a la cantidad de fibra que contienen. No es necesario añadir suplementos minerales o vitamínicos cuando se administran estos alimentos de forma adecuada.

Advertencia: nunca alimentes a los caballos con alimento para ganado vacuno, alpaca o pollos, ya que en algunos casos podrían contener monensina (rumensin) como "agente de engorde". Además, puede haber contaminación cruzada de polvos entre líneas de producción. La Monensina es altamente tóxica para caballos, humanos y perros, que podrían comer restos, y se manifiesta con letargia, pérdida de estado, atrofia muscular y síntomas neurológicos. Trata de elegir marcas que fabriquen exclusivamente productos equinos.

Siempre es buena idea consultar con un nutricionista para conocer las necesidades específicas o discutir un plan de alimentación completo. Es posible que te recomienden análisis de sangre o incluso análisis minerales del pelo, si los análisis de sangre no identifican nada inusual. Puedes equilibrar la dieta de tu caballo utilizando la calculadora nutricional FeedXL: https://feedxl.com/australia/

Es posible que notes que un caballo tiene diarrea tras un cambio de dieta. Suele ser estacional debido a los niveles más altos de almidones y azúcares. Si esto ocurre durante períodos prolongados, retira al caballo de su régimen y cámbialo por otro con un contenido más bajo. Los prebióticos pueden ser muy útiles, al igual que el yogur griego, administrado con una jeringa. Los probióticos son bacterias beneficiosas y los prebióticos son el alimento de estas bacterias. Si la diarrea continúa, haz un recuento de huevos en la materia fecal para detectar parásitos o pide a tu veterinario que le administre por sonda un drenaje con estiércol sano para restaurar la flora intestinal. También hemos utilizado Boost (un suplemento alimenticio) con buenos resultados.

Cuando un caballo empieza a comer malezas, suele ser señal de que no está recibiendo los alimentos adecuados en cantidad suficiente. Esto puede provocar toxicidad, especialmente daño hepático. También puede provocar afecciones neurológicas, como el falso stringhalt, en el que el caballo desarrolla un movimiento "espasmódico" con las patas traseras. Retira de inmediato al caballo afectado del potrero y consulta con tu veterinario.

Los caballos que viven en pisos pelados o arenosos pueden ingerir arena, que se acumula en el estómago. Evita alimentarlos directamente en el suelo y utiliza comederos o redes para heno. La arena es una causa común de diarrea, cólico y pérdida de peso inexplicable si no se trata a tiempo. Es posible que tengas un caballo recién llegado que no se adapte bien a pesar de la alimentación adicional. Podría ser necesario realizar varios drenajes de parafina por parte de tu veterinario para aliviar esta afección. Hemos descubierto que alimentar al caballo con Equilax es un tratamiento muy eficaz. Otros alimentan regularmente al caballo con puré de calabaza o cáscara de psyllium en polvo para prevenir recaídas, aunque hay poca evidencia de la efectividad de estos en ausencia de una alimentación combinada. Estudios realizados por la Universidad de Florida han descubierto que alimentar al caballo con heno equivalente al 2,5% de su peso corporal diario (11,35 kg para un caballo de 450 kg, o 25 libras para un caballo de 1.000 libras) es, por lejos, la medida preventiva más eficaz para eliminar la arena del tracto digestivo y evitar su acumulación.

La dieta de tu caballo se reflejará en su salud general y en sus cascos. Los anillos en los cascos pueden formarse al cambiar la dieta, y una dieta deficiente conduce a cascos frágiles o débiles. La mayor mejora que puedes hacer en los cascos y la salud de tus caballos es garantizar una buena nutrición.

Potros de un año de raza Clydesdale. Foto cortesía de Ian Stewart-Koster

De condición corporal

- Yeguas: condición moderada a buena.
- Padrillos: ligeramente gordos al inicio de la temporada.
- Potros de un año y caballos en potrero: en buena condición, con variaciones leves según la estación; de lo contrario, proporciona alimento suplementario.
- Caballos gordos: contrólalos de cerca para asegurar la pérdida de peso y reducir el riesgo de enfermedades.

31

Equipo y Herramientas

El equipo es una cuestión de preferencias personales. No necesitas gran cosa, especialmente si solo crías uno o dos potros al año. A medida que profundizas en la comprensión del caballo y aprendes a leerlo mejor, vas sumando mejores técnicas, no necesariamente más herramientas o equipos.

Los muebles antiguos pueden ser un excelente lugar de almacenamiento. Este, por ejemplo, tiene un respaldo adicional para sostener el soporte de la montura.

Procura tener fundas para todo equipo bueno. Las bolsas para bridas, las fundas para sillas de montar y similares resultan económicas por el tiempo y el mantenimiento que ahorran. Necesitarás varias sillas de montar para caballos de diferentes tamaños, así que utiliza soportes para sillas de montar, un caballete o bidones o tambores acostados para salir del paso. Los ganchos del guadarnés deben estar a una altura accesible, y lo ideal es organizar todo por tamaño, con etiquetas o por colores. A mí me gustan los contenedores con ruedas porque puedo guardar en ellos las mantas durante el invierno. También suelo dejar alguno junto a un portón para almacenar ración, un balde y un cabestro, sin que les entre agua. Intenta guardar los cepillos, bocados, clips y correas de repuesto en recipientes de plástico transparentes para poder acceder fácilmente a ellos. Una caja de pesca es excelente para esto. Los tachos de alimentos vacíos son útiles para guardar fustas. Las estanterías y cajones antiguos son un buen lugar para guardar los artículos más pequeños. Todo debe poder cerrarse y ser a prueba de roedores. Sé creativo. *No compres equipo barato. Debe ser duradero y robusto. No puedes arriesgarte a que tu equipo se rompa en el momento menos oportuno. Si no puedes comprar nuevo, es mejor comprar bueno y usado que barato y nuevo!*

Remolques para caballos

Un remolque o trailer es una inversión importante, y tu seguridad y la de tu caballo están en juego. Si vas a comprarlo usado, tómate tu tiempo, infórmate bien y ten cuidado con los estafadores. Haz que lo revise a fondo alguien con experiencia. Inspecciona especialmente el suelo y posibles signos de óxido.

Si le haces un mantenimiento regular a tu remolque y lo mantienes en buen estado por dentro y por fuera, conservará su valor si alguna vez necesitas venderlo. Después de 30 años, vendí mi primer remolque por bastante más de lo que pagué por él. Si es posible, manténlo cubierto y comprueba la presión de los neumáticos y las luces después de haberlo tenido estacionado durante varias semanas.

Una breve lista de artículos para empezar.

Hierro de marcación	Remolque para caballos y protectores para transporte	Mantas: de invierno, de verano y malla sombra
Bridas y variedad de bocados	Artículos para entrenamiento de obstáculos	Riendas de correr
Escoba	Cuchillo	Sillas de montar de diferentes tamaños
Cortapelo	Cuerdas de cabestro de diferentes longitudes	Tijeras
Equipo de competición	Equipo de doma	Protectores de cañas
Equipo de alimentación para terneros	Fosa de estiércol con acceso para tractor	Cabezadas de exhibición
Manga de contención	Collares (diferentes tamaños)	Látigo para ganado
Unidad eléctrica/clavijas para cinta	Correas de cuello	Área de amarre
Herramientas de herrador	Bolsa nasal para alimentar	Linterna
Baldes, contenedores y comederos	Corrales portátiles	Tractor
Botiquín de primeros auxilios	Recogedor de excrementos	Neumáticos
Velos antimoscas	Cortadora de césped con remolque	Cuerda
Alarma de parición	Cincha	Twitch o trinquete
Horquilla	Cabestros de cuerda para uso diario	Contenedor de basura con ruedas
Refrigerador	Cuerda de 3 m/10 pies con anilla y otros largos	Carretilla o contenedor
Trabas para las patas	Aros para fardos	Látigo/tubo de polietileno/fusta
Casco	Botas de montar/espuelas	Alicates para cortar alambres
Redes/bolsas para forraje		

Al momento de escribir este artículo, un remolque para dos caballos puede costar más de 13.000 dólares y tener un peso en vacío de alrededor de 800 kg, con un peso máximo autorizado de aproximadamente 2.000 kg. Los remolques para tres caballos pueden costar más de 23.000 dólares y tienen un peso en vacío de alrededor de 1.300 kg y un peso máximo autorizado de aproximadamente 3.500 kg, lo que los hace, en teoría, remolcables con muchos vehículos ligeros 4x4 populares.

Lista de verificación para la compra de un remolque:

- Espacio cómodo para los caballos que vas a transportar.
- Fíjate en la altura del techo, que permita a tu caballo estar cómodo.
- Frenos eléctricos (en buen estado de funcionamiento) y kit de ruptura. Neumáticos para camiones ligeros.
- Suelo sólido y resistente (lo más importante!): idealmente acero con madera dura encima y una capa final de contrachapado.
- Soldadura resistente y buena calidad de construcción.
- Rueda jockey totalmente homologada.
- Buena ventilación; ventanas corredizas y respiraderos.
- Divisores y barras extraíbles.
- Barra pectoral ajustable (necesaria para diferentes alturas de caballos o potros).
- Bordes sin aristas en todas las superficies exteriores; guardabarros, puertas traseras y puertas de acceso.
- Puntos de amarre empotrados y ubicados de forma segura.
- Trabas traseras diseñadas para que el caballo no pueda engancharse.
- Puertas traseras abatibles que se abran completamente.
- Piso, rampa lateral y rampa trasera con goma fija antideslizante.
- Barras de protección en todas las ventanas.
- Múltiples puntos de amarre internos, empotrados cerca de la posición de la cabeza.
- Acolchado en la barra del pecho, divisiones y todas las superficies donde el caballo haga contacto.
- Barra estabilizadora de enganche.
- Amortiguadores de gas en todas las puertas de acceso.
- Pestillo empotrado en la puerta delantera.
- Focos cubiertos.

- Puerta trasera superior o lona para el polvo o la lluvia que se puede mantener abierta al viajar en climas cálidos.
- Sistema de retención trasera para mejorar la circulación del aire.
- Protección con placa antideslizante.

De Discovery Horse Floats: https://www.discoveryfloats.com.au/blog/

HorseRecords

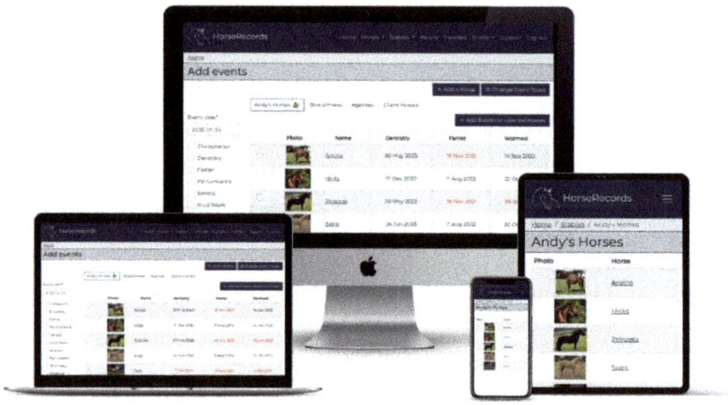

Antes, todo se manejaba en registros en papel, y nuestros archivadores no dejaban de crecer para cubrir las necesidades del criadero. Todavía conservo cada contrato, con los detalles de cría y los pedigrís desde los inicios del stud en 1967. Ese archivo ha sido invaluable cuando alguien solicita información. Sin embargo, mantenerlo ordenado ha implicado muchísimo trabajo: clasificar, etiquetar y archivar. El papel se deteriora, los cuadernos se pierden, y hoy mucha información está dispersa entre emails, Facebook y Messenger, sin forma de consolidarla o preservarla como datos históricos accesibles a otras personas.

Mi yerno, Andy, ha desarrollado un programa maravilloso que utilizamos constantemente. HorseRecords ha sido excelente para reunir todo en un solo lugar y compartirlo con otros miembros de la familia y clientes. Además, con solo pulsar un botón, los registros se pueden transferir al propietario.

HorseRecords registra todos nuestros pedigrís y descendencias, fotos, certificados y documentos, registros de rendimiento, entrenamiento diario, actividades del criadero (como ecografías), registros de pensiones y costos. Calcula automáticamente las fechas previstas de parto de los potros y envía recordatorios cuando se acercan las fechas. También tiene una calculadora gratuita de fechas de parto y un generador de nombres! Es flexible, por lo que puedes personalizarlo para adaptarlo a tus circunstancias. Cuando el veterinario está aquí, podemos consultar cualquier registro en nuestros teléfonos móviles. Se añaden continuamente servicios en respuesta a la constante retroalimentación de los usuarios. Es muy sencillo. No sé cómo nos las arreglábamos sin él antes.

HorseRecords: https://horserecords.info/

Sitio web All Breed Pedigree

Yo uso esta herramienta para acceder a pedigrís y descendencias que no figuran en el sitio oficial de una raza. Te puede resultar útil para buscar los nombres y pedigrís de los caballos mencionados en este libro. Su precisión es variable; sin embargo, me gusta utilizarlo para registrar pedigrís de crías no registrados de yeguas externas y para probar "hipótesis de cruces" (hypo-matings). Una "hipótesis de cruce" es una proyección de cómo sería el pedigrí de un potro si se cruzara el padrillo X con la yegua Y. Esto te permite visualizar los puntos de consanguinidad, en el pedigrí y, por una módica tarifa, puede darte el coeficiente de consanguinidad.

Sitio web All Breed Pedigree: https://www.allbreedpedigree.com/

Color Calculator

Fiordos noruegos, un tipo fácilmente reconocible. Dominio público.

Siempre conviene conocer la genética de pelajes para poder anticipar colores. Los clientes suelen preguntar por las combinaciones posibles. Puedes guiarlos hacia esta herramienta muy práctica de Animal Genetics:

https://www.animalgenetics.us/genetics/horseColorCalculator.html

Your Breed Statistics

El sitio web oficial de tu raza es una herramienta fundamental que deberías usar con frecuencia. Familiarízate con él y recomiéndaselo a tus clientes. Allí los propietarios pueden acceder a los datos de contacto de su asociación, información importante sobre la historia de la raza, requisitos de registro y varios recursos online, como formularios para imprimir. El libro genealógico, los pedigríes y, muchas veces, las fotos de los animales registrados están disponibles en la página. También puedes verificar el estado de registro de un caballo y si la membresía del dueño está activa. Para quienes recién ingresan a una raza, es el primer punto de referencia. Si guías a tus clientes hacia el sitio oficial, elevarás tu profesionalismo y serás percibido como una fuente confiable de información.

Algunas razas ofrecen estadísticas muy completas sobre campañas y ganancias, especialmente en el ámbito de las carreras. Estos datos son valiosos para cualquier criadero: te ayudan a documentar historiales, fundamentar decisiones y hacer investigación. Listas de padrillos líderes, padrillos maternos destacados, número de crías, resultados deportivos y muchos otros registros son herramientas clave. Ten siempre esta información a mano.

En razas que no publican estadísticas, tendrás que apoyarte más en revistas especializadas, avisos de criaderos (que a veces exageran o son imprecisos) y libros dedicados a la historia de esa raza. Forma tu propia biblioteca de referencia. Si registras las campañas de tus caballos en HorseRecords, podrás generar tus propias estadísticas, que con el tiempo serán muy valiosas, sobre todo porque puedes imprimirlas para entregárselas a tus clientes.

***

Las ventajas de las herramientas mencionadas solo se harán evidentes cuanto más las utilices. Aprende a utilizarlas de forma versátil para beneficiar tanto a tu criadero como a tus clientes. Hoy en día, YouTube es una forma de adquirir conocimientos básicos sobre cualquier tema. Se podría considerar la "universidad" de la era moderna. Sin embargo, confiar únicamente en "Mr. Google" o en las redes sociales para recabar información no es profesional. Cada profesional tiene sus herramientas, y estas son las tuyas. Cuando combinas practicidad y profesionalismo, puedes pasar más tiempo afuera con tus caballos y clientes, y menos tiempo encerrado en la oficina.

Bronco yarding alrededor de 1975. El caballo arrastra al ternero hacia la rampa, en el panel, donde la soga se desliza en una ranura. Fíjate en el collar y la cuerda. Luego, el ternero es levantado hasta el panel y atado, lo que permite a los vaqueros marcarlo y castrarlo.

Recreación de la carga en Beersheba

32

Marketing y promoción

La gente puede encontrarte? Saben que existes? Saben lo que vendes? Cómo llegas a tu mercado? Has probado googlear tu nombre, tu criadero o tu raza para ver quién y qué aparece? Eres lo suficientemente *visible?*

Mira cómo se promocionan otros criaderos. Transmiten cercanía y profesionalismo? Qué te gusta y qué no? Se puede navegar fácilmente desde un celular? Habla con tus mentores sobre lo que les ha funcionado y lo que no. Qué están haciendo tus competidores que tú puedas adaptar? Qué te diferencia del resto? Cuáles son tus fortalezas y tus puntos débiles?

Una buena atención empieza por el teléfono. Necesitas una línea para recibir llamadas y un buzón de voz que permita dejar un mensaje decente, *no un* "deja un mensaje de 10 segundos". Indica claramente que llamaron al criadero (nombre) y que volverás a contactarlos lo antes posible. Cuando atiendas, responde con tu nombre o el nombre del criadero. Esto parece básico, pero se olvida muy seguido. Responde siempre con un tono profesional y amable. No hagas sentir al cliente como si estuviera molestando: las primeras impresiones cuentan!

Todo criadero necesita una dirección de correo electrónico para enviar boletines informativos, contactarse con clientes, etc. Incluye una firma de correo, incluso en tu celular. Conserva una lista de contactos, en especial de proveedores y gente del mundo del caballo. Con el tiempo, tu lista crecerá mucho. Idealmente, usa un correo exclusivo para tu negocio ecuestre. Mucha gente prefiere mensajes y correos porque pueden enviarlos a cualquier hora, cuando les resulte conveniente.

Un sitio web del criadero es como una vidriera. Puedes incluir tanta información como quieras: contratos, artículos, fichas técnicas, etc. Aunque seas un criador aficionado, lo ideal es tener un sitio web. A menos que tengas buen ojo para el diseño, encárgala a un profesional e incluye muchas fotos de los caballos y la historia de cada uno de ellos. La historia del criadero, tu misión y tus datos de contacto son indispensables. Si no puedes actualizarla con regularidad, hazla genérica, para que no quede desfasada. Busca inspiración en las páginas web de otros criaderos. Define un esquema de colores y tu branding personal. El resultado final debe verse limpio, ordenado y atractivo.

Últimamente, la popularidad de los sitios web de los criaderos ha disminuido considerablemente. Muchos no se han actualizado en años o sus URL no funcionan. No sé si se debe al auge de Facebook para promocionar y vender caballos o a que la gente no percibe las ventajas de mantener un sitio web. Pero si cuidas tu presentación, esta afirma que tus caballos son un producto de calidad que merece más que una simple publicación en Facebook. Crea una imagen más profesional.

Una página de Facebook es tan importante como un sitio web. También es una vidriera, pero se puede actualizar mucho más fácilmente que un sitio web. Además, es interactiva. Y lo mejor de todo es que es gratuita. Puedes publicar caballos en venta en tu página comercial, aunque no puedes hacerlo en grupos, a menos que lo compartas desde tu página comercial. Mantén tu página del criadero separada de tu perfil personal; la gente entra para saber de tus caballos, no de tu vida privada. Recuerda que la mayoría lo verá desde su celular, así que revisa siempre cómo se ve en los distintos dispositivos.

Tu página de Facebook debe verse profesional: buenas fotos, noticias, historias reales. Mantén los textos cortos, claros y concretos. Deja que el lector decida si algo es "impresionante"; no lo digas tú. Deja que él genere la conexión emocional. Si puedes publicar contenido educativo, eso ayuda muchísimo a fidelizar seguidores. Vigila los comentarios para evitar spam y destaca las reseñas positivas. La cantidad de "me gusta" o comentarios te dirá si vas por buen camino.

Si permites mensajes privados, respóndelos pronto. Cada vez menos gente compra llamando por teléfono; casi siempre te escribirán. Si usas Facebook de forma esporádica, estás perdiendo una oportunidad enorme de marketing.

Siempre responde mensajes, llamadas y correos el mismo día! Me han agradecido muchas veces simplemente por responder rápido. Si otros no lo hacen, es una ventaja para ti. Si no tienes la respuesta en ese momento, basta con decir: "No estoy seguro, pero te confirmo en cuanto tenga la información". Es simple cortesía… que no todos tienen. Los clientes del mundo del caballo saben que a veces no estás disponible al instante (una emergencia, un evento), pero aun así debes responder, aunque sea con un mensaje automático o, en el peor de los casos, al día siguiente. Nada espanta más rápido a un cliente que dejarlo esperando.

Desempeño

La herramienta promocional número uno es el desempeño!

Lleva tus caballos fuera del establecimiento cada vez que puedas. La gente observa cómo se comportan tus caballos, cómo los manejas y cómo reaccionan en distintos entornos. También notan –y comentan– aquellos caballos que les gustan. En nuestro caso, muchos compradores reconocen la marca "Chalani" y hasta han encontrado a otros propietarios simplemente al ver un caballo con nuestra marca en algún evento. Esas conexiones generan amistades y aportan retroalimentación muy valiosa.

El desempeño incluye competencias serias y de alto nivel, especialmente cuando tus caballos destacan bajo la monta o propiedad de otras personas. No hay nada que supere el éxito en Campeonatos Nacionales, Exposiciones Reales, rankings anuales o altos premios acumulados en su carrera deportiva. Como dicen: el éxito atrae más éxito!

Registra y publica los resultados deportivos de tus caballos. Esto crea un historial, permite comparar rendimientos y aumenta el interés de los compradores. Invierte en buenas fotos y compártelas; pero evita retocar o modificar la imagen del caballo. Los clientes lo detectan al instante… y se preguntan por qué. Los compradores siguen con atención a los nuevos talentos y a los caballos que están triunfando. Pero también es importante mantener visibles a los mayores que ya no compiten. Nota: Usa siempre el nombre registrado del caballo cuando publiques, no el nombre de establo, porque la gente lo olvida fácilmente.

Igual de importante es participar en clínicas, cabalgatas, competencias sociales, desfiles, cumpleaños, jornadas de entrenamiento, trabajos de campo, o incluso prestar un caballo a un niño del Pony Club o a un programa ecuestre terapéutico. Todas estas actividades generan fotos y contenido. Tus caballos –y su descendencia– deben ser vistos!

> *"Hay cientos de padrillos que apenas cubren unas pocas yeguas cada año, mientras que unos pocos son realmente populares. Muchas veces, esa popularidad se basa en tres factores: un desempeño comprobado, una conformación correcta y, quizá aún más importante, no esconder sus virtudes bajo la alfombra"* – Denny Emerson

Networking

Sal y habla con la gente. Haz contactos. Las conversaciones con tus colegas son importantes para obtener información privilegiada, que a menudo se mantiene "oculta" para el criador promedio, y para saber que tienes una red de apoyo para ayudarte en momentos difíciles.

Una de las desventajas de hacer todo tú mismo y no sacar a tus caballos del lugar es que te vuelves invisible. Tu herrador, veterinario y otros profesionales que visitan tu criadero pueden ser los mejores promotores de tu nombre. Piensa en otras formas de hacer que los visitantes vengan a ti. Vende algo en tu granja, como huevos, plantas o cualquier cosa que haga que la gente entre en tu propiedad. Mantén tu lugar ordenado y agradable, como si estuvieras esperando visitas, incluyendo los cascos, crines y colas de tus caballos. Coloca un letrero en tu entrada.

Las jornadas de puertas abiertas, las clínicas, los días de castración, las ventas en la granja junto con tu jornada anual de campo o las ventas y demostraciones de ganado son excelentes para promocionar tu nombre a nivel local. No te olvides de avisar al periódico local. Es probable que envíen a alguien para cubrir el evento.

Fuera del criadero, es beneficioso involucrarte en comités de raza, agencias locales y grupos de apoyo. Ofrece tu tiempo como voluntario para organizar o supervisar eventos locales o programas para personas con discapacidad. Establece un blog sobre un tema que interese a la comunidad ecuestre. Escribe artículos. Las recomendaciones y el boca a boca son más efectivos que cualquier otra cosa.

Crea un logotipo. Puede ser una foto o un diseño que refleje el espíritu de tu criadero. Puede ser útil tener dos logos con formas diferentes. Uno para "estampar" en un solo color y otro para medios impresos brillantes y opciones de impresión más grandes, como carteles o pancartas. Mantén los colores y estilos de fuente de tu marca. Asegúrate de tener una tarjeta de presentación decente (preferiblemente con tu logo en ella) y repártela en cada oportunidad que se te presente. La publicidad gratuita más eficaz es el letrero de tu remolque para caballos. Las pancartas y banderas son excelentes para puestos comerciales, exposiciones y ferias. Si tienes un expositor, utiliza un mantel de tu color y añade álbumes de fotos que la gente pueda hojear, folletos y tus tarjetas de presentación. Incluso puedes tener una laptop con un video en bucle sobre las actividades de tu criadero o de tu padrillo.

Es buena idea tener un eslogan que refleje tus objetivos. Añádelo a tu publicidad y a tus pancartas. Yo por ejemplo, vi este eslogan en una frutería y me pareció excelente para nuestros propósitos: *"La calidad es nuestra fortaleza y tu protección"*. Lo hemos utilizado durante más de 40 años.

Piensa en formas de dar a conocer tu nombre con productos como gorras de béisbol, chaquetas, mantas para montura, cristalería y tazas. Además, tu propia marca de vino podría tener un gran éxito si se regala como premio, obsequio o patrocinio.

Medios

Hoy en día, los videos se utilizan con fines educativos, para compartir información y para vender. Si grabas videos, crea un canal de YouTube con el nombre de tu criadero. YouTube ofrece mucha información sobre cómo crearlo y consejos para sacarle partido. Puedes publicar el perfil de tu criadero en Linkedin. Éstas son herramientas que aparecerán cuando alguien busque tu nombre en Google.

Si tienes facilidad para escribir, puedes enviar información a periódicos y revistas sobre algún tema relacionado con tu criadero. Ponle el siguiente título: "Comunicado de prensa para su publicación inmediata". No lo escribas de forma que suene como un anuncio. Algo como "Padrillo local alcanza el éxito nacional" es mucho mejor, como titular con una foto de los caballos ganadores y una pequeña historia detrás del éxito. Es mejor que suene como una historia en lugar de limitarse a enumerar algunos datos. Por último, añade tus datos de contacto para que el periodista pueda ponerse en contacto contigo. No debe tener más de una página o página y media. Si no puedes redactar algo porque la escritura no es lo tuyo, comunícate con un periodista local para ver si la historia le interesa. Es posible que se acerquen a tu haras para hacer una sesión de fotos.

Todo tiene su contrapartida. Cuanto menos dependas de la publicidad paga, mejor para ti en un principio. La publicidad pago es difícil de personalizar y, para llegar a tu público objetivo, debe repetirse para obtener los mejores resultados, lo que resulta caro. Vale la pena que la diseñe un profesional para que destaque entre las demás. Piensa en tu anuncio con muchas semanas de anticipación antes de usarlo.

La clave de una buena publicidad es el impacto de la primera impresión. No es necesario que sea sofisticada. No es necesario copiar otros anuncios porque "así es como se anuncia tu raza". Recuerda que lo que quieres es llamar la atención. El anuncio no debe estar abarrotado, sino que debe haber mucho espacio alrededor de las fotos y el texto. Elige los colores de fondo teniendo en cuenta la foto y el texto, en consonancia con tu marca personal y tus colores. Elige una o dos fotos buenas, dependiendo del tamaño del anuncio.

Asegúrate de no destacar por las razones equivocadas. Los errores ortográficos y los clichés son un gran inconveniente; las fotos de mala calidad o los ángulos poco favorecedores son muy poco atractivos. Los lectores coinciden en que los peores anuncios son los que han sido retocados con Photoshop o en los que la foto del caballo ha sido "recortada" de su fondo original. Un error típico es utilizar una foto al galope en la que el caballo está descoordinado. Una vez que lo ves, no puedes dejar de verlo.

Los anuncios en la página derecha de una revista se consideran más visibles que los de la izquierda. A veces puedes combinar con otro criador con caballos de la misma línea y reservar una página completa, en lugar de tener dos medias páginas en páginas separadas. También puedes reservar una sección solo para criaderos locales o hacer una jornada de campo junto a otros criaderos. Usa tu imaginación. Eres creativo? Qué hace que tu anuncio se destaque entre otros 50?

Los anuncios clasificados habituales en la revista local especializada también son eficaces y económicos. Apoya a la revista local. Considéralo como un "patrocinio" al tener un anuncio clasificado continuo.

Otra opción es el publirreportaje. Pagas por un anuncio con la condición de que publiquen un artículo sobre tu criadero o tu padrillo. Por lo general, el artículo impreso ocupa tanto espacio como el anuncio. Casi siempre tendrás que enviar el artículo tú mismo. Las revistas suelen llamarte para ver si quieres anunciarte con ellas. Esta es tu oportunidad para pedir un publirreportaje.

Los compradores habituales son la cereza del pastel. Tú sabes que están satisfechos y que suelen ser los mejores promotores de tus caballos. Ofréceles descuentos o algo que demuestre tu agradecimiento. Es mejor tener clientes habituales que tener que buscar nuevos clientes constantemente. Un buen servicio al cliente proporciona una buena experiencia, independientemente de si los clientes compran o no. Se lo contarán a sus amigos o volverán más adelante. Las cortesías habituales se notan. La honestidad y un servicio bueno y ágil son la mejor publicidad que se puede tener. El boca a boca es gratuito y llega muy lejos.

La mejor manera de lograr lo que deseas es relacionarte con las personas adecuadas y aprender de ellos. Las personas inteligentes no intentan reinventar la rueda.

Recuerda que todo lo que hagas no es solo una promoción de tu nombre o de tu criadero, sino también de tu raza. Eres un representante de tu raza y de su organización. Ten siempre en cuenta cómo te ven los demás. Tu trayectoria, tu integridad y tu profesionalidad son tu reputación. Se tarda años en construirla y se puede perder muy rápido.

> *"El éxito a menudo conduce a la arrogancia, y la arrogancia conduce al fracaso. El ego es el enemigo del marketing exitoso".* - "Las 22 leyes inmutables del marketing", de Al Ries y Jack Trout.

Si este libro te está ayudando hasta ahora, tómate un momento para dejar una reseña en Amazon. A veces, una sola reseña es el empujón que otro lector necesita.

Polocrosse con ASH: agilidad, coraje, velocidad y resistencia.

Yegua Haydon Sun Charm HSH propiedad de Emu Gully Stud.
Foto cortesía de Lynda Rogers.

33

Fotografiar caballos

Durante toda la vida de tu criadero, ten en cuenta la importancia de las fotos y la presencia en los medios de comunicación.

TODO depende de las fotografías: anuncios, promociones, recuerdos y registros. Como alguien que estuvo casada con un fotógrafo ecuestre profesional, puedo afirmar con total seguridad que en el mundo del caballo lo que más se necesita son *buenas fotos.*

Los caballos son sujetos especialmente difíciles de fotografiar correctamente. Tu foto favorita puede no ser la adecuada, aunque sirva para mostrársela a amigos o enviarla a un interesado. Buscas una foto para un calendario, una para las noticias, para la venta o una herramienta promocional? Si sabes para qué quieres la foto, podrás determinar qué tipo de imagen es la más adecuada.

Hoy en día, la gente suele comprar caballos sin verlos personalmente, y solo tienen como referencia tus fotos, y quizás un video, para ayudarlos a tomar una decisión. Una mala foto o un mal video pueden restar miles de dólares al valor de un caballo o incluso provocar que no se venda. Si tomar buenas fotos te resulta demasiado complejo o el resultado no es el esperado, lo mejor es contratar a un fotógrafo profesional. Solo asegúrate de que tenga experiencia fotografiando caballos y, preferiblemente, tu tipo de raza. Algunos son excelentes en tomas de acción, pero no logran buenas tomas estáticas; otros no escuchan lo que el cliente quiere. Los fotógrafos que trabajan en ventas de potros jóvenes y para revistas suelen ser los más competentes en esta área.

Es elemental que nunca utilices una foto incorrecta para la publicidad.

Una mala foto perseguirá al caballo durante el resto de su vida. Una vez que la gente la vea, no podrá dejar de verla. Simplemente descartan al caballo de su radar. Y no intentes retocar una mala foto. No funciona!

El hecho de que te encante la foto no la convierte en digna de difundir comercialmente, del mismo modo que el hecho de que alguien quiera a su caballo no lo convierte necesariamente en material de cría. Una foto que te recuerda un buen momento que pasaste no evoca la misma respuesta en alguien que no estuvo allí. Esas fotos son estupendas para el álbum familiar, pero no para promocionar un padrillo. Cuando se trata de mostrar una noticia, puedes permitirte una foto menos perfecta, siempre que el caballo luzca correctamente y bajo una buena luz. Estas son distinciones necesarias si queremos elevar el nivel profesional de nuestra promoción.

Las fotos que se envían a revistas o se suben a Facebook, especialmente si un padrillo ofrece sus servicios al público, representan un ejemplo de tu programa de cría. Esto debería ser de sentido común, pero algunos fotógrafos profesionales y responsables de prensa envían fotos de mala calidad a las revistas creyendo que son "bonitas". A menudo tomo fotos de mis caballos en eventos, y escucho el clic de un fotógrafo profesional... desde un ángulo incorrecto!

Hoy en día, la cámara más popular es la del teléfono móvil. Muchos tienen actualmente un buen zoom y una resolución razonable. La desventaja es el retraso al pulsar el botón del obturador, lo que a menudo significa que el animal se ha salido completamente del encuadre o ha movido las orejas hacia atrás. Además, el zoom suele ser insuficiente para evitar la distorsión que provoca estar demasiado cerca del animal. La resolución tampoco suele ser adecuada para revistas, aunque con la impresión moderna esto ha mejorado bastante.

Puedes editar las fotos en la galería de tu teléfono, por ejemplo, recortándolas para eliminar fondo innecesario, o convertir una foto en un primer plano cuando la foto en general no es buena. Con eso basta para Facebook, y te permite practicar tus habilidades en el arte de la fotografía.

Recorta una foto mala y conviértela en una buena con solo un clic en la función "recortar" de tu teléfono o programa de edición. Tooravale Indiana, Welsh B.

Para obtener fotos de buena calidad de tu caballo, necesitas una cámara réflex digital de buena calidad (DSLR) con un zoom de al menos 200 mm Para la popular pose occidental de tres cuartos de frente, el fotógrafo necesita al menos 200 mm de zoom. Una velocidad de obturación alta también es una gran ventaja.

Usa una cámara réflex en modo ráfaga y toma varias fotos seguidas. Esa es una de las principales diferencias entre una cámara común y una más profesional. Prueba varias cámaras hasta encontrar la que te resulte cómoda; pregúntale a los fotógrafos de los eventos qué usan y qué recomiendan. Les encanta hablar de sus equipos.

No todas las razas se fotografían del mismo modo. Al igual que un juez, el fotógrafo debe tener un conocimiento profundo de la raza para que el caballo se vea como un buen representante de su tipo. Además, necesita saber trabajar dentro de las guías de la raza y aun así resaltar los puntos fuertes del caballo y minimizar aquello que no lo favorece. Fotografía lo más alineado posible al estándar de tu raza.

El fotógrafo debe ubicarse a varios metros de distancia del objetivo para poder hacer zoom y llenar el encuadre. Atención, para los fotógrafos aficionados: esta parte de la distancia y el zoom es crucial. Si se trabaja más cerca, se distorsiona la silueta del caballo, haciéndolo ver con patas cortas y cabeza grande. Enfoca siempre en el ojo; si el ojo está nítido, el resto de la imagen también lo estará.

Juega con tu cámara y empieza a practicar. Haz montones de fotos y selecciona las mejores. No es tan difícil! Deja de lado la ostentación y el glamour y mantén la sencillez. Puedes experimentar un poco más una vez que logres dominar los conceptos básicos.

Foto de pie

Si quieres una buena foto de pie (o foto de conformación) de tu caballo necesitas una sesión fotográfica especial, no una captura tomada de forma casual en una exhibición. Esta es la clásica foto publicitaria. Hay que planificarla para antes de que el caballo cambie al pelaje de invierno y, si se trata de un padrillo, antes de la temporada de servicio. Necesitas un buen fondo, un cabestro o una brida que le quede bien ajustada y un presentador o cuidador con una vara para acomodar al caballo en la posición correcta. También es necesaria una tercera persona para llamar la atención del caballo. Calcula que te llevará una hora; si tardas menos, es un plus.

Una buena foto de pie es algo más que conseguir que el caballo tenga las orejas erguidas. Piensa en el fondo, la iluminación y la posición de las extremidades del caballo. Debe estar en terreno llano y no parecer que está de pie en una pendiente, con un extremo en un agujero o con pasto que le oculte las patas. El presentador debe tener un aspecto pulcro y ordenado, o ubicarse lo suficientemente lejos como para que no salga en la foto.

Planifica la sesión meticulosamente con antelación. No quieres que el ojo del espectador se distraiga del caballo. El mejor fotógrafo solo puede capturar lo que el caballo ofrece, así que hay que entrenarlo para mantener la postura el tiempo suficiente. El trabajo del presentador es mantener al caballo quieto, excepto cuando el fotógrafo necesite mover un pie o cambiar el ángulo.

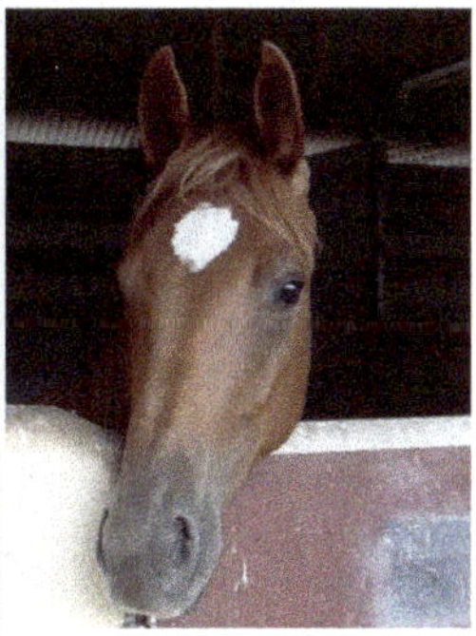

Elige fondos que generen contraste y haz foco en los ojos del caballo. Izquierda: Chalani Charm HSH. Derecha: Chalani Jetstream HSH.

Presentar bien al caballo marca una gran diferencia en el resultado y en la cantidad de dinero que acabará en tu bolsillo. Mantén el equipo limpio. Es esencial lavarlo, así como recortarle las orejas y la línea de la brida. Menudillos, crines y cola deben recortarse, peinarse o prepararse según los requisitos de la raza, y el cabestro o la brida deben ajustarse correctamente. Revisa si la cola tiene la longitud adecuada para la foto: en posición estática suele verse más larga, así que quizás debas acortarla ligeramente. No querrás que la cola tape las patas traseras... o quizá sí?

Además, prueba con diferentes arreglos de brida: el tipo de freno, la testera, lisa o de color, con muserola o sin ella, pueden marcar la diferencia. Limpia los cascos y engrásalos. El caballo debe parecer listo para desfilar ante un juez, porque una vez que publicas tu foto, todo el mundo se convierte en juez.

El fondo debe ser claro, sin comederos, postes, palos, basura, cobertizos, vehículos o animales acechando en el encuadre. Un cerco o una pared lisa detrás pueden ser útiles para mantenerlo recto. Cuando fotografíes caballos de colores, como los pintos o los appaloosas, el fondo ideal es una colina cubierta de hierba verde, montañas lejanas o cualquier cosa que proporcione un "lienzo" en blanco y discreto para el patrón del pelaje del caballo. Incluso con patrones de pelaje sólidos, necesitas algo sutil, no turbio. Es esencial tener un fondo claro para un caballo negro. Usa tu imaginación: un muro, la playa, un bosque, un acantilado.

La luz de primera hora de la mañana o de última hora de la tarde es la mejor, ya que la luz viene de lado y no de arriba. Puedes salirte con la tuya en otros momentos del día si el cielo está nublado. Observa a tu caballo para verificar que no haya sombras oscuras no deseadas a lo largo de su costado. Tu espalda debe estar de cara al sol. Puedes experimentar con diferentes fondos (puedes usar un perro), encontrarás un lugar que funcione para esa hora del día y que puedas usar y reutilizar con muchos caballos.

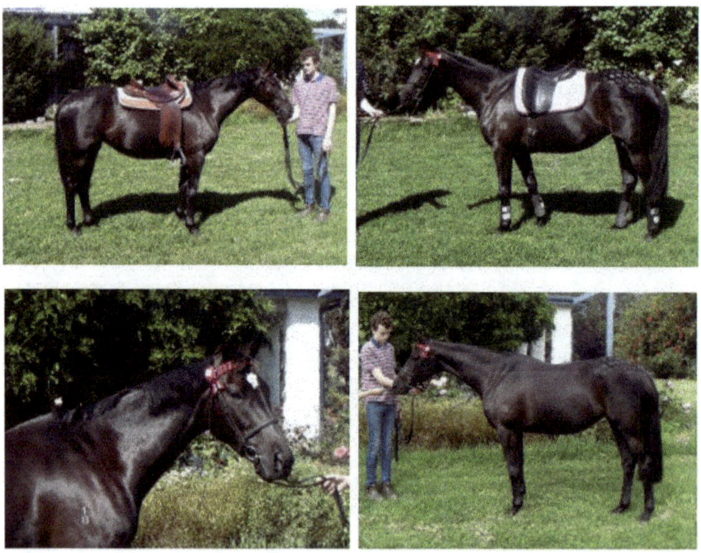

Ashborns Lady Brianna HSH. Estas fotos muestran al mismo caballo, con diferentes estilos, dependiendo de tu público objetivo. Una vez que tengas la foto adecuada, puedes recortar al cuidador.

Es posible que la luz te limite a la hora de elegir el lado del caballo desde el que tomar la foto. Lo ideal es que la luz incida sobre su cara, por lo que girarlo hacia el otro lado podría no funcionar. Si tomas fotos de perfil de la cabeza y los hombros, asegúrate de que la luz incida sobre sus ojos para que se vean brillantes. Una foto de la cabeza puede quedar impresionante sobre un fondo oscuro, como un establo o un cobertizo. Algunos caballos se ven mejor de un lado que del otro debido a sus marcas o a la forma en que cae su crin.

También puedes experimentar tomando fotos con la silla de montar, con o sin el jinete. Algunos caballos necesitan la silla de montar para ocultar una espalda larga/débil/una cruz pobre. Otros simplemente se ven mejor, ya que enfatiza sus hombros. Si quieres que parezca alto, pon a un jinete bajito sobre su lomo o utiliza un cuidador bajito, y viceversa. Comprueba si se ve mejor con una mantilla moldeada o cuadrada.

Cuándo una foto de perfil no es realmente de perfil? El fotógrafo debe colocarse de frente, a la altura de la cincha del caballo. En demasiadas fotos, el fotógrafo se coloca delante de los cuartos delanteros del caballo y demasiado cerca de él. Este es el error más común. Si el caballo tiene los cuartos traseros débiles, se verá peor. Si te colocas frente a los cuartos traseros, su cuello parecerá demasiado corto, aunque no lo sea! Si el caballo no tiene las patas y los corvejones correctos/rectos, no hagas una foto de tres cuartos de frente; solo haz una foto de perfil. Para realzar los cuartos traseros, especialmente en las razas occidentales, se hacen fotos de tres cuartos traseras. Si son correctas, deberían mostrar el contorno lateral del garrón del caballo.

Cada pata debe estar visible. Las dos patas nunca deben estar juntas como un poste. Lo ideal es que las patas del lado más alejado estén ligeramente dentro de las del lado más cercano para que todas las patas sean visibles. En algunas razas, estarán más estiradas. No es tan difícil como parece si el caballo ya está bien equilibrado y sabe posar. Si no es así, dedica un poco de tiempo a reposicionar sus patas moviéndolo hacia atrás o hacia adelante un paso o medio paso, presionando con la punta tu bota sobre la corona o empujando suavemente su pecho con el mango de tu fusta. (Aquí es donde entra en juego el entrenamiento previo para que se mantenga quieto... y donde se pone a prueba tu paciencia).

El papel del fotógrafo es decirte cuándo las patas de tu caballo están en la posición correcta y avisarte cuando no lo están. Si no lo hace, pregúntale. Él es el que está mirando a través del objetivo!

El asistente del fotógrafo debe pararse ligeramente hacia el lado donde quieres que el caballo mire (no directamente de frente). Normalmente buscas que el caballo gire apenas la cabeza para que se vea el contorno del ojo del lado opuesto. Ten presente que la cabeza puede proyectar sombra sobre el cuello, lo cual conviene evitar si el caballo tiene un buen cuello limpio o una garganta bien definida.

El asistente tiene que tener varias "herramientas" a mano para captar la atención del caballo. Nosotros usamos una gorra, un trapo, la fusta, un juguete chirriador (muy útil cuando estás solo), un balde con ración, o incluso un paraguas para abrir y cerrar. Este último solo si ya probaste lo demás y necesitas despertarlo un poco. Ten repelente de moscas cerca.

El asistente se coloca fuera del encuadre y mueve o sacude lo que haga falta para que el caballo orejee. A veces alcanza con arrancar un poco de pasto y mostrárselo. Con un padrillo, puede funcionar caminar una yegua cerca. Lo que despierta la atención de un caballo puede no funcionar en otro, especialmente cuando están en su casa y todo les resulta demasiado "común".

Recuerda: el director de la sesión es el fotógrafo. Indica al asistente que no haga nada hasta que él diga "ahora". Solo cuando el caballo esté bien parado se pide que orejee. Debe verse atento, no dormido. Y siempre enfoca el ojo antes de disparar.

Toma todas las fotos que puedas inicialmente y ve mejorándolas sobre la marcha. Chequea las fotos que has sacado para ver si el caballo ha parpadeado o ha movido la cola en el momento equivocado. La iluminación y el fondo funcionan bien o deberías moverlo a otro lugar? Vale la pena dedicar un poco más de tiempo para que todo salga perfecto.

Tu esfuerzo refleja el valor que le das a tu caballo.

Fotos en movimiento

No es recomendable tomar fotos de caballos en movimiento si no están en la postura correcta. Casi siempre distorsiona la imagen del caballo, hace que el cuello parezca más corto, la espalda más hueca o los cuartos traseros más débiles. Si no se toma en el momento exacto, hasta el paso puede verse como si el caballo estuviera muerto o detenido. Debes tomar la foto justo cuando la pata trasera más cercana esté más atrás, ya que es cuando la zancada tiene su máximo alcance y la pata delantera del caballo comienza a avanzar.

Zancadas del paso - Chalani Minerva HSH con Kim Ide.

El trote es el más fácil de fotografiar. Simplemente toma la foto cuando el jinete se esté sentando. Di "arriba/abajo" en tu cabeza y haz clic en "abajo". Eso significa que la pata delantera exterior está en el suelo y la más cercana se estira hacia adelante. Esto supone que el jinete está en la diagonal correcta. Si el caballo va sin jinete, debes disparar cuando —o un instante antes de que— el posterior más cercano está en su punto más atrás, para compensar tu tiempo de reacción.

La pata trasera debe estar bien atrás cuando tomes la foto del trote, y cuál será dependerá del lado del círculo desde el que estés tomando la foto.

El galope debe tomarse cuando la pata trasera más cercana está debajo del vientre o atrás, todavía en el suelo, no cuando solo una pata delantera está en el suelo. No es conveniente mostrar a un caballo con todo el peso en el antebrazo. La mejor manera de hacerlo es contar uno, dos, tres, uno, dos, tres, y hacer clic en "uno". Otras tomas podrían ser las cuatro patas en el aire, o el estiramiento, donde la pata delantera está en su máximo estiramiento antes de tocar el suelo. Nunca publiques una foto de un caballo descoordinado o en el paso incorrecto!

Configura tu cámara con antelación en "disparo múltiple". Se llama motor drive. Mantén pulsado el obturador para tomar de tres a cinco fotos rápidas seguidas. Normalmente, una de ellas habrá capturado el momento adecuado. Yo incluso he mantenido pulsado el obturador y he fotografiado todo un entrenamiento. Con las cámaras digitales, se trata simplemente de una toma continua en lugar de una sola toma y se mide en fotogramas por segundo. Con las cámaras digitales es difícil fotografiar la acción de otra manera debido al retraso del obturador antes de poder tomar la siguiente foto.

Una vez más, si pulsas cuando la pata trasera más cercana está atrás, obtendrás las mejores fotos.

Fotos que evocan sentimientos

Estas fotos se toman para causar impacto (fotos para calendarios o publicidad, etc.) con el objetivo de crear una respuesta emotiva en el espectador. Logran su objetivo simplemente porque son más raras en el mundo de la publicidad, pero requieren un poco de imaginación y creatividad. A menudo implican romper las reglas de iluminación o fondo. Pero eso no significa que no puedas tomarlas; solo tienes que llevar tu cámara o teléfono contigo siempre que sea posible para poder capturar ese "momento" indescriptible. Recuerda: tómala desde la distancia y haz zoom! Nunca se sabe, quizá captures una obra maestra; al menos tendrás un gran recuerdo.

Joseph's Dream Appaloosas, Namibia, a contraluz. Fotos: Joseph's Dream.

Esta foto de Rannock se usó en toda nuestra publicidad. Siempre llamaba la atención. Es el clásico primer plano de "mirada de águila" diseñado para causar impacto. Se tomó a gran distancia mientras él corría con sus yeguas para capturar su estado de alerta, y se amplió para evitar el síndrome de "cabeza grande", logrando que el fondo se difuminara contra el cielo. Solo debes hacer primeros planos si el caballo tiene una buena cabeza. Foto de Peter Gower.

Fotos de eventos

Al hacer fotos en los eventos es tentador acercarse a la banda o la escarapela. Recuerda posicionarte atrás con el zoom al máximo para no sufrir el síndrome de la "cabeza grande". Asegúrate de tener el sol a tu espalda y el fondo lo más limpio posible. Coloca la banda alrededor del cuello, cerca del hombro, y fíjala en el pecho para que quede plana. La escarapela debe verse del lado correcto y con el texto del evento y la fecha bien legibles. Ten a mano a la persona encargada de llamar la atención del caballo y el spray para moscas!

En esta foto, coloqué mi mano derecha sobre la cruz del caballo. Esto me permitió alejarme lo suficiente para que el caballo pudiera inclinar la cabeza hacia mí sin ocultar la guirnalda, de modo que el fotógrafo pudiera concentrarse en tomar la cabeza desde un ángulo adecuado.

La autora con Chalani Sunstream. Foto de Kangra.

Mala fotografía

Son pocos los fotógrafos que realmente se toman el tiempo de hacer una buena foto lateral en los eventos. Esta es la foto "estándar". Todo lo demás es un extra. El caballo de dos o tres patas (cuando una o dos quedan ocultas detrás de las otras) crea ilusiones ópticas poco favorecedoras. Cualquier fotografía de un caballo en un evento, especialmente si se trata de un padrillo, puede ser una foto emblemática para el haras. Los cuidadores deben prestar atención por si el fotógrafo está fotografiando a su caballo. Quizás tenga las orejas hacia atrás, o esté descansando una pata, o la colocación de sus patas sea incorrecta. El fotógrafo debe señalarlo.

La primera foto muestra el fondo y la iluminación correctos en un día nublado. La posición del fotógrafo frente al vientre es correcta, pero las patas del caballo no están bien colocadas. Como resultado, parece un caballo de dos patas. El segundo caballo tiene las patas correctamente colocadas para una foto de perfil, pero el fotógrafo está demasiado lejos, frente al cuello del caballo, por lo que ha fotografiado un caballo de tres patas. El fondo no es adecuado para un caballo oscuro, aunque esto a veces es inevitable en un evento.

A los propietarios de caballos, especialmente a los criadores, no les gusta revisar entre cientos de fotos y no encontrar casi nada adecuado. Fotógrafos, por favor, tomen menos fotos y preparen mejor a los caballos. Si quisiera tomar miles de fotos y encontrar alguna útil en el lote, podría hacerlo yo misma, de forma muy económica. No captures caballos de dos o tres patas! No se admiten caballos montados con una pata delantera y tres en el aire. No se admiten fotos malas en sus páginas web! Si los clientes te dan retroalimentación que no deseas escuchar, por favor, no cites a las "cientos de personas" que han comprado tus fotos.

Desgraciadamente, a veces un fotógrafo tiene la "exclusividad" en el evento y los competidores no tienen otra opción. Los propietarios pueden verse obligados a comprar una foto de segunda categoría, ya que no hay ningún otro fotógrafo presente. Se consideran "afortunados" de que se haya tomado una foto. Pero sí tenemos otra opción, y es no comprar.

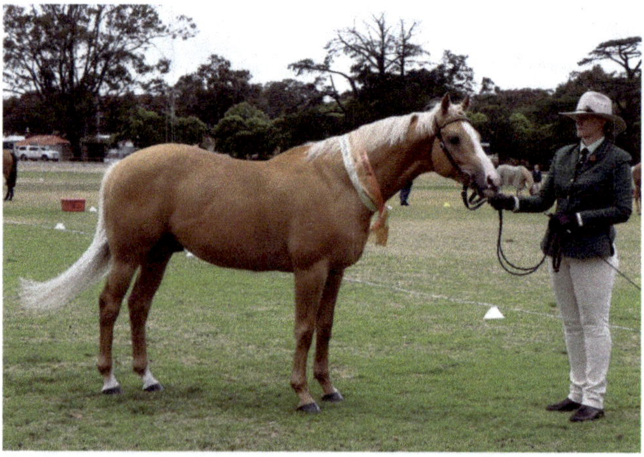

La forma correcta de posicionarte frente a un caballo cuando no puedes fotografiarlo de lado. El fotógrafo se ha desplazado hacia delante para evitar que el caballo parezca tener "tres patas". Aquí se ven las cuatro patas. Chalani Sunstream y Kim Ide. Nota: Kim está en posición de presentación "formal".

Videos

A veces es más fácil grabar videos que tomar fotos. Se aplican las mismas reglas en cuanto a la iluminación, el fondo y la hora del día. Necesitarás un cuidador o presentador que pueda hacer trotar al caballo en línea recta. Las tomas más sencillas son al paso y al trote de ida y vuelta, ambos en línea recta, hacia y desde la cámara. Luego, coloca al caballo en una zona de trabajo o en una pista. Con la fusta, déjalo suelto para que trote y galope o incluso salte. Es posible que necesites que alguien agite una sombrilla para conseguir suficiente actividad. Esta es una forma excelente de grabar un video de un potro junto a su madre.

Si un potro está entrenado para saltar obstáculos, ducharse o subir solo a un remolque, graba un video. Si se monta, graba como mínimo el paso, el trote y el galope. Aún mejor si tienes una serie de videos de diferentes salidas a lo largo del tiempo, especialmente de entrenamientos. Varía el contenido. Incluso puedes "capturar" imágenes fijas de tu video una vez que lo hayas descargado, eligiendo el fotograma más favorecedor. Graba mucha acción en video y secuencias casuales de lo que sucede en el haras, ya que esto puede utilizarse más adelante para promocionarlo, si lo deseas.

Edita diferentes clips y súbelos a tu canal de YouTube. Cualquier video para la venta debe ser breve, de no más de cinco minutos aproximadamente, y es preferible que el contenido esté ordenado cronológicamente. Incluye la información del caballo y tus datos de contacto al inicio, así el interesado no necesita volver a ver el video para encontrarlos. Después, comparte el enlace en Facebook o directamente con posibles compradores. No intentes aprender toda la parte técnica de inmediato, ya que podrías desanimarte para siempre. En lugar de eso, busca a alguien que pueda ayudarte. Puedes editar tus videos de forma gratuita en la plataforma Clipchamp de Microsoft: https://clipchamp.com/en/video-editor/

Fotos que evocan sentimientos. Foto: Joseph's Dream

Dollar con Matt Donoghue y Tomali Master Herbert ASH con Kate Growden, caballos presentados en Adelaide Royal 2017. Foto: Horizons Photography.

"La mayor parte de nuestro trabajo se realiza sobre asfalto o pistas de arena dura en pendiente, en cualquier condición meteorológica, e incluye períodos de hasta una hora de pie en el mismo lugar mientras se juzgan y presentan las clases, rodeados de gradas, amplificación y grandes multitudes (todo ello sencillo para un caballo experimentado). Ningún día es igual en cuanto a ambiente, público y entorno. Trabajo con arneses pesados, arneses ligeros, saltos de obstáculos, grandes desfiles, ganado suelto, cabras, todo tipo de caballos, secciones de cuatro, caballos de trabajo, motos, camionetas, público distraído, cochecitos de bebé, sombrillas, ponchos, guiar Warmbloods de salto importados, pararme junto a un hack nervioso, guiar ponis por encima de desagües, luces y efectos de sonido, todo ello forma parte del trabajo diario, por no mencionar las nueve noches de grandes espectáculos de fuegos artificiales, etc. Es un trabajo muy gratificante, pero muy exigente para los caballos". – Matt Donoghue

34

Compra y venta

En el negocio de los caballos, te dedicas a VENDER. Si no te gusta desprenderte de tus caballos o eres indeciso sobre quién debería comprarlos, no te dediques a la cría. Nunca críes más de lo que estés dispuesto a vender. Estás preparado para asumir el rol de vendedor? Te gusta tratar con la gente? Para vender eficazmente se necesitan habilidades sociales. Cuántas ventas al año necesitas? Qué edad tendrán tus caballos cuando los vendas y qué nivel de adiestramiento tendrán?

Cuándo deberías vender un caballo?

- Cuando otra persona podría desarrollarlo mejor.
- Cuando ya no encaja bien en tu programa de cría o entrenamiento.
- Para mostrar tu linaje a través del desempeño en manos de otra persona.
- Cuando el caballo vale demasiado como para poder asegurarlo por su valor actual.
- Por retiro (tuyo o del caballo) o cambio de rumbo (objetivos).
- Cuando ya no es una opción para reproducirse.
- Cuando vendes todo lo que crías.
- Cuando notas que el mercado está cayendo.

Nunca vendas un caballo simplemente porque sea viejo, inútil o frágil y ya no te sirve. Asume toda la responsabilidad de darle un final digno para que no termine pasando de mano en mano o acabe en un matadero.

> *"Una vez que ese caballo sale de tu propiedad, no importa lo que te haya asegurado el comprador, no hay ninguna garantía. Y no me refiero a la mala suerte, las enfermedades o las lesiones, porque esas cosas le pueden pasar a cualquiera. Me refiero a que el caballo pueda caer en manos de un mal cuidador, sufrir técnicas de entrenamiento crueles, u otras cosas por el estilo. No quiero decir que no deba haber venta de caballos. No creo que haya*

> *que quedarse con un caballo para siempre una vez que lo tienes, si el caballo no es el adecuado. Pero todos conocemos el dicho "caveat emptor", que en latín significa "que el comprador tenga cuidado". También debería haber un dicho que dijera "que el vendedor tenga cuidado". No todo el mundo cuidará de un caballo tan bien como nosotros esperamos".* – Denny Emerson

Si vives lejos de los principales centros de venta, tienes un ejemplar de gran valor o simplemente no te sientes cómodo vendiendo de forma directa, llevarlo a una venta de razas puede ser una estrategia más efectiva. Muchas ventas de razas de alta gama ofrecen incentivos, concursos y beneficios exclusivas solo por inscribir el caballo.

Elige la venta que mejor se adapte al tipo de caballo que ofreces. Lee detenidamente las condiciones de participación antes de comprometerte. Cuándo son las fechas de cierre? Qué precio base (reserva) vas a fijar? Los gastos de catalogación, transporte y otros costos serán asumibles si no alcanzas tu reserva? Qué información, datos, fotos y documentos, debes proporcionar? Están al día los registros? Qué medidas tomarás si el caballo no se vende?

La mayoría de las ventas de razas requieren una inspección previa a la venta por parte de los organizadores para identificar, presentar y determinar la idoneidad. Algunas requerirán radiografías y certificados de salud actualizados. Quién exhibirá el caballo por ti y cómo se presentará? Ten preparado un blurb (texto de presentación). Sugerencia: utiliza una fuente grande. No dejes que el martillero tenga que improvisar. Todos estos son gastos adicionales y logística que deberás tener en cuenta.

Los compradores querrán ver el caballo, a veces varias veces, antes del día de la subasta. Muchos se pondrán en contacto contigo antes de la venta para solicitar información adicional. Debes ser fácilmente localizable. Asegúrate de tener tu información a mano y promociona bien tu caballo antes y durante la venta.

Como criador, no solo estás vendiendo un caballo. Estás mostrando el nombre, la marca y la reputación de tu haras.

Decidir el precio base (la reserva) puede ser bastante complejo. Cómo competir en un mercado donde ya existen haras consolidados, que producen caballos de primer nivel y tienen un nombre reconocido y respetado? Cuánto están logrando en venta otros caballos de edad, sexo, genética y tipo similares? Provienen de un criadero con gran trayectoria y están entrenados por un preparador prestigioso? Si ese es el caso, es fácil justificar un precio más bajo para el tuyo. Si además estás ubicado lejos de los centros de venta, tal vez debas ofrecer incentivos, como descuentos en el transporte u otros beneficios. No pongas un precio desorbitado para que el caballo se quede un año entero en el potrero sin venderse. Esperar "el precio perfecto" puede ser un error cuando todos sabemos que un caballo puede caerse, lesionarse o incluso morir de un día para el otro.

Alguna vez has analizado un buen anuncio, has visto algo que te ha llamado la atención y has pensado que el anuncio cumplía todos los requisitos para ser una buena publicidad? Es posible que se requieran diferentes estilos para un tablón de anuncios, Facebook, un sitio web, anuncios clasificados, un boletín local o una revista importante. Es fundamental conocer tu mercado y colocar el anuncio en el medio adecuado. Un anuncio bien pensado forma parte de tu estrategia de promoción general. Lo que tú quieres es un anuncio claro y limpio que transmita autenticidad. Si el anuncio es para una revista, esta podría diseñarlo por ti. Incluso pueden imprimir folletos a partir de ese anuncio.

Piensa en un título adecuado. Incluye en el anuncio el nombre registrado del caballo, la raza y cómo está criado, o un enlace a su pedigrí. Un enlace proporciona el pedigrí sin saturar el anuncio. Si el precio no es negociable, indícalo. Si el caballo tiene un gran descuento, explica por qué. Añade la ubicación, ya que muchos compradores no comprarán fuera de su estado. Cuando hagas cualquier tipo de publicidad, asegúrate de que sea fácil ponerse en contacto contigo. Indica tu número de teléfono y/o correo electrónico. Si solo estás disponible en un horario determinado, indícalo. Los compradores pueden rendirse fácilmente si no obtienen una respuesta oportuna.

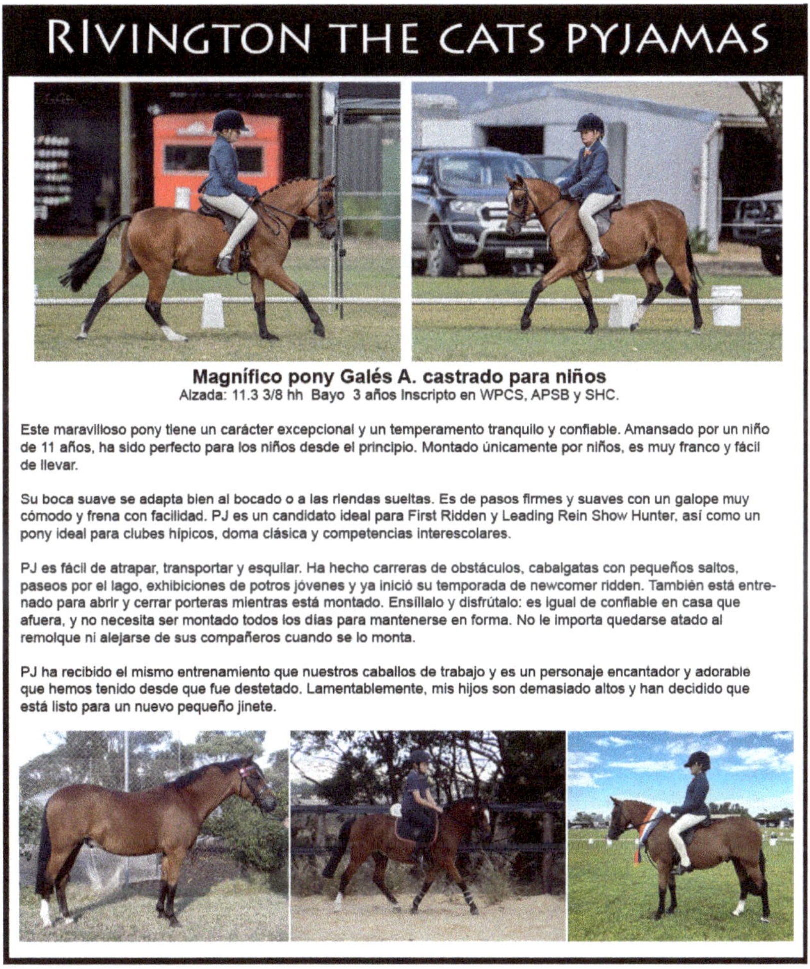

Un buen ejemplo de anuncio de venta pensado desde la mirada del comprador.

Haz que sea fácil de leer, ya que es posible que solo consigas unos segundos de interés antes de que la persona pase a otros anuncios. La ventaja de un anuncio web bien diseñado es que la persona puede leer tanto, o tan poco, como desee. Lo que quieres es captar su atención y dejar que "descubra" el anuncio, ya que eso genera entusiasmo. Puedes compartir un anuncio en el sitio web a través de Facebook o hacer un anuncio en Facebook con un enlace para más detalles en el sitio web.

Lo mejor es utilizar una buena foto con un enlace a más fotos o videos, si los tienes. Un error común es utilizar demasiadas fotos porque no has podido decidir cuál era la mejor. Sé selectivo.

Los videos facilitan ver cómo es el caballo, especialmente en movimiento. Haz que trabaje montado si está domado y muéstralo guiado, de frente, de atrás y de perfil. Evita cualquier material donde se vea un galope descoordinado, cambios de pie fallidos, apertura de boca, sacudidas de cabeza y movimientos bruscos de la cola. Si tu caballo no puede hacer cosas más avanzadas correctamente, entonces haz un video sencillo y limpio. Cuanto más caro sea el caballo, más tiempo debes dedicar a hacer un buen video. Te sugiero que solo incluyas información que no pase de moda, por si no vendes el caballo y quieres utilizarlo más adelante. Deja de lado los adornos, los silbatos y la música elegante y limítate a los hechos. Cualquier información adicional puede incluirse en la publicación.

Si no puedes editar tu video tú mismo, puedes ir a la página web de Fiverr y encargar un video profesional para YouTube a partir de tus propias imágenes, con narración incluida, por una tarifa aproximada de 100 dólares. https://www.fiverr.com/

Para mantenerte en el mercado, debes estar a la altura de la competencia.

Reglas para vender:

- Presenta bien tanto al caballo como el anuncio.
- Utiliza solo fotos o videos de calidad.
- Destaca los puntos positivos.
- Expone los hechos con claridad.
- Añade tus datos de contacto.
- Indica la ubicación.
- Define un precio adecuado.
- Sugiere qué tipo de comprador es el más adecuado.
- Recuerda que el caballo debe venderse como "apto para un fin determinado".
- Sé claro y conciso, sin trucos ni clichés.
- Utiliza un diseño sencillo: menos es más.
- No parezcas desesperado.
- Ponte en el lugar del comprador.

Un anuncio exitoso dará lugar a una venta, pero el hecho de que no se venda no significa que el anuncio no haya llegado al público, sino que nadie estaba interesado en comprar en ese momento o a ese precio ese caballo. Por lo tanto, repite el anuncio varias veces antes de cambiarlo o publicarlo en diferentes lugares.

Un mal anuncio tiene aspectos negativos que el anunciante desconoce. Puede estar mal pensado, ser confuso o no estar bien posicionado. Las faltas ortográficas, gramaticales y las fotos de mala calidad son los aspectos negativos más importantes; querrás llamar la atención por las razones correctas. No publiques un anuncio cuando no estés disponible para responder a las consultas.

Otro factor disuasorio es el precio "a consultar". Muchos asumen que el precio será demasiado alto. Conviene indicarlo directamente o poner un enlace donde figure. Algunos compradores incluso lo interpretan como falta de transparencia, como si el precio variara según la persona, o temen que cierres un trato y luego te eches atrás si aparece alguien que ofrece más. Si realmente no quieres mostrar el monto exacto, puedes poner "mejor oferta arriba de X" para dar un rango, o "precio negociable".

Nunca escribas cosas como "no se admiten pérdidas de tiempo", "no se atienden coleccionistas de fotos" y "solo consultas serias". En esencia, todo el mundo es una pérdida de tiempo excepto la persona que compra. Un vendedor de autos usados sabe que mucha gente preguntará precios, comparará y luego desaparecerá sin responder a menos que esté interesado. Por qué debería ser diferente la venta de un caballo?

Una persona podría consultar por varios caballos porque está buscando opciones para un cliente, analizando perfiles o simplemente recabando información. Si encuentra algo adecuado, recomendará el caballo y pasará los datos al interesado para continuar la operación. No hay nada de malo en que el vendedor le dé al consultante un plazo de 24 a 48 horas para responder, pensar o pedir más información.

Otra expresión utilizada es "manifestación de interés" (EOI, por sus siglas en inglés). No garantiza que ese comprador será el elegido si hay otras personas interesadas. Normalmente no se pide una seña para un EOI, pero si se solicita, debe ser 100% reembolsable, ya que no hay garantía de adjudicación. El vendedor quiere seguir un proceso ordenado para evaluar a los posibles compradores. Esto filtra a quienes solo curiosean, pero permite que todos se postulen hasta cierta fecha. Además, reduce la presión de compradores impulsivos o insistentes que quizá no sean los más adecuados.

La EOI se utiliza muchísimo para potrillos o crías en gestación, donde la idea es ubicar compradores serios que retirarán el potro al destete. En estos casos, solemos ofrecer un plan de pagos, que queda cancelado en su totalidad al destete. En el contrato conviene detallar qué manejo, registros, castración y vacunaciones entregará el criador. Es un proceso que funciona para ambas partes: el comprador puede estar buscando un sexo, alzada o color específico, y para el criador significa: "Este potro podría ponerse a la venta. Ponte en contacto con nosotros ahora para tener la prioridad de compra".

El EOI también es muy útil para vender un pony infantil, manteniendo una lista de espera de posibles familias. Así, el vendedor cuenta con un registro documentado de nombres y contactos cuando el pony finalmente queda disponible. Para determinar si un comprador potencial proporcionará un hogar adecuado, escucha sus preguntas y ponte en su lugar. La mayoría de las personas no son compradores experimentados. Es posible que hagan preguntas que puedan parecer tontas, pero pronto te harás una idea de su experiencia por el lenguaje que utilizan.

Si aún no te lo han dicho, hazles las siguientes preguntas:

- Cuál es tu experiencia con los caballos? (Propietario de un caballo, estás volviendo a montar, eres entrenador, etc.)
- Qué tipo de trabajo has hecho con tus caballos? (Jugar al polocrosse, doma clásica, cabalgatas).

- Qué planeas hacer con este caballo? (Competir en un club hípico, criar un potro, practicar deportes, participar en concursos).
- Con qué apoyo cuentas? (Si trabajas tiempo completo con caballos, si tomas clases, si alguien en la familia también monta).
- De qué instalaciones dispones? (Alojamiento, remolque para caballos, cercos, terreno).
- Quién será el jinete? (Profesional, niño entusiasta, adulto nervioso).
- Puedes proporcionar referencias? O un número de contacto al que pueda llamar para comprobar tu idoneidad?

Es probable que el comprador pregunte por el historial del caballo, su idoneidad para lo que busca, cualquier enfermedad o cojera que haya podido tener, si aceptas realizarle una revisión veterinaria, cuándo se puede ver y si el precio es negociable. Es posible que pregunte por qué lo vendes. En realidad, cualquier cosa que no se haya incluido en el anuncio. Te hablará de la experiencia del futuro jinete si se trata de un caballo de montar. Es posible que pregunte por las opciones de transporte y si el caballo viene con algún equipo. Alguien que hace muchas preguntas puede estar haciéndolo para establecer confianza e integridad, no solo para explorar la idoneidad del caballo. El comprador puede pedir los nombres de otras personas que conozcan al caballo y puedan dar fe de él. Si notas que tu caballo no es adecuado para lo que busca esa persona, díselo con amabilidad y agradécele el interés. Incluso puedes recomendarle a alguien que tenga algo más acorde a sus necesidades.

Se suele realizar una visita al criadero para inspeccionar la idoneidad, condición y los parientes del caballo. Es posible que el comprador traiga a la visita a un amigo o instructor. Pídeles que dejen a sus perros en el coche! Si tienes un caballo adiestrado, asegúrate de que haya un jinete disponible y un espacio cerrado para montarlo. Deja que vean al caballo en su entorno natural, cómo se lo atrapa, se lo conduce y se lo ensilla, y luego deja que el jinete les muestre cómo trabaja. No es aconsejable que el comprador potencial se suba al caballo de entrada. Asegúrate de que tu seguro de responsabilidad civil esté al día y solo deja que el visitante monte con casco y botas.

Las revisiones veterinarias suelen correr a cargo del comprador después de recibir un depósito. El depósito se devuelve si no se aprueba al caballo. Algunos pueden requerir radiografías. Para evitar conflictos de intereses, da al comprador los nombres de varios veterinarios de la zona para que pueda elegir uno y explicarles sus requisitos. El veterinario le dará al vendedor un formulario para que lo firme, confirmando que el caballo no ha sido drogado, etc., antes del examen. Nota: el dopaje solo puede determinarse mediante un hisopado o un análisis de sangre, por lo que esto debe hacerse de inmediato si se sospecha algo.

Una vez acordada la venta, debes exigir un depósito y proporcionar un contrato de venta, a menos que se pague el importe total inmediatamente mediante transferencia electrónica. Haz saber al comprador que el caballo no será suyo, que no podrá llevárselo del lugar, que la transferencia no será efectiva y que tú puedes vender el caballo a otra persona, a menos que se cumplan las condiciones establecidas en el contrato.

Otra opción para ciertos establecimientos es el leasing, o acuerdos como "potro por potro". El contrato debe detallar las responsabilidades de ambas partes y qué ocurrirá si la yegua muere o si surgen imprevistos como cirugías o reclamos de seguro. Los acuerdos "de palabra" funcionan... hasta que algo sale mal.

Reglas para comprar

Básicamente, invierte todo lo que se indicó en las reglas para vender y tendrás claridad sobre el proceso de compra:

- Sé respetuoso y educado.
- Haz todas las preguntas necesarias después de leer bien el anuncio. (Lo ideal es llevar una lista de lo que buscas: altura, ubicación, disciplina, etc.).
- Pregunta si el registro está vigente y si se han pagado todas las tasas.
- Indica el motivo o la finalidad por la que deseas comprar.
- Investiga por tu cuenta: no tomes todo lo que diga el vendedor como verdad absoluta. (A veces ni él mismo lo sabe todo).
- Busca en Google/Facebook el nombre del caballo.
- Pregunta qué enfermedades genéticas se le han detectado al caballo y cuáles fueron los resultados.
- No exageres tus habilidades ni tu experiencia.
- Si el anuncio incluye un número de teléfono, se espera que llames. Si incluye un correo electrónico, envía un mail al vendedor.
- Llega puntual. Si necesitas cancelar, hazlo con una disculpa y agéndate para otro día.
- No esperes que el vendedor te reserve un caballo, así que pregunta cuáles son las condiciones de venta y si eres el primero en la lista.
- Si vas a comprar sin verlo, intenta conseguir videos, referencias e información de los anteriores propietarios.
- Si se trata de un caballo de cría, solicita un examen de aptitud para la cría y un hisopado limpio. Si se trata de un caballo de montar, solicita un chequeo veterinario completo.
- No alargues el proceso innecesariamente.
- Recuerda que no eres propietario del caballo hasta que lo hayas pagado (con un período de reflexión).
- No puedes devolver un caballo solo porque hayas cambiado de opinión. (Ley de Protección al Consumidor).
- Asegúrate de entender si el depósito es reembolsable o no. Si pagas un depósito en efectivo, pide un recibo.
- Pide un contrato de venta, especialmente si vas a pagar a plazos.
- Si el caballo es un regalo, cómpralo por 1 dólar y obtén un recibo como nuevo propietario legal. (De lo contrario, corres el riesgo de que el propietario te lo

reclame más adelante, alegando que era un alquiler gratuito).

- Como comprador, no es difícil decir: "Lo voy a pensar y en 24 horas te confirmo si quiero avanzar." No dejes al vendedor esperando eternamente. Y agradécele el tiempo invertido en mostrarte el caballo. En un mercado dinámico, puede que tengas que decidir rápido. Por eso tu investigación previa y conocimiento del mercado marcarán la diferencia.

Contratos

Hoy en día, los contratos son fundamentales en prácticamente cualquier interacción con clientes. Es la norma profesional. Hay demasiado en juego como para manejar alquileres, ventas, planes de pago, servicios de padrillo o acuerdos sobre crías sin un documento que respalde lo acordado. Puedes modificar los contratos para adaptarlo a cada cliente. No es necesario que esté redactado en "jerga legal". Si compras como parte de una sociedad u otro tipo de organización, ten un acuerdo por escrito sobre lo que debe suceder si se vende el caballo y si un miembro de la sociedad quiere vender su participación. Quién tendrá la primera opción de compra? Qué pasa si el caballo muere? Debe estar asegurado? Si es un caballo donado bajo condiciones especiales, también necesitas tener un contrato. Y si la entrega es sin condiciones, es preferible venderlo por un dólar y emitir un recibo, para que exista un registro claro de transferencia.

Nunca ofrezcas un plan de pago para tus caballos más baratos. Esto es una señal de alerta. El comprador debe tener el dinero disponible al momento; si necesita financiarlo, que lo haga con su banco, no contigo.

Asegúrate de que todo lo que hayas dicho por teléfono figure en el contrato si ambos están de acuerdo. De lo contrario, incluye una cláusula que diga: "Este contrato sustituye cualquier acuerdo anterior". De esta manera, estarás protegido si alguien vuelve y te dice: "Tú dijiste...". Puedes publicar tus contratos estándar en tu sitio web para que los propietarios de yeguas y los compradores puedan descargarlos, lo que te ahorrará tiempo y comunicaciones innecesarias.

Para elaborar un contrato con un fin concreto, consulta lo que han redactado otras personas o habla con un profesional del ámbito jurídico con experiencia en el rubro.

Clientes difíciles

Si surge algún problema con un cliente, evita que tu primera reacción sea ponerte a la defensiva, acusar o negar lo ocurrido. Eso solo provoca que el cliente se vuelva más agresivo. En su lugar, respira hondo y di algo como: "Te entiendo. Cómo crees que podríamos solucionar esto?".

Este enfoque suele calmar la situación lo suficiente como para entablar un diálogo razonable. Muchas veces los clientes están emocionales y ni siquiera tienen claro qué quieren realmente. Pídeles que propongan ellos una solución que consideren satisfactoria, antes de que seas tú quien ofrezca alternativas. Mantén la confidencialidad y solicítales que ellos hagan lo mismo.

Luego di: "Redáctalo en un correo electrónico y lo revisaremos/veremos qué podemos hacer". Esto no es una promesa ni un compromiso, simplemente traslada la responsabilidad al cliente, deja todo por escrito y te da tiempo para pensar. Registra la fecha y los detalles de la interacción.

A menudo, ese correo electrónico nunca llega, o se puede resolver el problema fácilmente simplemente consultando lo que establece el contrato. Si recibes el correo, responde siempre por escrito. Puedes hacer una contraoferta o indicar si estás dispuesto a negociar. Pide a otra persona que lo lea antes de enviarlo. Debe ser objetivo y preciso, sin emociones. Si es poco probable que algo se resuelva de forma sencilla o te causa mucha ansiedad, acude directamente a un abogado para que te asesore o se encargue del asunto. Por lo general, la primera sesión es gratuita. Por eso todo debe quedar por escrito.

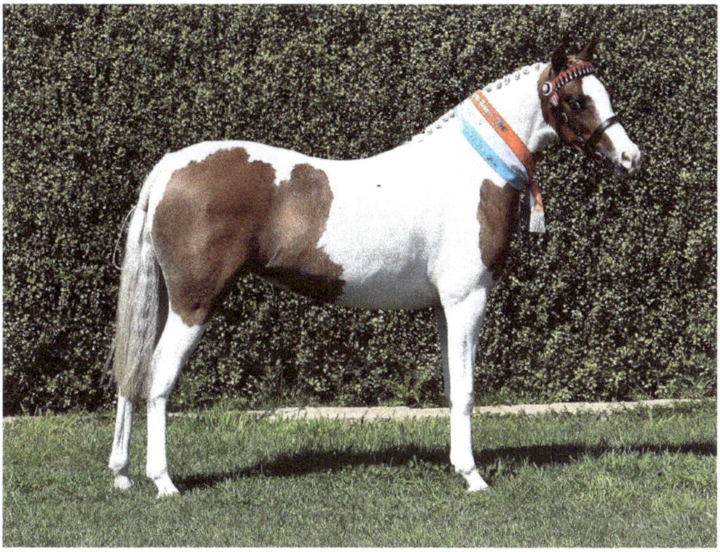

Presentación excepcional. La calidad atrae a los compradores. Kyabra Park Ruby Rose, pony árabe de montar - Foto de Tegan McKenzie.

Tres hermanos completos, de izquierda a derecha: Aloha Stars n Stripes, Aloha Aquarius, Aloha Silhouette. Foto cortesía de Aloha Arabians.

Bill Willoughby realizando bronco branding desde su caballo Cuarto de Milla Casper (hijo de Great Stuff). Este caballo ha ganado campeonatos anuales, competencias abiertas, bronco branding, y es el único caballo de Australia que ha ganado en todas las modalidades de competición de lazo. Fíjate en el collar y la cuerda. Foto de Prue Chapman.

Cría caballos y dales un trabajo (la única forma de probar el rendimiento y criar a los mejores). Foto: dominio público

35

Preparar un caballo para una exhibición o para la venta

A estas alturas, ya has entrenado bien a tus caballos desde el suelo, tienen buenos modales y te gustaría participar en una exhibición de ejemplares jóvenes. El objetivo de llevar a tus caballos a exhibiciones es que adquieran experiencia y que tú puedas mostrar la calidad de tus animales. Toda la preparación previa permite que el caballo se presente correctamente ante un juez o para una sesión de fotos, y te da la confianza de venderlo resaltando sus virtudes probadas. Un caballo bien preparado muchas veces se vende simplemente porque fue visto.

Hay quienes sostienen que las exposiciones de raza pueden ser contraproducentes para la industria: todo depende de quién presente al caballo, de la asignación de puntajes y de las cintas, lo cual es bastante subjetivo. En definitiva, no importa cuán bueno sea un ejemplar ni cuántos premios obtenga: eso no garantiza que alguien lo compre, lo entrene hasta nivel Gran Premio o lo lleve a competir, por ejemplo, en pruebas de resistencia ecuestre como el Tom Quilty Gold Cup, una de las carreras de endurance más prestigiosas del mundo para caballos y jinetes. Y aun si esto sucede, puede llevar una década o más. Pero si tu negocio es criar y vender potros o ejemplares jóvenes, muchas veces una exposición es la única forma de generar visibilidad.

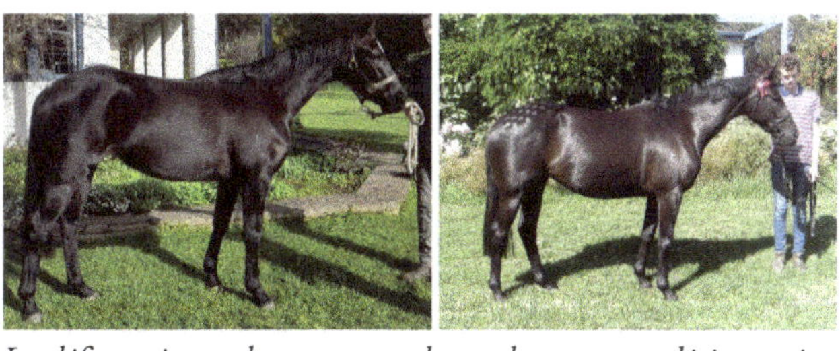

La diferencia que hace un poco de madurez y acondicionamiento. Ashborns Lady Brianna a los 2 y a los 3 años.

Si vas solo por la experiencia, eso no significa que no debas ser competitivo. La preparación mínima es de unas seis semanas. Tómate un momento para mirar tu caballo con objetividad. Pide a alguien que lo conduzca al paso y al trote para evaluar su movimiento tal como lo hará el juez. Necesita un recorte correctivo? En qué estado corporal está? Para que un caballo llegue en condición de show tiene que lucir bien desde adentro; para eso, la salud debe estar al 100%.

Lo primero es trabajar en un programa de desparasitación y alimentación. Comprueba la etiqueta del alimento que le proporcionarás para ver los ingredientes que necesita tu caballo. Proporciónale heno en abundancia para que engorde. Esto es importante si va a viajar, ya que esto podría hacerlo adelgazar. Los productos oleosos especialmente preparados, el aceite de canola diario o el polvo de remolacha pueden producir un pelaje brillante.

Antes de cubrir a tu caballo, dale un buen baño. Utiliza una manta con capucha o una manta combinada. La medida de las mantas se toma desde el centro del pecho hasta la punta de la grupa. Una manta que se ajuste correctamente y sea del tamaño adecuado no debe rozar a tu caballo en ninguna parte, pero aun así, algunas mantas lo hacen. Las que tienen un pliegue en el hombro suelen rozar menos, así como usar un protector de pecho de raso. Si la correa del pecho roza, puedes pasarla por dentro de una media de lana vieja.

Si tu caballo está expuesto al sol durante el día, su color se apagará y la parte del pelaje sin cubrir se secará, por lo que conviene usar una sábana de algodón. Lava las sábanas cuando se ensucien o se empapen de sudor. Es posible que necesites varias sábanas para ir intercalándolas mientras se lavan. Cuando el tiempo es inestable, utilizamos mantas tipo toldo, o media sombra.

Considera la posibilidad de poner al caballo bajo luces o esquilarlo si no ha terminado de mudar el pelaje. Báñalo siempre a fondo antes de esquilar! Si esquilas cuando el pelo nuevo ya está brotando, puedes retirar solo el pelo viejo sin dejar ese aspecto "recién esquilado". En los tordillos, esto incluso puede hacerse hasta el día previo a la exposición. Habla con tu esquilador profesional para acordar el mejor momento. Después de esquilar, agrega mantas adicionales y ten cuidado la primera vez que vuelvas a ensillarlo, porque la sensación para el caballo es bastante diferente.

Después de cuatro semanas, tu caballo debería tener un buen aspecto y sentirse bastante bien. Si empieza a ponerse inquieto o demasiado brioso, es momento de reducir sus raciones o aumentar su ejercicio. El ejercicio regular es necesario para conseguir un buen tono muscular. Si está en el establo, dale mucho tiempo de salidas y usa botas protectoras si es necesario. Los caballos jóvenes son propensos a desarrollar férulas, así que acostúmbrate a ponerles botas antes de los entrenamientos o de montarlos.

Hazle el herraje o recorte correctivo que necesite. No siempre es imprescindible herrarlo, pero los cascos deben estar impecables y bien balanceados. En pista, un juez nota eso antes que cualquier otra cosa. De hecho, una gran parte de los caballos queda deslucida por cascos mal trabajados o aplomos comprometidos. Por eso, obsérvalo con un ojo crítico: revisa sus aplomos, cómo se planta y cómo traza, porque puede requerir un recorte que lo ayude a alinearse y pisar limpio. Agenda el recorte o herraje al menos una semana antes del concurso, así evitas cualquier molestia o sensibilidad justo el día del evento.

El cuidado de la cola marca la diferencia en tu presentación general. Esto comienza meses antes del evento, asegurándote de que no sea mordida por un ternero o un potro. Da un paso atrás y observa la forma de tu caballo. Si es un caballo alto, córtale la cola aproximadamente a la altura del corvejón para que parezca más bajo. Por lo tanto, un caballo más bajo requerirá una cola más larga. Córtale la cola a mitad de camino entre el corvejón y la cuartilla. Si el caballo alza demasiado la cola, puedes añadirle pesos el día del evento.

La forma más fácil de mantener la cola de tu caballo limpia y sin daños es colocar una funda para la cola sujeta con velcro a su manta. También puedes colocar una media o un cover para la cola sobre la cola limpia y trenzada.

Lava siempre la cola con champú y acondicionador al comienzo de la preparación y, a partir de entonces, al menos una vez a la semana. Vuelve a hacerlo antes de la exhibición. Si la cola es blanca, necesitará un tratamiento adicional con champú diseñado para colas blancas. Los sprays desenredantes como "No Knots" son ideales para cepillar la cola con un cepillo adecuado que no quiebre los pelos. Cepilla siempre primero la parte inferior de la cola y ve subiendo gradualmente hasta la parte superior. Las colas decoloradas por el sol es mejor tratarlas con un tinte para el cabello humano del mismo color que la cola aproximadamente una semana antes de la exhibición. Envuélvela en una bolsa de plástico para que el tinte no salpique al caballo y déjala actuar durante unos 20 minutos. Si su pelaje parece especialmente seco, puedes lavarlo varias veces con aceite caliente antes del día de la exhibición. También existen "potenciadores" de color del pelaje para realzar su color.

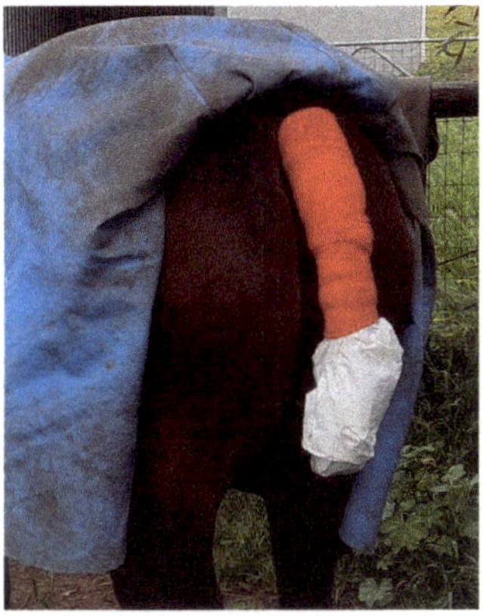

Envoltura de tinte para el pelo en la cola

Asegúrate de contar con un asistente confirmado mucho antes de la exhibición. Será tu peón, tu ayudante personal o simplemente tu persona de confianza.

Si vas a competir en categorías a la mano (led, in-hand o halter), practica en casa. Tu caballo debe ser obediente, tranquilo, caminar con buena amplitud, trotar recto y frenar cuando se lo pidas. Enséñale que, cuando estés en "posición formal", debe posar o quedarse parado sin inquietarse. Pide a otras personas que caminen a su alrededor, tal como lo haría un juez. Esto lleva tiempo, pero es tiempo muy bien invertido.

Qué es la posición formal? Es estar firme delante de tu caballo, ligeramente hacia un costado, y mirar hacia el juez. Así tendrás una visión clara de tu caballo y del juez, con solo girar la cabeza Cuando el juez pasa de un lado al otro, tú cambias de lado también, manteniéndote siempre de frente a él. El caballo no debe moverse mientras estés en posición formal. La posición informal es cuando no está posando, pero de todos modos debe permanecer quieto, como cuando estás hablando con alguien o lo estás cepillando. Puede girar la cabeza para mirar cosas, comer o descansar una pata, pero sin desplazarse. En esta posición, tú estás relajado y, por lo general, a su lado.

Decide si lo presentarás a la mano con brida o con cabezada (halter). Si es un potro que recién está empezando a usar bocado, puedes colocarle una muserola suave donde puedas pasar los dedos por debajo. Así, si lo necesitas, puedes manejarlo desde la nariz sin recurrir tanto a la boca. Un ramal con divisor funciona muy bien en potros que todavía no están seguros con el freno, y también para caballos que tienden a pellizcar o agarrar las riendas cuando se aburren o se ponen ansiosos. Practica con él antes del evento. Si usas una cabezada, o cabestro, tipo western, tal vez necesites agregar una cadena liviana sobre la nariz para tener un poco más de control. No soy partidario de los "slips" de show que se ajustan bajo la barbilla cuando el caballo tira hacia atrás; muchos caballos reaccionan pegando un tirón con la cabeza, y ese gesto no da una buena impresión frente al juez.

Si presentas un semental o un castrado, asegúrate de que su pene esté limpio. También practica hacer que retroceda El día del show, un retroceso firme suele ser suficiente para que todo quede en su lugar.

Como máximo una semana antes de la exhibición, recorta los menudillos blancos, ya que el pelo blanco siempre parece más grueso que el resto y a menudo no se limpia tan bien. Elimina las plumas, a menos que tu caballo sea de una raza "emplumada" y deba lucirlas. Arregla la crin para trenzarla o elimínala por completo. Introduce el sonido y la sensación de las tijeras de esquilar en una fase temprana de la preparación para la exhibición. No dejes para el día antes de la exhibición la introducción de las tijeras eléctricas a tu caballo!

Chalani Card Tricks HSH con Kim Ide. - Foto de Lisa Gordon Photographics.

El día antes de la exhibición

Recorta las últimas zonas, incluyendo las cuartillas, menudillos y debajo de la barbilla y las orejas. Puedes hacerlo con unas tijeras pequeñas y afiladas si no tienes máquina de esquilar. No es necesario recortar dentro de las orejas, pero elimina el pelaje cerrando la oreja y recortando hacia abajo. Una navaja de afeitar ayuda a recortar el pelo alrededor de la nariz y el hocico. (Comprueba si las normas de la competición lo permiten). Recorta la cola con cuidado mientras la mantienes a su altura natural. Es mejor recortar poco a poco que demasiado de golpe. A continuación, lava a fondo el cuerpo y la cola del caballo con champú. Existen champús específicos para el color de tu caballo. Estos productos ayudan a realzar el color natural. Para colas blancas, grises o palomino, utiliza champú morado para colas claras.

Después de enjuagar bien el champú y el acondicionador, quita el exceso de agua con un scraper o rascador y rocía el cuerpo y la cola con un producto abrillantador, excepto en las zonas que se van a trenzar y donde se coloca la silla de montar, ya que se vuelven resbaladizas. Cubre al caballo con mantas limpias, capucha y funda para la cola. Si tienes protectores livianos para las patas, colócalos también: te ahorrarán trabajo al día siguiente si las extremidades ya están limpias.

Si vas a trenzar, hazlo la noche anterior y pon una capucha de satén ligera por encima. Rocía las trenzas con laca para fijarlas. Puedes comprar trenzas postizas si se ha desgastado mucho una sección.

Ten tu equipo pulido y tu ropa lista para la mañana siguiente. Nosotros tenemos una "lista de verificación" genérica para nuestras presentaciones y competencias. Es muy valiosa. Es fácil tachar las cosas que no se necesitan ese día y marcar las demás cuando las empaques. Revisa tu caja de aseo para asegurarte de que tienes todo lo que necesitas. Lo más práctico es tener un kit de aseo separado en tu remolque exclusivo para los espectáculos. Empaca el programa, los certificados de inscripción y comprueba dos veces a qué hora será tu primera prueba o exhibición para tener tiempo suficiente, especialmente si vas a viajar lejos.

El día del evento

Al llegar, saca a tu caballo del remolque y ofrécele un fardo de heno mientras te preparas. Luego, llévalo por el recinto del concurso y, de ser posible, a la pista para que se familiarice con el entorno. Nosotros luego, TRABAJAMOS A LA CUERDA (o lo montamos) para que se suelte y se relaje. No permitimos que se desboque ni se porte mal. Está aquí para hacer un trabajo! Pero no lo agotes. Calcula desde la noche anterior cuánto tiempo vas a necesitar para llegar con calma y sin apuros. Si ves gente trabajando a sus caballos en la cuerda durante horas, turnándose para "cansarlos" antes de una prueba donde habrá control antidoping, casi seguro están acostumbrados a mantener a esos caballos tranquilos con drogas. Eso es abuso y/o una señal de entrenamiento deficiente. En nuestra experiencia, incluso en exposiciones de altísima tensión, lo máximo que hemos usado para ayudar a unos pocos ponis es tapones para las orejas, únicamente por seguridad del jinete infantil. No hay excusas para el maltrato.

A continuación, repasa cualquier zona que se haya ensuciado durante la noche con una esponja o un buen cepillado. Termina con un cepillo suave. Desenreda y cepilla bien la cola; si usas cola postiza, colócala ahora. Disimula cualquier marca o raspón. El maquillaje puede mejorar la presentación del caballo, siempre con moderación. Pinta los cascos por arriba, atrás y por debajo. También puedes aplicar un toque de negro sobre los espolones (castañuelas) para homogeneizar el aspecto. Cubre tu caballo con una manta, una capucha y una bolsa para la cola. Puedes mantener sus cascos alejados del barro o el polvo colocando una alfombra de goma, un trozo de césped artificial o una alfombra vieja.

Aprende observando lo que hacen los demás, pero no pierdas el tiempo charlando! Tampoco levantes la voz para que todos te oigan.

Vístete para estar tan presentable como tu caballo. Es importante que te vistas de forma adecuada para la raza. Lleva SIEMPRE sombrero o casco (las mujeres deben llevar redecilla), guantes y mangas largas. Ponte la brida o el cabestro, asegúrate de que todas las correas estén en su sitio, toma tu fusta (si es necesario) y colócate el número. A nosotros nos gusta usar un soporte para el número. Lleva una bolsa o un cubo con un cepillo suave, un paño, una esponja, una botella de agua y un repelente de moscas al borde de la pista para los retoques de última hora. Y no olvides tu cámara!

Prestando atención al juez en todo momento. Brooke Allan con el pony miniatura Willowmoss Nightingales Song, presentado por Breanna Holmes/Eeson. Foto Rebecca Holmes.

Consejos para las clases de presentación a la mano

Antes de la exhibición:

- Trabaja con tu caballo antes de la clase y déjalo listo y tranquilo.
- Participa primero en otra clase menor (por ejemplo, showmanship a la mano) para que tú y tu caballo se relajen y lleguen más seguros a la clase principal.
- Lleva una fusta o varilla (si está permitido) para ayudarte a indicar y acomodar la postura del caballo.
- Mantente atento a lo que ocurre a tu alrededor: el juez, fotógrafo, locutor, comisarios, otros caballos, etc.

La clase:

- Llega a tiempo. La primera impresión es clave!

- Camina con energía mostrando un buen tranco y un movimiento natural de cabeza.
- Si el caballo que va delante se detiene, va lento o se comporta mal, detente o adelántalo cuando sea seguro.

La alineación:

- Colócate dejando una distancia clara respecto del caballo anterior.
- Coloca a tu caballo en la postura típica de su raza. No debe moverse!
- Adopta la posición formal y presenta a tu caballo.
- Proyecta seguridad: Muéstrate como si fueras el ganador!

Errores comunes:

- Ponerte de espaldas al juez o interponerte entre el juez y tu caballo.
- Pararte directamente junto al hombro de tu caballo en vez de en posición formal.
- No mantener el contacto visual con el juez.
- No estar atento simultáneamente al juez y a tu caballo.
- Permitir que tu caballo se mueva nerviosamente. (Corrige a tu caballo sin llamar la atención).
- Permitir que tu caballo se abra, se cruce o se acerque a otro caballo.
- Dar una vuelta para reposicionar a tu caballo. Nunca gires, siempre corrige hacia adelante o hacia atrás en línea recta.
- No corregir a un padrillo/castrado que se echa.
- No corregir a un caballo que descansa una pata o parece desinteresado.
- **El entrenamiento:**
- Saluda al jucz al principio y al final.
- Escucha las instrucciones y síguelas al pie de la letra.
- Gira tu caballo siempre alejándolo de ti.
- Muéstralo recto, firme y preciso al pasar por los marcadores.
- Dirígete directamente hacia el juez o pasa de largo, según se te indique.
- Detente, quédate quieto y posa con tu caballo hasta que te den la orden para retirarte.
- Si vuelves a la fila, hazlo siempre pasando por detrás de los demás caballos.

- **Momentos finales:**
- La presentación no ha terminado hasta que no se acabe la clase. Sigue mostrando tu caballo.
- Recuerda, todos son ganadores hasta que el juez entregue la cinta!
- Felicita al ganador! Si no eres tú, sé un buen deportista. Tu turno ya llegará.
- Las reglas de etiqueta indican que no debes abandonar la pista hasta que el comisario te lo pida, y siempre detrás del ganador.
- Aprende de la experiencia. Relájate y disfrútalo.
- Agradece a tus ayudantes. Invítalos con un helado o una cerveza!

Observa y aprende de aquellos que tienen más experiencia que tú. Con trabajo, cualquiera puede llegar a ganar. Si es posible, habla con el juez o analiza un video de tu presentación. Luego, visita el box del caballo ganador y obsérvalo. Siempre hay espacio para mejorar, y el próximo en ese lugar podrías ser tú!

Felicitando al ganador. Foto: Rodney's Photography.

36

Palabras finales

El futuro es enorme, pero el presente es solo una delgada línea.

Un criador suele vivir pensando en el futuro. Aprende a disfrutar del momento. Rompe ese ciclo de apuro constante, de estrés o de funcionar en "piloto automático" con tus caballos solo para hacer más cosas. En el mundo del caballo, las rutinas muchas veces te atan, así que pregúntate si todas ellas son realmente necesarias. Corta ese círculo simplemente volviendo a disfrutar de tus caballos. Cuando estás plenamente enfocado y conectado con lo que haces, te olvidas del tiempo y del caos. Dedica tu energía solo a aquello que sea importante o que disfrutes y que realmente te haga avanzar; de lo contrario, no llegarás lejos. Asegúrate de tomarte un tiempo para ti de vez en cuando. Lava los platos, limpia el apero, cepilla a un caballo, haz yoga, sal a montar, tómate un café y lee un libro; cualquier cosa que te saque de tu cabeza y te devuelva al presente. La soledad bien aprovechada es reparadora, así que cuídate. Esto requiere la fortaleza para decir "no". Decir "no" a las personas no es muy diferente a establecer límites a los caballos. Hay que hacerlo pensando en el beneficio a largo plazo.

Cada día puedes encontrarte con plazos que cumplir, urgencias, "incendios" que apagar, no necesariamente causados por ti. No analices en exceso ni te castigues por algo que está fuera de tu control. Pregúntate: podrían pasar cosas peores? A veces nos involucrarnos tanto en nuestras emociones que estas terminan dominándonos. No te preocupes por las cosas sin importancia. Sigue adelante. Considéralo como parte de la vida misma. Los detalles no tienen fin, siempre reclamarán tu atención, tiempo y energía. Si en algún momento los desafíos de la vida son tan grandes que no te dejan tiempo para tus caballos, quizá sea buena idea buscar hogares en leasing para tus mejores ejemplares —tu plantel base— durante algunos años, para poder enfocarte en una cosa a la vez, mientras vendes el resto. Habla con tu mentor y evalúa tus opciones.

Quizás pensabas que tu problema era la "falta de tiempo", cuando en realidad era la forma en que asignabas las prioridades en tu proceso de toma de decisiones. Has permitido que lo urgente desplace a lo importante? Una de las habilidades más valiosas que puedes desarrollar es distinguir entre ambas cosas y asignar el tiempo adecuado a cada una de ellas. Puedes dominar esta habilidad con un poco de determinación y paciencia. Debes aprender a esperar cuando los resultados de tus acciones no se ven de inmediato y deja de lado lo urgente para dedicarte a lo importante. Aprovecha al máximo las oportunidades cuando se presenten. Mantente atento a ellas mediante el análisis y la diligencia debida. No sirve de nada lamentarse por las oportunidades perdidas; aprende de ellas. Siempre surgirá otra oportunidad. También es importante no volverte demasiado conservador y reacio al riesgo. El miedo es un gran obstáculo. Si eres miedoso, es probable que no aproveches una oportunidad, ni siquiera una con altas probabilidades de éxito. Qué oportunidad de crecimiento ves hoy frente a ti? Qué crees que te falta? Qué puedes hacer para cambiar eso?

La verdadera libertad proviene de la disciplina.

Shangrila Al Don't Buck Me Off, potranca miniatura. De izquierda a derecha: Jenni Phillips (comisaria), yo (juez) y el propietario Mick Sinclair. Foto de Shadows Farm Photography.

Tómate tu tiempo para hacer fotos de presentación. A veces, todos los comisarios quieren estar! La cuidadora Kim Ide con Chalani Sunstream. Foto de Kangra.

A menudo he animado a los propietarios a que se atrevan a llevar a sus potros a eventos más importantes que los que les resultan cómodos. No lo pueden creer cuando tienen éxito! Si eso significa buscar la ayuda de un entrenador, adelante. Sigue tus sueños. Puede que sea tu primera (o última) oportunidad de intentar algo más grande. Probablemente te arrepentirás de las oportunidades que no aproveches.

> *"Mis mayores errores fueron errores por omisión, no por acción"* – Warren Buffett

> *"Pierdes el 100% de las oportunidades que no aprovechas".* – Wayne Gretzy, leyenda del hockey

No te dejes engañar creyendo que los aficionados a los caballos siempre hablan con conocimiento. Muchos simplemente repiten chismes, mitos, creencias heredadas o conceptos erróneos arraigados, especialmente en redes sociales, que en el mejor de los casos pueden definirse como "entretenimiento ecuestre". Ignora todo esto, enfócate en tu crecimiento. Busca nuevos amigos si es necesario.

> *"El mundo no se mueve por la codicia, sino por la envidia. Yo he vencido la envidia en mi propia vida. No envidio a nadie. Me da igual lo que tengan los demás. Pero hay personas que se vuelven locas por eso". – Charlie Munger*

> *"La envidia está por todas partes, la gente está consumida por ella. No hay otro país en el mundo en el que la envidia y la costumbre de desacreditar al exitoso existan como en Australia. En la mayoría de los demás países, se celebra el éxito, pero en Australia lo habitual cuando alguien tiene éxito es menospreciarlo. Este rasgo proviene de la debilidad".* – Andrew Barnett

Mantente un paso adelante de la competencia

Los buenos emprendimientos siempre atraen imitadores y competencia. Copiar suele ser la forma más sincera de reconocimiento. Si escuchas críticas, descalificaciones o chismes malintencionados, es porque te están mirando y en algún nivel, estás haciendo las cosas bien. Las empresas verdaderamente buenas son aquellas que pueden superar a sus competidores y, con suerte, tener un crecimiento largo y continuo. Esto no sucederá si no puedes atraer clientes habituales y ventas recurrentes. Si no es así, pregúntate por qué. A veces hay que invertir más en publicidad, capacitación o genética para poder ganar más. La clave es la constancia. Para mantenerse en el negocio, lo que realmente importa es el valor total de las ventas del criadero, no una venta aislada muy publicitada o un precio récord ocasional. Convierte todo lo que has aprendido en un sistema consistente, automatiza tus hábitos, pero mantente flexible. Pregúntate: qué está faltando en el mercado? Hay un espacio que puedas cubrir mejor que otros?

La verdadera prueba de un buen criador no está tanto en dónde comienza, sino en su capacidad de mejorar cada generación mediante decisiones responsables. Eso le permite luego ubicar sus caballos en las manos adecuadas, con una evaluación realista de sus virtudes y limitaciones.

No existe una "tasa de éxito", del tipo "he criado x ejemplares buenos, pero y ejemplares mediocres o z ejemplares malos". Eso es completamente subjetivo. Tu mejor caballo puede estar hoy en el potrero de otra persona. Puede ser frustrante, pero no es un fracaso. Tal vez puedas ofrecer incentivos o apoyo para que ese caballo tenga visibilidad y salga a mostrarse. El único verdadero fracaso en este negocio es no ser un criador responsable y reflexivo.

Cuando algo realmente te apasiona, puedes acumular conocimiento más rápido y con mayor profundidad que otros. La pasión hace que sigas adelante cuando muchos abandonan. Ese conocimiento lo aplicarás en un entorno competitivo. Cuando otros se conforman, tú sigues preguntando y buscando respuestas. Al final, el único camino sólido es construir conocimiento paso a paso, guiado por la pasión, con un enfoque científico y honestidad intelectual. Eso es lo que te dará una ventaja competitiva real.

> *"Los negocios verdaderos no cambian de un día para otro, de una semana a otra o de un mes a otro. Tardan años en crecer. Por lo tanto, debes esperar que tus resultados lleguen lentamente, de forma gradual, a lo largo de un largo período de tiempo".* —Li Lu

El primer nombre es el que la gente recuerda. Recuerdas quién quedó en segundo lugar detrás de Winx? O de Frankel? Tu competencia solo destaca cuando es la primera en alguna escala de medición. Las estadísticas, las fotos y la magia se acumulan hasta que superan a los demás en la carrera. Ganar es simplemente la vidriera. Solo puede haber un ganador en cada ocasión, pero hay mucho espacio en la cima. Cambia tu filosofía de "ganar a la competencia" a "ser lo mejor que puedas ser" y "aprender de la competencia". Entonces alcanzarás el verdadero éxito en más de un sentido.

Si te limitas a dormirte en los laureles, tu haras deja de demostrar lo que vale y corre el riesgo de desaparecer en el anonimato.

Prepárate para el futuro

Todavía existen grandes maestros de la cría, personas exitosas con filosofías de las que puedes aprender mucho. No subestimes las revistas de tu raza y disciplina. Las entrevistas a criadores reconocidos suelen dejar pequeñas ideas o detalles que pueden volver a motivarte o impulsarte a dar el siguiente paso. Lee cada número con atención para mantenerte actualizado y entusiasmado con el futuro de tu raza. Si ya no las lees, pregúntate por qué. Tal vez te has vuelto demasiado cínico o desilusionado y sea momento de revisar tus objetivos.

Mantén la mente abierta. Escucha a quienes han tenido éxito y sé lo suficientemente crítico como para distinguirlos de quienes solo hablan mucho. Aunque no estés de acuerdo con todo, siempre se puede aprender algo. ("No me gusta cómo es, pero me gustan sus caballos"). Que alguien haga las cosas de forma diferente a la tuya no significa necesariamente que esté equivocado.

Mantén tu mente abierta

Las personas verdaderamente exitosas devuelven algo a la industria. Piensa en tu rol como custodio. Cómo cuidas la tierra? Qué aportas a la próxima generación? Cómo apoyas a los jóvenes talentos que están empezando? A quién admiras en el sector? A quién respetas más en el ambiente? Cómo te sentirías si llamaras por teléfono y charlaras con ellos sobre las ventajas de las líneas de sangre, los entrenadores u otros temas relevantes? Si esta idea te asusta, es que aún eres un renacuajo en el sector. (No hay nada de malo en ello, pero conviene saber exactamente dónde estás parado).

Pregúntate también: cómo está tu salud? Muchas personas mayores continúan criando caballos que ya no pueden manejar ni cuidar adecuadamente. A medida que envejeces y tu capacidad física disminuye, es importante transferir tus líneas a personas responsables. Tienes un plan de transición? Cómo vas a transmitir tus caballos y tu legado? Cuentas con semen congelado de reproductores ya fallecidos que pueda ser utilizado por nuevos criadores? Necesitas reducir ahora tu escala para poder seguir criando uno o dos potros en tus últimos años de actividad? Si has perdido la pasión o tu salud está decayendo, considera la posibilidad de dejar de criar. Deja que tus yeguas envejecidas envejezcan contigo. Disfruta viendo cómo otros tienen éxito con los caballos que tú criaste manteniéndote en contacto con sus propietarios.

Prepararte para el futuro incluye planificar que tu familia se haga cargo o vender tu criadero como un paquete para que tus líneas de sangre continúen de la manera que tú elijas. Puedes ofrecer consejos y experiencia, pero debes ceder el control. Los criaderos más exitosos a lo largo del tiempo, suelen ser aquellos que se han transmitido de generación en generación, fortalecidos por miembros jóvenes de la familia que aportan nueva energía, motivación, ideas y habilidades.

Si sabes más, lo haces mejor. Sigue formándote. El conocimiento es poder. Cuanto más tiempo estés en este negocio, más te darás cuenta de que no se trata solo de los caballos, sino sobre todo de las personas.

En última instancia, nadie es responsable de tu vida más que tú. Nadie es responsable de tus acciones más que tú. Por eso, las expectativas y opiniones de los demás nunca deberían pesar más que las tuyas. Asegúrate de que tu propia voz tenga prioridad sobre todas las demás. Confía en el conocimiento que llevas en tu interior. Confía en ti.

La vida es una sucesión de decisiones. Lo mejor es que podemos elegir. Lo único verdaderamente importante es cómo respondemos a las cosas que nos suceden y las decisiones que tomamos a partir de hoy. El pasado no nos define.

> *"Deja de ser una víctima de tus circunstancias y toma la decisión de convertirte en quien estás destinado a ser: un creador. Atrévete a soñar; a hacer realidad esas visiones que has enterrado profundamente; a hacer lo*

> *que sea necesario para encontrar claridad en tu camino; a tener el valor de reconectarte con tu identidad para que puedas construir una relación saludable contigo mismo".* – Jess Keenan, Leading Change Experiences

Revisa tu cuaderno de notas y comprueba si tu situación actual es congruente con tus objetivos. Cambió tu visión o tus objetivos después de haber leído estos capítulos? Si es así, puedes añadir nuevos objetivos y pensamientos a tu cuaderno de notas? Si trabajas duro pero sigues sintiendo que no llegas a ninguna parte, tal vez estés poniendo tu esfuerzo y energía en la dirección equivocada. Refina lo intangible, el propósito de tu vida. Qué cambios puedes poner en práctica hoy mismo?

Qué reflexiones puedes hacer como resultado de tu lectura de "Cría equina inteligente"? Estás más comprometido? Muchas de las preguntas que he planteado son preguntas "abiertas", es decir, no hay una respuesta correcta, por lo que te sugiero que las medites seriamente volviendo atrás y releyendo los capítulos para formular tus pensamientos y añadirlos a tu cuaderno. Con qué cosas te identificas?

En este libro he volcado todo lo que puedo transmitir en un solo volumen. He puesto mi corazón y mi alma en él. Las personas que se dedican a los caballos, por serlo, no estarán de acuerdo conmigo en algunas de las cosas que he dicho y tendrán su propia forma de hacer las cosas. Piensa siempre: "hay una forma mejor de hacerlo para nuestros caballos?". Todos seguimos aprendiendo, especialmente con las nuevas investigaciones y tecnologías que nos ayudan. El futuro es prometedor para aquellos que se atreven a soñar y están dispuestos a trabajar por ello.

Me ha llevado más de 50 años aprender todo esto, y sigo aprendiendo. He hecho amistades maravillosas y estoy profundamente agradecida por formar parte de este sector. No hay mejor sensación que llevar un caballo criado por ti al círculo de ganadores, ni ver a otros lograrlo con caballos que tú criaste. Tú también puedes hacerlo. Disfruta del viaje.

37

Hombre de caballos - Epílogo

Hay entrenadores de caballos, comerciantes de caballos y susurradores de caballos. Hay showmen, fanfarrones y presumidos. Hay charlatanes y aspirantes a magos.

"Pero también existen aquellos que son verdaderos "hombres y mujeres de caballos", y esos son mucho más difíciles de encontrar —y a veces aún más difíciles de reconocer— porque suelen estar lejos del ruido, trabajando en silencio, en lugares discretos, sin reconocimiento nacional ni grandes elogios.

"Muchas veces, el verdadero hombre o mujer de caballos no es quien tiene más animales en entrenamiento, ni los caballos más caros o mejor publicitados. Tampoco suele tener acceso a propietarios de grandes presupuestos ni pasar decenas de prospectos para quedarse con unos pocos capaces de soportar la presión de los grandes premios o de los circuitos de alto perfil. Muchas veces, los verdaderos hombres y mujeres de caballos trabajan de forma lenta y constante, son metódicos y pacientes, respetando los tiempos de cada caballo y no un calendario rígido impuesto por las temporadas o la organización de las exposiciones.

"Los verdaderos hombres y mujeres de caballos son humildes, porque su recompensa nace desde adentro: del saber que han enseñado con bondad, paciencia, firmeza y criterio. Su mayor logro es formar caballos seguros, que trabajan con ellos y no para ellos; caballos sin miedo ni intimidación, con bases sólidas que perduran año tras año y que pueden llevar "Ya sea domando potros jóvenes, recuperando caballos mayores o manteniendo a ese caballo confiable y constante de todos los días, el verdadero hombre o mujer de caballos, es de los primeros en ensillar al amanecer y de los últimos en sacarse las botas al anochecer.

"Es un placer verlos trabajar, tanto en la pista como en el campo, transmitiendo con paciencia y claridad su conocimiento y su lógica, no solo a los caballos, sino también a sus alumnos.

"Fieles a su oficio, leales a sus alumnos, ambiciosos en el buen sentido, trabajadores incansables y modelos a seguir en una industria dominada por la presión de producir grandes caballos en cada vez menos tiempo, los hombres y mujeres de caballos a la antigua hoy son auténticos artesanos: guardianes de nuestro legado y de nuestras tradiciones, y cada vez más difíciles de encontrar.

"Un maestro reflexivo, un instructor minucioso, una mano suave, un guía firme, un showman racional pero intrépido en la pista... El mayor cumplido que se le puede hacer a alguien que trabaja con caballos es simplemente considerarlo un hombre de caballos". – Por Becky Hanson.

Ponte en contacto con la autora

Mi correo electrónico de contacto es: jeanette.gower@g mail.com

La página de la autora: https://thinkinghorsebreeder.ch alani.net y también en Amazon https://jeanettegower.s ubstack.com/

CHALANI
AUSTRALIAN STOCK HORSES

Puedes ponerte en contacto con Chalani por correo electrónico chalani@chalani.net o a través de nuestra página de Facebook. Chalani Sunstream HSH está disponible mediante semen congelado en los Estados Unidos y Australia. Fotos y videos en la página de Facebook *de Chalani*, el sitio web *de Chalani* o nuestro canal de YouTube.

Chalani Sunstream

Chalani Galaxy, padre de Chalani Sunstream, sigue los pasos de su padre, aquí con 4 años. Compárese con el Estándar de Excelencia en la pág. 44.Chalani Galaxy, sire Chalani Sunstream, is following in his sire's footsteps, here at 4yrs old. Compare with the Standard of Excellence on p44.

También de Jeanette Gower: The Rannock Legacy (El legado de Rannock) [English]

En octubre de 2023, Rannock fue incorporado al Salón de la Fama de la Australian Stock Horse Society por su aporte a la raza como padrillo fundador. El tiempo ha cerrado el círculo, y hoy es el momento de contar su historia. "The Rannock Legacy" no es solo un libro, es un viaje a través del tiempo que recorre el linaje de Rannock desde sus humildes comienzos en el valle de Hunter hasta su legendario estatus como padrillo fundador en Australia del Sur. Escrito con una investigación meticulosa y una pasión sincera, este libro ofrece una exploración exhaustiva de la vida, el linaje y el impacto duradero de Rannock en la comunidad del Australian Stock Horse.

La rica historia del Australian Stock Horse cobra vida a través de la cautivadora historia de Rannock y su perdurable legado. Lo que distingue a *"The Rannock Legacy"* es su mirada íntima y cercana sobre Rannock y sus descendientes, construida a partir de historias personales, fotografías poco conocidas y testimonios directos de criadores, jugadores de polo y propietarios. A lo largo de sus páginas, el lector descubre la resistencia, la aptitud atlética y la generosidad de estos caballos extraordinarios, que dejaron una huella indeleble en la raza y en la historia equina para las generaciones futuras.

Tanto si eres un criador experimentado, un apasionado del mundo del caballo o simplemente alguien interesado en el rico patrimonio del Australian Stock Horse, *"The Rannock Legacy"* (El legado de Rannock) es una obra imprescindible para tu biblioteca.

También disponible en Amazon y https://mybook.to/Gowerbooks

***

Una guía directa y sincera para comprar caballos de forma más inteligente [English]

Comprar un caballo es emocionante, pero también puede ser un campo minado Comprar un caballo es emocionante, pero también puede ser un verdadero campo minado. Una mala elección puede costarte tiempo, dinero y muchos disgustos. Tanto si buscas un caballo seguro para montar por placer, un compañero de competición o un ejemplar para cría, este libro te ofrece consejos prácticos y sensatos, así como las listas de verificación fundamentales para tomar la decisión correcta.

En él encontrarás:

Herramientas de preparación esenciales para evitar compras impulsivas y elegir el caballo que mejor se ajuste a tus objetivos, ya sea para competir, disfrutar, adquirir un caballo joven o incorporarlo a un programa de cría.

- Una guía paso a paso y listas de verificación para evaluar caballos: desde descubrir señales de alerta hasta evaluar la conformación y el temperamento como un profesional.

- Estrategias de expertos para comprar en remates y otros sistemas de compra, con historias de éxito reales.
- Recomendaciones posteriores a la compra para integrar de forma adecuada a tu nuevo caballo en tu gestión diaria.

No necesitas décadas de experiencia para comprar el caballo adecuado. Esta guía te proporciona las herramientas necesarias para tomar decisiones informadas y seguras, evitando errores costosos. *Buy The Right Horse (Compra el caballo indicado)* es la guía definitiva para encontrar el caballo de tus sueños, sin remordimientos ni arrepentimientos!

Disponible en Amazon y https://mybook.to/Gowerbooks

***

Acerca de Cría equina inteligente

La cría de caballos es más compleja de lo que crees. Prepárate para tener éxito en tu pasión por los caballos. Cómo encararías la creación de un criadero? Te dedicas a la cría de caballos y quieres llevar tu programa a un nivel superior? Quieres tomar mejores decisiones, criar mejores caballos y obtener mejores resultados? Puede ser un camino solitario sin alguien de quien aprender, que te enseñe a evitar los errores y te guíe en la dirección correcta. Cría equina inteligente es una guía paso a paso, un verdadero tesoro de información práctica para aquellos que quieren prosperar y tener éxito haciendo lo que aman.

El libro aborda, de forma clara y accesible, temas clave como la selección de vientres y padrillos fundacionales, la planificación de cruzamientos, métodos de cría, enfermedades genéticas, conformación y temperamento, el parto, la crianza del potrillo, el trabajo con caballos jóvenes, los problemas más comunes, los aspectos financieros, la promoción, la fotografía y las consideraciones éticas del criador con un estilo auténtico y fácil de leer. Cada capítulo se puede leer y releer ofreciendo nuevos aprendizajes y perspectivas en cada oportunidad. Desafiará tu forma de pensar y te proporcionará el arte, la ciencia y las herramientas necesarias para alcanzar el éxito. Todo lo que necesitas saber está aquí, en un formato sencillo y sin tecnicismos, basado en las experiencias y reflexiones de la autora a lo largo de más de 50 años. Tanto si eres un criador principiante, aficionado o un profesional con trayectoria, este libro será una guía invaluable para consultar una y otra vez, ayudándote a afrontar los desafíos inevitables de la cría y a construir un programa exitoso y sostenible.

Disponible en inglés como audiolibro, libro electrónico, libro de bolsillo y tapa dura en Amazon.

Gracias por llegar hasta aquí.

Si este libro te ha ayudado a pensar diferente, a tomar decisiones con más claridad, o simplemente a sentirte menos solo en el camino de la cría equina, entonces ya ha cumplido su propósito.

La cría inteligente no se construye en aislamiento. Se construye compartiendo experiencias, haciendo mejores preguntas y ayudándonos unos a otros a criar caballos más sanos, más equilibrados y con un futuro real.

Si tienes un momento, te invito a dejar una reseña en Amazon USA en la versión en español, o en Amazon.es o en el sitio de Amazon que prefieras. Tu opinión importa más de lo que imaginas. Ayuda a que este mensaje llegue a otras personas que aman los caballos y quieren hacer las cosas bien.

Y si conoces a alguien que vive la cría con pasión, con dudas, con responsabilidad, compártele este libro. Las buenas decisiones también se contagian.

Gracias por ser un criador que piensa.
Gracias por cuidar el futuro del caballo.

Gracias por leer,
Jeanette Gower

www.ingramcontent.com/pod-product-compliance
Lightning Source LLC
LaVergne TN
LVHW050910210926
848482LV00012B/395